聚酰亚胺摩擦磨损机理

Fricition and Wear Mechanism of Polyimide

齐慧敏　余家欣　张　嘎　王彦明　著

北　京
冶 金 工 业 出 版 社
2024

内 容 提 要

本书主要介绍了聚酰亚胺在摩擦学领域的相关研究成果，首先简述了聚酰亚胺的摩擦学改性及其摩擦学的研究发展方向，然后分别从不同的工况环境如干摩擦、水/油润滑、宽温域环境和模拟空间环境等条件下阐述了聚酰亚胺及其复合材料的设计制备和摩擦学性能，基于摩擦界面的物理化学行为，阐明了转移膜的形成和作用机理，为指导高性能聚酰亚胺润滑材料的设计提供理论支撑。

本书可供摩擦学和材料学等相关研究领域的科研人员、研究生和本科生阅读，也可供从事聚合物减摩抗磨复合材料设计工作的工程技术人员参考。

图书在版编目（CIP）数据

聚酰亚胺摩擦磨损机理／齐慧敏等著. -- 北京：
冶金工业出版社，2024. 8. -- ISBN 978-7-5024-9941-9

Ⅰ. TQ323.7

中国国家版本馆 CIP 数据核字第 2024F33T79 号

聚酰亚胺摩擦磨损机理

出版发行	冶金工业出版社	电　话	(010)64027926
地　址	北京市东城区嵩祝院北巷 39 号	邮　编	100009
网　址	www.mip1953.com	电子信箱	service@ mip1953.com

责任编辑　李培禄　美术编辑　吕欣童　版式设计　郑小利
责任校对　梁江凤　责任印制　禹　蕊
三河市双峰印刷装订有限公司印刷
2024 年 8 月第 1 版，2024 年 8 月第 1 次印刷
710mm×1000mm　1/16；14.75 印张；289 千字；226 页
定价 75.00 元

投稿电话　(010)64027932　投稿信箱　tougao@cnmip.com.cn
营销中心电话　(010)64044283
冶金工业出版社天猫旗舰店　yjgycbs.tmall.com
(本书如有印装质量问题，本社营销中心负责退换)

序　言

　　摩擦和磨损是引起能源损失、造成材料破坏的主要因素之一。机器在运转时，相对运动的各零件接触部分存在着摩擦和磨损，摩擦产生较高的热量导致能量损失，磨损降低了机械部件的可靠性和使用寿命。随着现代工业的迅速发展，机械运动部件的工况愈加苛刻，对其承载性及可靠性的要求越来越高。尤其是频繁启停增加了混合润滑和边界润滑发生的概率，容易造成咬合或烧瓦现象的发生。上述现象已关系到民用和军事的安全问题，并引起了世界各国机械和摩擦学专家的高度重视。因此，减少摩擦磨损、选择性能优异的润滑材料是延长设备寿命和增加设备可靠性的重要措施。聚合物及其复合材料作为国民经济和材料科学领域的重要材料得益于其优良的物理和化学性能，如质轻、比强度高、耐疲劳、自润滑性能好、使用寿命长以及结构可设计性等优点，因此聚合物材料在汽车轴承、滑动导轨、船尾轴以及保持架等相对运动部件方面的应用越来越多。

　　过去20年，人们在聚合物复合材料摩擦学理论及摩擦副设计方面均取得了重要进展，聚酰亚胺作为一种高性能聚合物材料受到了广泛关注。摩擦学的研究与实践表明，在聚酰亚胺基体中引入增强相，可显著提高基体材料的强度与耐磨性能。在聚酰亚胺聚合物基体中添加层状结构固体润滑剂，可促进金属表面生成固体润滑剂基转移膜，从而显著降低系统的摩擦与磨损。近年来，高技术领域涉及的极端工况环境（如高低温、空间辐照、重载高速等）对聚合物运动部件提出了新挑战，因此设计适用于极端工况环境的聚酰亚胺自润滑复合材料具有重要意义。西南科技大学齐慧敏副教授长期从事聚合物自润滑复合材料的基础和应用研究工作，在聚酰亚胺材料的摩擦学行为和机理研究方面积累了丰富的经验。该书总结了作者近年来在聚酰亚胺材料摩擦学领域的研究成果，是一部系统深入地论述聚酰亚胺材料在不同工况环境下摩擦磨损行为和机理的专著，对于极端工况下服役的聚酰亚胺自润滑复合材料的设计制备具有重要的指导意义。同时，该专著的内容对于从事聚合物复合材料设计制备、自润滑复合材料生产及材料摩擦学教学等领域的人员具有参考和应用价值。

西南科技大学

2024 年 3 月

前　言

聚酰亚胺于 1908 年被首次报道，并一直研究改善至今，是目前公认的有机高分子化合物中性能最全面的材料之一，可应用于航空航天、电子信息、汽车工业、化学工业等领域。随着航空航天等现代科技的快速发展，特殊工况下运动机构的润滑难题变得越来越突出，不仅要求润滑材料具有优异的减摩抗磨性能，还要经受高低温等苛刻环境的考验。理论和实践表明，聚酰亚胺复合材料的摩擦学性能与摩擦表面生成转移膜的结构与性能密切相关。摩擦学的研究与实践表明聚合物自润滑材料在摩擦界面能够生成承载能力高且具有润滑特性的转移膜，可避免或减轻摩擦副的直接刮擦，显著提高复合材料的摩擦学性能。本书系统阐述了不同工况条件下不同聚酰亚胺复合材料体系的摩擦磨损行为和机理，并探讨了不同工况下接触界面转移膜的形成和作用机理，旨在为满足不同服役工况的聚酰亚胺复合材料运动部件材料的设计提供理论和技术支持。

本书内容涉及的研究成果是在作者承担的国家自然科学基金（No. 5211475446）、四川省自然科学基金（No. U1630128）以及作者参与的国家重点研发计划（No. 2017YFB0310703）和国家级人才项目等的支持下取得的。书中的研究内容主要是在西南科技大学学习的胡超、周良、雷洋和雷雪梅，以及作者在中国科学院兰州化学物理研究所读博期间完成的工作，此外，5.3 节质子、电子综合辐照对聚酰亚胺摩擦学行为及机理的影响引用了中国科学院兰州化学物理研究所已毕业博士吕美的研究工作，在此向相关人员表示衷心的感谢。

　　由于我们的研究工作还不够深入，书中难免存在疏漏和不足之处，希望读者提出宝贵意见，以便进一步充实和完善我们的研究成果。

作　者

2024 年 4 月

目　录

1 绪　　论

两个相互接触的物体发生相对运动或具有相对运动趋势时，阻止两物体接触表面发生切向滑动或滚动的现象称为摩擦。由于摩擦，运动过程和系统动态特性受到影响或干扰，机械所传递的一部分能量在克服摩擦阻力的过程中消耗掉，同时，机械发热，表面层产生磨损。而润滑则是人们用来改善摩擦状况的重要措施。人类早在史前就对摩擦现象有所认识并利用摩擦来为自己服务，例如"钻木取火"。而 1964 年在英国以乔斯特（H. P. Jost）博士为首的专家小组，受英国科研与教育部的委托，调查了润滑方面的科研与教育工作的现状以及企业在这方面的需要，于 1966 年提出了一项调查报告。同时在与《牛津英语词典》（增补版）编辑磋商之后，根据古希腊语中"Tribos"（即英语中的 rubbing，意思是摩擦）一词提出了摩擦学（Tribology），这个名词的定义是："研究作相对运动、相互作用的对偶表面的理论和实践的一门科学技术"。在中国科学技术名词审定委员会审定公布的"机械工程名词"中将摩擦学定义为："研究作相对运动物体的相互作用表面、类型及其机理、中间介质及环境所构成的系统的行为与摩擦及损伤控制的科学与技术"。

1.1　聚合物摩擦学概述

相对于玻璃、陶瓷和金属材料而言，高分子材料的研究虽然起步较晚，但由于这种材料较高的比强度和比刚度、耐磨、耐疲劳、自润滑及可设计性，使其已广泛应用于航空航天、机械工程和轨道交通等领域。当今，聚合物材料已与金属材料和无机非金属材料并驾齐驱，构成了材料领域的三大门类材料。相比传统材料，聚合物材料由于其结构可设计赋予其摩擦学性能的功能性和多样化，从而满足更多工况的需求，比如，由高分子材料加工的齿轮、轴承、滑动导轨、保持架和人工关节等[1-3]。此外，在极端苛刻环境中，如高低温条件下液体润滑容易分解或失效，易造成环境污染等问题，因此，聚合物自润滑复合材料受到了广泛关注。

车辆的外部车身和内部部件、安全装置、电气系统、底盘、燃料系统、动力总成和发动机部件的摩擦材料都是由聚合物复合材料构成的。在车辆运输领域，通过使用轻量化聚合物材料替代汽车部件中的铁和钢等重金属材料来降低摩擦磨损的能量损失,这不仅有利于节省经济成本,也最大限度地降低了发动机排放对环境的影响。因此,降低摩擦磨损,选择性能优异的自润滑复合材料是延长设备服役寿命、提高设备安全可靠性的重要举措。

1.1.1 聚合物摩擦学性能影响因素

聚合物自润滑复合材料一般由增强纤维和固体润滑剂组成,其中,聚合物基体为连续相,增强纤维及固体润滑剂为分散相。常规复合材料在普通工况下,摩擦学性能较好,但是应用在高载高速的情况下存在一些弊端,例如,造成摩擦界面闪温和应力集中现象,容易发生复合材料的热变形和对偶的热氧化等不利行为。文献调研发现,当常规复合材料与金属材料摩擦时,高载高速容易导致复合材料较高的摩擦系数和磨损率,而且力学性能急剧下降,不能承受界面载荷而发生材料变形。Österle 等[4] 报道,当常规的环氧复合材料与轴承钢在载荷速度 (PV) 为 0.1 MPa · m/s 情况下摩擦时,摩擦系数和磨损率分别为 0.30 和 $1.0×10^{-6}$ mm^3/(N · m);PV 增加到 3 MPa · m/s 时摩擦系数和磨损率分别增加到 0.90 和 $7.0×10^{-6}$ mm^3/(N · m),继续增加 PV,常规环氧材料由于磨损量过大而发生材料失效。造成上述摩擦行为的原因在于摩擦界面的温升以及摩擦氧化导致界面较高的黏结强度。常规复合材料各个相的作用是理解复合材料不同摩擦学行为的基础,因此,聚合物自润滑复合材料的结构和组成对其摩擦学性能的影响较大。

1.1.1.1 增强纤维

所谓增强纤维是指能够提高复合材料力学性能(如强度和模量、改善材料耐磨和承载性能)的纤维材料,复合材料的耐磨性很大程度上取决于纤维的性能及含量。摩擦过程中,由于纤维的高强度和高模量,承担了聚合物的大部分载荷,降低了材料的磨损。复合材料常用的增强纤维种类很多,主要分为无机纤维(石棉纤维、碳纤维、玻璃纤维、玄武岩等)以及有机纤维(芳纶纤维、聚丙烯纤维和聚乙烯醇纤维等)。石棉纤维是使用较早的增强纤维,但是石棉致癌,限制了其在复合材料中的应用。碳纤维、玻璃纤维以及芳纶纤维是常用的聚合物增强体。由于纤维自身强度和模量的差异,不同的聚合物复合材料体系可以择优选择合适的纤维种类。碳纤维具有高强度、高模量,而且耐磨损、耐腐蚀等一系列优点,能够使摩擦界面受力均匀,避免摩擦过程中刮擦及划伤现象的发生。玻璃纤维成本低、强度高,但是模量低、脆性差、抗疲劳性差、容易刮擦摩擦界面等限制了它在摩擦材料中的应用。芳纶纤维抗张强度高、耐磨性好,但是相对于碳纤维和玻璃纤维其模量和强度低,在工况苛刻的条件下不易使用。因此,碳纤维是聚合物复合材料中研究较多的增强材料。

Zhang 等[5] 研究了表面处理之后的碳纤维对复合材料摩擦行为的影响,证明了处理后的纤维能够提高聚合物与纤维之间的结合性能，改善复合材料的摩擦行为。张嘎等[6]考察了碳纤维的不同取向对聚醚醚酮复合材料摩擦行为的影响，如图1-1所示。结果发现，当纤维取向平行于滑动方向时，复合材料的摩擦学性能最差，不平行于滑动方向时，聚醚醚酮复合材料的摩擦系数和耐磨性最好。作者认为导致上述现象的原因在于聚合物的剪切效应以及纤维的应力和拉伸作用，当纤维平行于摩擦方向取向时，由于聚合物基体的剪切效应，纤维和聚合物剥离，导致复合材料的承载降低；当纤维不平行于摩擦方向时，聚合物基体的剪切效应降低，复合材料的承载性相对较好。

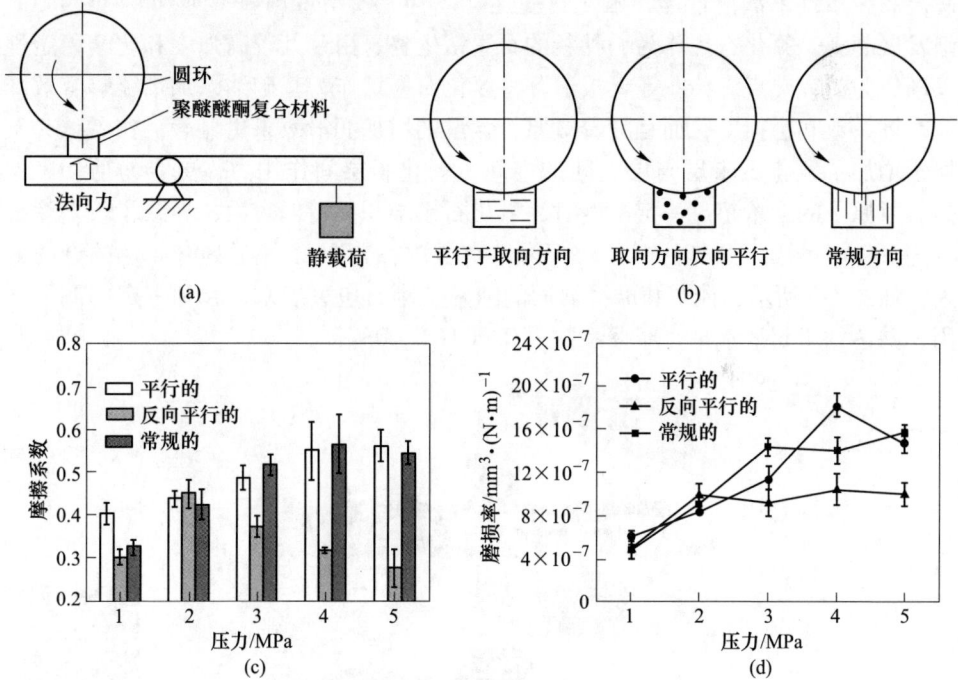

图1-1　摩擦接触示意图（a）、复合材料中的纤维取向（b）、
平均摩擦系数（c）和平均磨损率随加载的变化（d）

1.1.1.2　固体润滑剂

固体润滑剂一般具有层状结构，剪切力较低，与润滑表面亲和力较强，在滑动界面间可以降低摩擦磨损。目前研究较多的主要有石墨、二硫化钼、聚四氟乙烯、氮化碳和六方氮化硼以及某些金属（如铅、锌、银等低熔点金属）等。固体润滑剂在摩擦过程中能够促进转移膜的形成，降低摩擦界面之间的机械剪切力。金属润滑剂抗剪切强度低，能够起到润滑作用；层状结构润滑剂主要是层与层之间的结合力较弱、易剪切，图1-2给出了层状结构润滑剂的减摩机理。

对于复合材料中常用的固体润滑剂，主要以层状结构的石墨及类石墨结构的材料为主。石墨是碳的同素异形体,呈鳞片状,分子结构为六方晶系的层状结晶,层内的原子结合较强,层间结合较弱,容易滑移。在干燥的环境中,石墨的摩擦系数要高于暴露在潮湿环境中的摩擦系数,主要是水分子的存在起到一定的润滑作用。另外,在真空环境中,石墨的润滑性能更低。为了改善石墨在高温高压条件下润滑性能,氟化石墨逐

图 1-2 层状结构润滑剂的减摩机理

渐发展起来。氟化石墨作为一种新的石墨衍生物,由于其较高强度和化学稳定性逐渐成为研究热点。Hou 等[7]报道,将氟化石墨烯作为基础油添加剂能够有效降低摩擦系数和磨损率,而且随着氟原子含量的增加润滑效果更显著。作者认为氟原子增加了氟化石墨层与层之间的空间,弱化了层间作用力,更容易剪切,但是,氟原子的含量超过一定浓度时,氟化石墨堆积在对偶表面,导致了较差摩擦行为。Carpick 等[8]发现,单层的石墨烯在较高的 PV 条件下具有一定的卷曲效果,如图 1-3 所示,能够将摩擦界面的纳米金刚石包裹起来,起到一定的润滑作用,并达到了超滑水平,摩擦系数为 0.004~0.008。

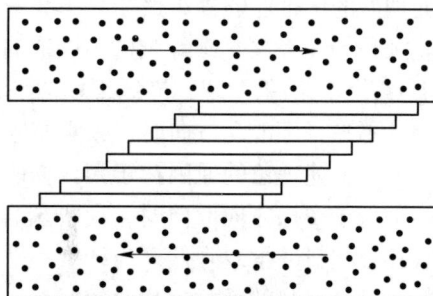

图 1-3 彩图

图 1-3 石墨烯纳米片包裹纳米金刚石示意图

1.1.1.3 纳米颗粒

自润滑复合材料中常用的纳米颗粒包括无机非金属纳米颗粒和金属纳米颗粒。无机非金属纳米颗粒主要是二氧化硅（SiO_2）、二氧化钛（TiO_2）、氮化硼（BN）、氮化硅（Si_3N_4）和碳化硅（SiC）等纳米材料,这类材料在较强的界面作用下能够烧结成膜,有较高的承载性和润滑性。金属纳米颗粒有较高的化学活性,作为复合材料添加剂可以促进界面摩擦化学反应。摩擦过程中,产生的化学转移膜,提高了与金属对偶的结合能力,所以受到了摩擦学者的广泛关注。目

前，研究较多的是氧化铜（CuO）、氧化锌（ZnO）、氧化铝（Al_2O_3）、硫化铜（CuS）以及硫化锌（ZnS）等金属氧化物和硫化物的纳米颗粒。值得注意的是，如果将无机非金属纳米颗粒和金属纳米颗粒同时引入到复合材料体系中，所形成的转移膜可能既具有较高的承载性也具有很好的结合性。

Wang 等[9]研究了不同粒径的二氧化锆（10~100 nm）对聚醚醚酮（PEEK）复合材料减摩抗磨性能的影响，结果表明，纳米粒子的粒径越小，PEEK 复合材料的抗磨性能越好。常利等[10]研究了亚微米 TiO_2/ZnS 和纳米级的 SiO_2 对环氧复合材料转移膜结构的影响，研究发现 TiO_2/ZnS 填充的环氧复合材料转移膜比较厚而松散，SiO_2 填充环氧复合材料转移膜比较薄而均匀，进一步验证了纳米颗粒能够提高复合材料的摩擦学性能。Sawyer 等[11]报道了不同形貌的纳米 Al_2O_3 填充聚四氟乙烯（PTFE）以及纯 PTFE 的摩擦行为，结果表明，常规氧化铝的加入能够使 PTFE 的耐磨性提高 600 倍，不规则形状的纳米 Al_2O_3 将 PTFE 的耐磨性提高了 300 倍。Bahadur 等[12]将氧化铜、氧化锡等金属纳米颗粒加入聚苯硫醚复合材料中，证明了在摩擦过程中发生了金属的氧化还原，生成的化学转移膜具有很好的结合性和润滑性。

1.1.2 聚合物磨损机理

摩擦与磨损是紧密相关的，磨损是摩擦产生的必然结果，是相互接触的物体在相对运动中表层材料不断损伤的过程。磨损是多种因素相互影响的复杂过程。与金属材料相比，聚合物材料的磨损过程要复杂得多，这主要是由于聚合物的力学性能变化范围宽，并且对温度、变形速率有强烈的依赖性以及失效过程对环境条件的敏感性。根据聚合物材料摩擦表面的损伤情况和破坏形式，聚合物材料的磨损机理主要分为磨粒磨损、黏着磨损、疲劳磨损和化学磨损 4 种。

（1）磨粒磨损：接触界面处的硬质颗粒或者对摩表面上的硬突起物或粗糙峰在摩擦过程中切削聚合物而引起表面材料脱落的现象，称为磨粒磨损。影响聚合物磨粒磨损的主要因素包括：对摩金属材料硬度及粗糙度、聚合物自身的力学性能、载荷大小、环境因素，以及磨粒硬度、强度等。Bijwe 等在研究中发现，用硬质颗粒填充的聚合物复合材料可以提高聚合物复合材料本身的韧性和内聚强度，从而加剧了磨粒磨损的程度[13]。Lancaster 等在研究中发现，当金属对偶表面的 $R_a < 0.05~\mu m$ 时，聚合物材料表现出黏着磨损机理；而当金属对偶表面的 $R_a \gg 0.05~\mu m$ 时，聚合物表面的磨损机理则主要是磨粒磨损[14]。磨粒磨损是最普遍的磨损形式。据统计，工业生产中磨粒磨损造成的损失占整个磨损损失的50%左右，因此，研究磨粒磨损对实际生产有着重要的意义。

（2）黏着磨损：当聚合物材料与摩擦副表面相对滑动时，由于接触点之间的范德华力及库仑静电引力或者氢键的相互作用，使聚合物材料转移到对偶面上而引起的磨损叫黏着磨损。Caykara 等[15]认为，局部高应力状态下的接触和滑动是导致聚合物材料在接触区的塑性变形以及聚合物与对偶黏着的根本原因，而两个滑动表面发生黏着的重要标志就是材料的摩擦转移。影响黏着磨损的主要因素有：聚合物材料的内聚力、对偶面粗糙度、洁净度、界面温度、载荷及速度等。其中，聚合物自身的剪切强度决定了材料黏着磨损特性。当聚合物材料与金属摩擦时，表面间的黏着和剪切通常发生在内聚能较弱的聚合物中，因为内聚能低的聚合物材料，其本体的剪切强度低于转移膜与对偶结合处的剪切强度。材料是从内聚能较小的向内聚能较大的转移，在金属与聚合物摩擦时，一般都是聚合物材料向金属转移形成转移膜，这种转移膜与金属的结合强度对聚合物的摩擦和磨损特性有很大的影响。如果在对偶面上形成的转移膜牢固，那么摩擦系数就低，磨损也小；如果不牢固，剪切发生在转移膜与对偶的结合处，则转移膜被不断磨损，又不断生成，这样磨损就会很大。因此，转移膜与对偶的牢固性是决定黏着磨损的根本因素。

（3）疲劳磨损：聚合物的疲劳磨损是指在摩擦过程中，聚合物与对偶材料表面部分微凸体会产生相互作用，从而引起接触区产生局部变形和应力集中，使得聚合物的表层和亚表层形成裂纹而导致聚合物损失或破坏的现象。在发生疲劳磨损过程中聚合物往往会伴随发生接触应力、形变、颗粒覆盖以及疲劳阻力等。疲劳磨损过程十分复杂，影响因素很多，总的来说，影响聚合物的疲劳磨损的主要因素包括：干摩擦或者润滑条件下的宏观应力场；聚合物材料的机械性质和强度及表面粗糙度；聚合物内部缺陷的几何形状和分布密度；润滑剂或介质与聚合物材料的作用。温诗铸院士研究发现，附加拉伸弯曲应力能缩短接触疲劳寿命，而较小的附加压缩应力会增加疲劳寿命，较大的压缩应力将降低疲劳寿命。一般来说，润滑剂中含氧和水分将剧烈地降低接触疲劳寿命。所以，通常情况下降低聚合物疲劳磨损的途径主要是从提高聚合物材料的韧性和内聚力、减小对偶面粗糙度及降低接触应力等方面来考虑。

（4）化学磨损：化学磨损是指在摩擦过程中接触表面与周围介质发生化学反应而产生的表面损伤。聚合物的化学磨损主要表现为化学降解和氧化。影响聚合物化学磨损的因素有很多，其中温度的影响比较明显，在摩擦过程中，摩擦接触区域产生的局部高温会使某些聚合物发生严重降解，同时产生的局部温升也会引起聚合物的氧化，进而磨损加剧。除温度的影响之外，影响聚合物化学磨损的因素还有很多，比如滑动速度、环境气氛以及聚合物中填料催化作用、载荷等。Bahadur 等分别研究了填充改性后的 PTFE 和 PEEK 复合材料与金属对偶的摩擦性能，发现在摩擦过程中填料和聚合物之间发生的化学反应，促进了复合材料的转移，有利于形成稳定的转移膜，从而导致复合材料的磨损率大幅度降低[16]。但是如果添加的填料恰好是聚合物分解的催化剂时将使聚合物的磨损大大提高，如铜是高分子量聚乙烯（HDPE）分解的催化剂，而铜又是较好的耐磨填料，但如果将铜作为高密度聚乙烯的填充改性剂，这样会影响 HDPE 在长期使用时的耐磨性能。

在实际摩擦过程中，聚合物材料的磨损机理十分复杂，并不是单一地按照上述某一个磨损机理进行。因此，在磨损机理的研究过程中，必须借助各种先进分析手段，如显微激光共聚焦拉曼（Micro-Raman）、扫描电子显微镜（SEM）、X 射线光电子能谱（XPS）、透射电镜（TEM）、原子力显微镜（AFM）、发生光谱分析（ES）等。对于磨损机理的研究将有利于针对性地采用提高材料耐磨性的措施，进而探索提高耐磨性抑制磨损的方法，通过对具体材料在应用中所表现的磨损现象的研究和特征分析，找出影响其磨损大小的内在规律和影响因素，对于提高材料的服役寿命、改善其应用性能、减少维修和更换成本具有重要的指导意义。

1.2　聚酰亚胺概述

随着工业生产和先进技术的稳步发展，人们对材料各方面的性能提出了更高的要求。综合性能优异的高分子材料自 1920 年被 H. Stautinger 教授提出以来，就一直得到广大研究学者的关注并研究至今。我国航天事业、芯片以及精密机械等顶尖技术的进步，都离不开高分子材料的发展。研究开发在高温、重载及真空等严苛工况下服役的机械零部件，要求材料具有更高的服役温度、更长的服役寿命、更优秀的耐磨性。

聚酰亚胺（PI）于 1908 年被首次报道，并一直研究改善至今，它是至今公布有机高分子化合物中性能最全面的材料之一。PI 耐高温性良好，最高分解温度可达 600 ℃，可以在−200~300 ℃这个温度区间长久使用。由于聚酰亚胺具有亚胺环结构，使其具有许多优异的性能，如耐高温、优异的力学性能、良好的绝缘性能、热稳定性以及耐低温等。因此，聚酰亚胺在半导体、机械制造、生物医学、化工和汽车等多个领域得到广泛使用。

我国科研工作者于 1962 年开始了聚酰亚胺的相关研究工作。次年，成功开发了绝缘性能优异的耐高温聚酰亚胺漆包线漆。随后，聚酰亚胺树脂、高温黏合剂等产品相继推出。目前，国内研究聚酰亚胺的高校和科研院所主要包括长春应用化学研究所、中科院化学所、中科院兰化所、四川大学、西北工业大学、上海市合成树脂研究所、桂林电气科学研究所等单位。国外聚酰亚胺的生产企业主要包括前面介绍的美国 Amoco、Dupont、GE，日本 Kaneka、Mitsui、Toray、Hitachi Chemical 和 UBE 等，以及韩国 SKC Kolon 公司。

1.2.1　聚酰亚胺分类

聚酰亚胺作为众多高分子化合物中的一类，根据其分子结构、合成方法、应用范围的差异，衍生出许多的分类，并没有固定的分类标准。

（1）按重复单元分类：主要分为芳香族、半芳香族以及脂肪族（PI）。

（2）按合成方法分类：主要分为缩合型和交联型两大类，同时为了满足现代生产制造的需要，还出现了多种聚酰亚胺的改性种类，包括缩合型、交联型和改性聚酰亚胺。表1-1中简单列举了聚酰亚胺按合成方法的分类。

表 1-1　聚酰亚胺按合成方法的分类

缩合型	不熔聚酰亚胺、可熔聚酰亚胺
交联型	双马来酰亚胺、NA 酸酐封端聚酰亚胺、乙炔封端聚酰亚胺
改性聚酰亚胺	聚酰胺亚胺、聚醚亚胺、聚酯亚胺

（3）按照加工性能分类：

1）热塑性聚酰亚胺。热塑性聚酰亚胺（TPI）是在常规聚酰亚胺的基础上发展起来的一种工程材料，具有良好的热塑加工性能。除此之外，TPI 还具有良好的耐蠕变性、力学性能、阻燃性能、耐辐射性能和耐热性。根据选择的二酐单体不同，TPI 可以分为联苯酐型、均苯酐型、醚酐型和羧酸酐型等。TPI 不仅可以采用热固性 PI 的加工合成方式进行制备，还可以通过注塑、挤出成型等方式进行加工成型。TPI 通常在传统 PI 的分子链中引入柔性结构或其他功能基团，从而使 PI 具备良好的热塑性能。它已经在航空、微电子、精密器械等领域得到了广泛的应用。

2）热固性聚酰亚胺。为了满足更高温度的使用要求，热固性聚酰亚胺应运而生。热固性聚酰亚胺具有良好的耐温性能、阻燃性、力学性能和摩擦学性能。它还可以作为复合材料的基材，例如汽车刹车片等。热固性聚酰亚胺的耐温性能非常出色，可以长期在 300 ℃以上使用，而短时间的耐温性能可以达到 480～500 ℃。

根据使用不同的封端剂和合成方法，可以将热固性聚酰亚胺树脂分为三类：单体反应物聚合型（PMR）、苯炔基封端和乙炔基封端。其中，PMR 型聚酰亚胺树脂是通过单体聚合的方式制备的低相对分子质量聚酰亚胺前驱体。这种前驱体具有黏度低、加工工艺好的特点，有利于制备高分子材料。由此制备的复合材料具有良好的耐温性和力学性能。苯炔基封端聚酰亚胺树脂和乙炔基封端聚酰亚胺树脂可以通过封端剂的使用来调节相对分子质量，并且可以拓宽聚酰亚胺树脂的加工温度。苯炔基固化产物中含有芳环结构，可以提高其热氧化稳定性。与传统聚酰亚胺树脂相比，乙炔基封端聚酰亚胺树脂的溶解性大大提高。这三类热固性聚酰亚胺树脂都具有良好的耐温性和力学性能，广泛应用于航空航天领域。如果结合石墨、二硫化钼等填料，还可以获得出色的摩擦学性能，因此在摩擦学领域备受青睐。

1.2.2 聚酰亚胺制备方法

聚酰亚胺是一种品种繁多、形式多样的高分子材料。据不完全统计，已有200~300种二酐和二胺被用于聚酰亚胺的合成，因此已经合成并进行研究的聚酰亚胺已经达到上千种。这种合成单体的多样化使得聚酰亚胺具有多种合成途径，可以根据各种应用目的进行选择。相比其他高分子材料，聚酰亚胺具有合成上的易变通性。

聚酰亚胺的合成方法可以分为两大类。第一类是在聚合过程中或在大分子反应中形成酰亚胺环；第二类是由含有酰亚胺环的单体聚合得到聚酰亚胺。本节主要讨论第一类方法，即通过二胺和二酐反应，在聚合过程中或在大分子反应中形成酰亚胺环来合成聚酰亚胺。

该类方法通常分为两步[17-19]，如图1-4所示，第一步是将二酐和二胺在特定溶剂中聚合，得到聚酰胺酸（PAA）。常用的二酐有均苯四甲酸二酐、3，3′，4，4′-联苯四甲酸二酐、双酚A二醚二酐、1，4-二氟均苯四甲酸二酐、2，2′，3，3′-联苯四甲酸二酐等；二胺一般有对苯二胺、间苯二胺、4，4′-二氨基二苯醚、4，4′-二氨基二苯砜、3，3′-二甲基联苯二胺等。常用的溶剂包括N，N-二甲基甲酰胺、N，N-二甲基乙酰胺、N-甲基吡咯烷酮等。第二步是将聚酰胺酸通过热处理亚胺化得到聚酰亚胺（PI）。对聚酰胺酸进行脱水、过滤和干燥等操作，可

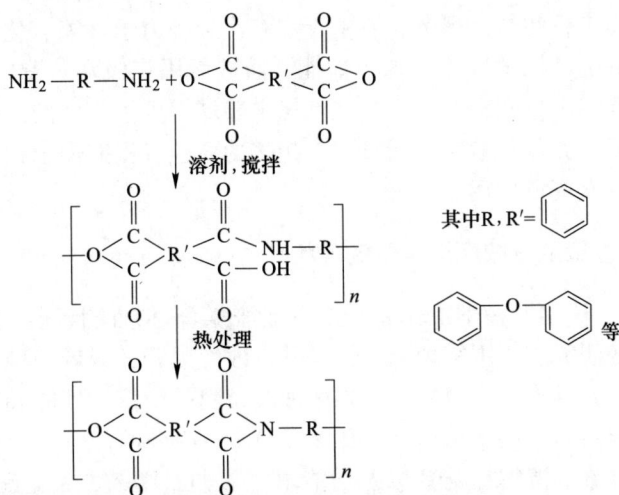

图1-4 两步法合成聚酰亚胺化学反应示意图

得到聚酰亚胺粉末。这种粉末使用方便，可以通过热压成型的方式制备成聚酰亚胺块体。另外，聚酰胺酸也可以直接进行热处理，经高温热压胺化后得到聚酰亚胺薄膜。第二类合成方法的主要原料是马来酰亚胺。通过 Diels-Alder 反应进行聚合，得到聚酰亚胺，如图 1-5 所示[20]。这种合成方法具有无反应副产物、反应过程简单、实验过程易于控制等优点。

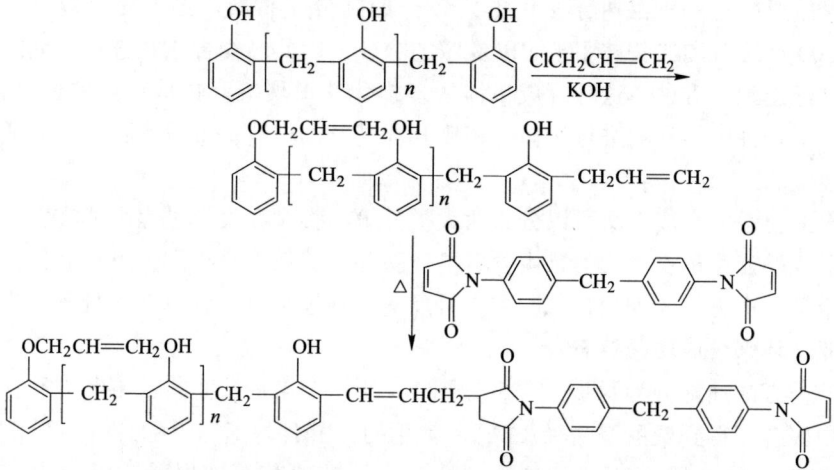

图 1-5　烯丙基酚醛-双马来酰亚胺树脂的制备反应方程

1.3　聚酰亚胺摩擦学研究现状

作为高性能工程塑料，聚酰亚胺由于具有优异的力学性能、化学稳定性、耐腐蚀性以及良好的摩擦学性能和加工性能，而被应用在极端苛刻的工况环境中，如高速重载、高温、空间辐照等，并在摩擦学领域得到了广泛的应用。随着高新技术领域的发展，尤其是航空航天，越来越多的研究者根据需求开始关注聚酰亚胺在摩擦学中的发展及应用。

1.3.1　组成改性聚酰亚胺摩擦学研究现状

近 20 年来，许多摩擦学工作者在聚酰亚胺复合材料改性研究方面取得了重要进展。大量的研究工作围绕填充改性和共混改性展开，或者两种改性方式同时进行，以获得更好的效果。填料对于聚酰亚胺材料的摩擦学性能起着至关重要的作用。常用的填料包括纳米填料（如纳米 TiO_2、纳米 SiO_2 等）、纤维或织物（如碳纤维、芳纶纤维、混编纤维）以及功能填料（如石墨烯、氮化硼等）。填料的加入不仅可以提高聚酰亚胺复合材料的摩擦磨损性能，而且还可以影响基体材料的其他性能。例如，填料的加入可以提高材料的结构稳定性和表面硬度，有效提高材料在滑动过程中的承载能力、抗冲击能力以及抗磨损能力等。该性能的提高可以进一步改善复合材料的摩擦学性能,并且使其在各种应用领域中具有更好的效果。因此,在设计和制备聚酰亚胺复合材料时,需要充分考虑填料的种类和含量等因素,设计最优异的材料体系,以实现最佳的性能。

目前,已有大量学者研究了填料对 PI 摩擦学性能的影响。例如,Yang 等[20]使用热压成型技术,成功合成了以 4-苯乙基酸酐封端的热固性聚酰亚胺,并使用二硫化钼(MoS_2)、二氧化硅(SiO_2)、氮化硅(Si_3N_4)和石墨作为润滑填料,得到一系列热固性 PI 复合材料。结果发现,添加填料的种类和含量对 PI 的耐磨性有重要影响。其中,PI/MoS_2-20%(质量分数)摩擦系数最小,PI/MoS_2-20%(质量分数)磨损量最少,均显著改善了纯 PI 的摩擦学性能。并且摩擦表面的磨损形式由纯 PI 的黏着磨损和疲劳磨损转变为 PI 复合材料的磨粒磨损。由此可以看出,所制备 PI 复合材料耐磨性能优于纯聚酰亚胺。

Duan 等[21]采用传统的热压成型工艺,将银和钼(Ag-Mo)杂化物作为固体润滑剂加入热固性 PI 中,成功制备了聚酰亚胺复合材料(TPI-1)。然后利用 CSEM-THT07-135 型球盘摩擦试验机测试了 TPI-1 复合材料摩擦学性能。结果表明,当温度低于 100 ℃时,TPI-1 摩擦学性能表现优异,具有低摩擦和磨损(图1-6)。同时,透射电子显微镜和元素能谱仪分析结果表明,在不同的温度下,对摩擦副表面由 Ag-Mo 杂化物形成的夹心结构转移膜,有效提高了 TPI-1 复合材料的摩擦学性能。

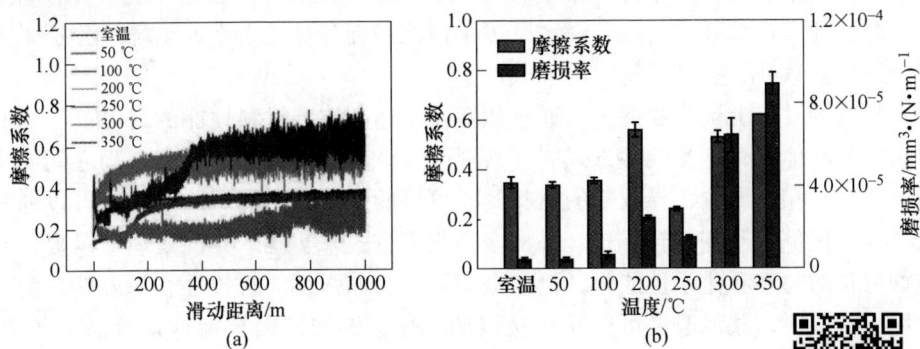

图 1-6 TPI-1 的摩擦系数(a)和磨损率(b)[21]

图 1-6 彩图

稀土氧化物具有特殊性能,可以提高聚酰亚胺复合材料的摩擦学性能。Yu 等[22]以碳纳米管和氧化石墨烯为基材,利用热压烧结法制备了不同稀土氧化物填充的 PI 复合材料。研究表明,不同稀土氧化物在纳米填料的基础上能提升复合材料的硬度和承载能力。摩擦学结果如图 1-7 所示,添加稀土氧化物氧化镧(La_2O_3)可以有效提升纯 PI 和 CNT/GO/PI 复合材料的摩擦学性能。

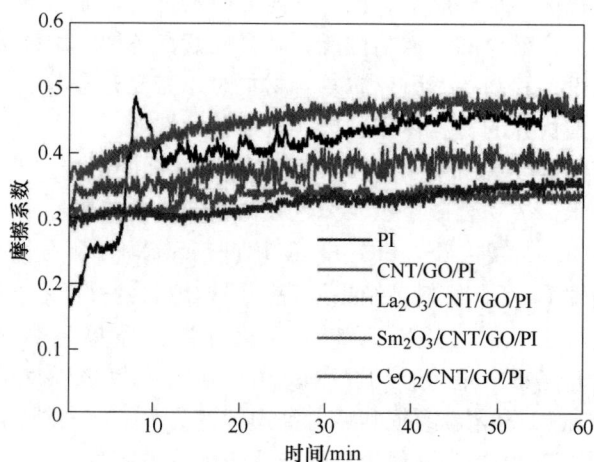

图 1-7　PI 复合材料摩擦系数随时间的变化规律[22]

PI—聚酰亚胺；CNT/GO/PI—碳纳米管/氧化石墨烯/聚酰亚胺；La_2O_3/CNT/GO/PI—氧化镧/碳纳米管/
氧化石墨烯/聚酰亚胺；Sm_2O_3/CNT/GO/PI—氧化钐/碳纳米管/氧化石墨烯/聚酰亚胺；
CeO_2/CNT/GO/PI—二氧化铈/碳纳米管/氧化石墨烯/聚酰亚胺

图 1-7 彩图

Zhao 等[23]将碳纤维、玻璃纤维和芳纶纤维分别加入聚酰亚胺基体中制备得到了三种纤维增强的聚酰亚胺复合材料，并考察了其在不同工况下的摩擦学性能。摩擦结果表明，在干摩擦条件下，纤维可以增强聚酰亚胺复合材料的耐磨性。并且加入玻璃纤维的复合材料摩擦学性能最佳，这是由于玻璃纤维分担了大部分的界面载荷，提高了材料的承载性。

将两种及以上聚合物混合，通过相互作用达到改善材料性能的目的，从而获得新的材料体系，这类改性方式叫作共混改性。在改性过程中，聚合物之间发生相互作用和相互影响，导致新的材料具有更好的性能和功能。共混改性可以通过调整混合比例、改变混合方式、添加增强剂等方式来实现。共混处理可以提高聚合物材料的物理和化学性能等，例如提高聚合物的强度、抗拉性、耐温性、耐化学性等。同时，共混改性可以完成材料功能化，例如使聚合物具有导电、光学、生物相容性等特殊性质。因此，共混改性是一种重要的聚合物材料制备方式，可以为聚合物材料的应用开拓新的领域。

Wan 等[24]将聚酰亚胺与环氧树脂-二硫化钼共混，制备了聚酰亚胺/环氧树脂-二硫化钼黏结固体润滑涂料（PI/EP-MoS_2）。采用显微硬度计和往复球盘式摩擦磨损仪分别测定了聚氟蜡（PFW）对制备的 PI/EP-MoS_2 润滑涂层显微硬度和摩擦磨损性能的影响，结果如图 1-8 所示，加入适量 PFW 能显著改善 PI/EP-MoS_2 涂层抗磨性。随着聚氟蜡含量从 2%上升到 10%，润滑涂层的摩擦系数降低，当 PFW 含量超过 6%时，摩擦系数稳定为 0.07。由于 PFW 填料均匀分布且具有优异的润滑性，加入 PFW 填料后润滑涂层的抗摩擦性能得到了改善。

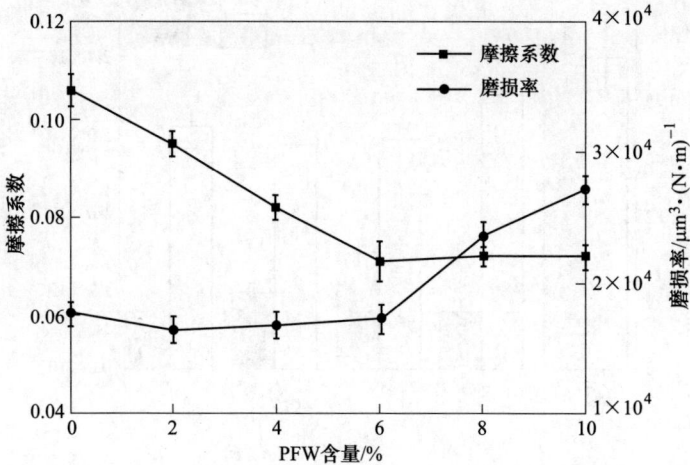

图 1-8　PFW 含量对 PI/EP-MoS$_2$ 黏结固体润滑剂涂层摩擦系数和磨损率的影响[24]

采用溶液共混的方法，Tu 等[25]制备了 4 种不同氮化钒（VN）含量的聚四氟乙烯/聚酰亚胺-聚醚酰亚胺（PTFE/PI-PAI）复合材料涂层。采用液相喷涂法在铜合金基体上制备复合镀层样块，研究该复合涂层在不同温度和不同润滑方式下的摩擦学性能。结果表明：当 VN 质量分数为 4%时，涂层的抗磨性良好；在 VN质量分数为 8%和 12%的情况下，涂层的磨损形式由室温黏着磨损转化为高温磨粒磨损。由于 VN 具有较高的键能和表面能，材料会发生团聚，因此当 VN 的含量过高时会导致其较差的摩擦学性能。

Chen 等[26]将 PI 和 CF 作为增强填料，通过压缩成型和烧结技术得到填充 PI和 CF 的 PTFE 复合材料，并对其在海水润滑环境中进行摩擦学性能测试。研究发现，PI 和 CF 的加入显著提高了 PTFE 的耐磨性，PI 和 CF 与 PTFE 之间存在协同减摩和耐磨作用，复合样品 PTFE-4（PI 添加量为 5%，CF 添加量为 15%）的耐磨性最好。

Zhou 等[27]通过溶液掺杂的方法，将碳纳米管（CNT）和氟化石墨烯（FG）组成的杂化相和共混相加入纯聚酰亚胺中，以改善聚酰亚胺的摩擦学性能。系统研究了混合相和共混相对聚酰亚胺复合涂层力学和摩擦磨损性能的影响。结果表明，共混相改性后的聚酰亚胺复合涂层具有更强的界面相互作用，从而提高了涂层的力学性能。室温拉伸强度提高 46%，硬度提高 43%，储能模量提高 96%。力学性能的显著增强为聚酰亚胺复合涂层提供了充足的抗磨损能力，磨损率降低了 61%。此外，由于杂化相所赋予的润滑性能，杂化相改性的聚酰亚胺复合涂层的摩擦系数降低了 13%，表现出最佳的抗摩擦性能，如图 1-9 所示。

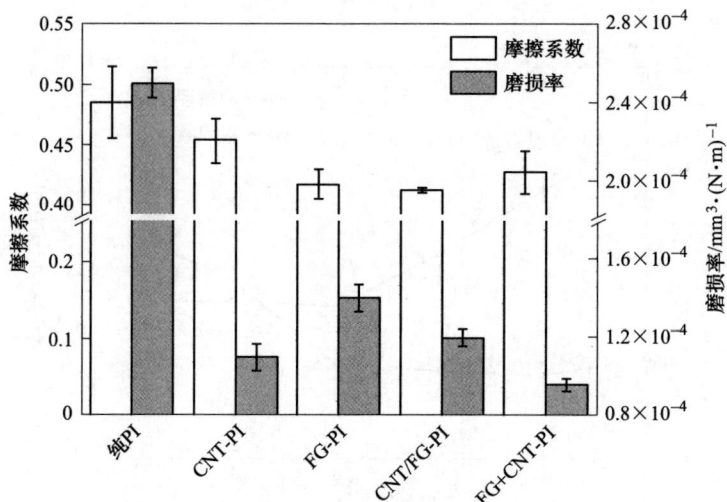

图 1-9　PI 和 PI 复合涂层的摩擦系数和磨损率[27]

纯 PI—纯聚酰亚胺；CNT-PI—碳纳米管-聚酰亚胺；FG-PI—氟化石墨烯-聚酰亚胺；

CNT/FG-PI—碳纳米管/氟化石墨烯混合-聚酰亚胺；

FG+CNT-PI—氟化石墨烯+碳纳米管共混-聚酰亚胺

1.3.2　结构改性聚酰亚胺摩擦学研究现状

虽然聚酰亚胺具有优异的力学性能、耐高低温性及尺寸稳定性等优点，但是直接用作自润滑材料仍然存在摩擦系数偏高、耐磨性差等问题。由于聚酰亚胺具有多样的合成方式，基于聚酰亚胺的合成方式对其进行结构改性是改善聚酰亚胺摩擦学性能的有效手段。目前，聚酰亚胺的结构改性主要包括以下几种方式：不同聚酰亚胺单体的组合、与其他聚合物通过交联剂进行共聚等。

通过使用不同单体配比制备不同结构的聚酰亚胺，可以提高聚酰亚胺的摩擦学性能。段春俭等[28]选择二酐和二胺作为前驱体，设计了一种新型结构的热固性聚酰亚胺。使用球-盘摩擦磨损试验机测试了从室温到 350 ℃的热固性聚酰亚胺的摩擦学性能。结果表明，该热固性聚酰亚胺随温度响应明显，温度上升，摩擦系数降低，但磨损率出现增大—减小—再增大趋势，这是由于温度使聚合物接触表面力学性能改变所导致的。

结构改性和填料改性可以协同提高聚酰亚胺复合材料的摩擦磨损性能。Zhang 等[29]使用二胺多面齐聚半硅氧烷（POSS-diamine），配合均苯四甲酸二酐（PMDA）和 4, 4'-二氨基二苯醚（ODA）制备得到含 POSS 的聚酰亚胺，并将自制的二硫化钼加入其中，得到 POSS-PI/MoS$_2$复合材料。摩擦实验结果表明，由于 POSS 和 MoS_2 的协同作用，POSS-PI/MoS_2 复合材料的摩擦学性能得到了极大提升。与纯 PI 相比，含有 12%（质量分数）MoS_2 和 10%（质量分数）POSS-二胺的 PI 复合材料的磨损寿命增加了 368%（从 100 s 增加到 468 s），摩擦系数降低了 83.3%（从 0.12 降低到 0.02）。上述制备工艺简单可控，得到的复合材料涂层具有较为优异的摩擦磨损性能，对制备高摩擦学性能涂层具有指导意义。综上所述，通过选择合适的改性剂和单体配比，在聚酰亚胺结构改性方面可以改变基体的分子结构，从而在分子层面调整聚酰亚胺的结构，得到满足实际需求的自润滑耐磨材料。

1.4 聚酰亚胺摩擦学研究的发展方向

随着航空航天等现代科技的快速发展，特殊工况下运动机构的润滑难题变得越来越突出，不仅要求润滑材料具有优异的减摩抗磨性能，还要经受高低温等苛刻环境的考验。理论和实践表明，聚酰亚胺复合材料的摩擦学性能与摩擦表面生成转移膜的结构与性能密切相关。聚酰亚胺聚合物复合材料-金属配副界面作用极其复杂，尤其界面闪温与界面应力可诱导材料表面以及界面释放颗粒发生物理和化学反应，对转移膜的生成产生重要影响。深入研究聚酰亚胺聚合物复合材料-金属配副界面物理化学作用是揭示转移膜的形成和作用机制的关键。

通过分子结构设计、减摩抗磨组分优化，聚酰亚胺基自润滑复合材料为解决特殊工况下的润滑需求提供了有效途径。然而，聚合物复合材料-金属配副摩擦界面的物理化学作用极其复杂，为实现转移膜结构与性能的可控构筑，仍需在以下几个方面开展系统、深入的研究工作：

（1）基于对聚酰亚胺材料转移膜的研究和理解，根据摩擦加载条件和润滑介质，在聚合物基体中有针对性地引入新型填料（及组合）、优化填料的功能化表面处理，调控干摩擦和润滑状态下聚合物复合材料-金属摩擦界面的力学和化学作用，构筑具有高承载能力和固体润滑特性的转移膜。

（2）对润滑状态下聚酰亚胺复合材料-金属摩擦副界面固-液润滑机制开展进一步研究，从提高液膜的表面吸附和界面承载能力、调控摩擦化学反应和促使高性能转移膜生成等几个方面着手，设计制备新型润滑材料。

（3）在深入研究转移膜结构与性能对聚酰亚胺复合材料-金属配副摩擦学性能影响机制的基础之上，研究转移膜的生成与金属对化学作用的交互关联性，拓宽并深化对转移膜界面作用的理解。

（4）利用理论计算和模拟的方法研究摩擦界面作用，验证纳米结构转移膜生成的模型。

参 考 文 献

［1］张新瑞，裴先强，王廷梅，等. 纳米氧化锌和石墨填充聚酰亚胺摩擦学性能研究［J］. 润滑与密封，2014，39（3）：4.

［2］Kizilkaya C，Mülazim Y，Kahraman M V，et al. Synthesis and characterization of polyimide/hexagonal boron nitride composite［J］. Journal of Applied Polymer Science，2012，124（1）：706-712.

［3］胡超，齐慧敏. 聚酰亚胺复合材料摩擦学研究进展［J］. 淮阴工学院学报，2019，28（1）：15-19.

［4］Österle W，Dmitriev A I，Wetzel B，et al. The role of carbon fibers and silica nanoparticles on friction and wear reduction of an advanced polymer matrix composite［J］. Materials & Design，2016，93：471-484.

［5］Zhang X，Pei X，Mu B，et al. Effect of carbon fiber surface treatments on the flexural strength and tribological properties of short carbon fiber/polyimide composites［J］. Surface & Interface Analysis，2008，40（5）：961-965.

［6］Zhang G，Rasheva Z，Schlarb A K. Friction and wear variations of short carbon fiber（SCF）/PTFE/graphite（10 vol.%）filled PEEK：Effects of fiber orientation and nominal contact pressure［J］. Wear，2010，268.

［7］Hou K，Gong P，Wang J，et al. Structural and tribological characterization of fluorinated graphene with various fluorine contents prepared by liquid-phase exfoliation［J］. Rsc Advances，2014，4（100）：56543-56551.

［8］Hone J，Carpick R W. Slippery when dry［J］. Science，2015，348（5）：1087-1088.

［9］Wang Q，Xue Q，Liu H，et al. The effect of particle size of nanometer ZrO_2 on the tribological behaviour of PEEK［J］. Wear，1996，198（1/2）：216-219.

［10］Chang L，Friedrich K. Enhancement effect of nanoparticles on the sliding wear of short fiber-reinforced polymer composites：A critical discussion of wear mechanisms［J］. Tribology International，2010，43（12）：2355-2364.

［11］Burris D L，Sawyer W G. Improved wear resistance in alumina-PTFE nanocomposites with irregular shaped nanoparticles［J］. Wear，2006，260（7）：915-918.

［12］Bahadur S，Sunkara C. Effect of transfer film structure，composition and bonding on the tribological behavior of polyphenylene sulfide filled with nano particles of TiO_2，ZnO，CuO and SiC［J］. Wear，2005，258（9）：1411-1421.

［13］Bijwe J，Logani C M，Tewari U S. Influence of fillers and fibre reinforcement on abrasive wear resistance of some polymeric composites［J］. Wear，1990，138（1/2）：77-92.

［14］Lancaster J K. Abrasive wear of polymers［J］. Wear，1969，14（4）：223-239.

［15］Caykara T，Guven O. UV degradation of poly（methyl methacrylate）and its vinyltriethoxysilane containing copolymers［J］. Polymer Degradation & Stability，1999，65（2）：225-229.

［16］Bahadur S，Gong D. The role of copper compounds as fillers in the transfer and wear behavior of polyetheretherketone［J］. Wear，1992，154（2）：207-223.

［17］ 李冰，王振华，律微波，等. 聚酰亚胺基固体润滑材料研究进展［J］. 化工新型材料，2017，45（6）：8-10.

［18］ Huang F, Cornelius C J. Polyimide-SiO$_2$-TiO$_2$ nanocomposite structural study probing free volume, physical properties, and gas transport［J］. Journal of Membrane Science, 2017: 110-122.

［19］ Song J, Yu Y, Zhao G, et al. Comparative study of tribological properties of insulated and conductive polyimide composites［J］. Friction, 2019, 8（3）：507-516.

［20］ Yang M, Zhang C, Su G, et al. Preparation and wear resistance properties of thermosetting polyimide composites containing solid lubricant fillers［J］. Materials Chemistry and Physics, 2020, 241: 122034.

［21］ Duan C, He R, Li S, et al. Exploring the friction and wear behaviors of Ag-Mo hybrid modified thermosetting polyimide composites at high temperature［J］. Friction, 2020, 8（5）：893-904.

［22］ Yu Y, Song J, Zhao G, et al. Effect of rare earth oxide on the mechanical and tribological properties of polyimide nanocomposites［J］. Industrial Lubrication and Tribology, 2020, 72（3）：433-437.

［23］ Zhao G, Hussainova I, Antonov M, et al. Friction and wear of fiber reinforced polyimide composites［J］. Wear, 2013, 301（1/2）：122-129.

［24］ Wan H, Ye Y, Chen L, et al. Influence of polyfluo-wax on the friction and wear behavior of polyimide/epoxy resin-molybdenum disulfide bonded solid lubricant coating［J］. Tribology Transactions, 2016, 59（5）：889-895.

［25］ Tu C, Cao J, Huang H, et al. The investigation of microstructure and tribological properties of PTFE/PI-PAI composite coating added with VN［J］. Surface and Coatings Technology, 2022, 432: 128092.

［26］ Chen B B, Wang J Z, Yan F Y. Synergism of carbon fiber and polyimide in polytetrafluoroethylene-based composites: Friction and wear behavior under sea water lubrication［J］. Materials & Design, 2012, 36: 366-371.

［27］ Zhou S, Li W, Zhao W, et al. Tribological behaviors of polyimide composite coatings containing carbon nanotubes and fluorinated graphene with hybrid phase or blend phase［J］. Progress in Organic Coatings, 2020, 147: 105800.

［28］ 段春俭，崔宇，王超，等. 高温条件下热固性聚酰亚胺摩擦学性能研究［J］. 摩擦学学报，2017，37（6）：717-724.

［29］ Zhang Y, Yan H, Xu P, et al. A novel POSS-containing polyimide: Synthesis and its composite coating with graphene-like MoS$_2$ for outstanding tribological performance［J］. Progress in Organic Coatings, 2021, 151: 106013.

2 干摩擦工况下聚酰亚胺的摩擦学性能

<<<<<<<<<<<<<<<<<<<<<<<<<<<<<<<<<<<<<<<<<<<<<<<<<<<<<<<<<<<<<<<<<<

2.1 氧化石墨烯/聚酰亚胺复合材料摩擦学性能及机理

2.1.1 引言

石墨烯由于其层间特性，在摩擦学领域表现出非常优异的性能。迄今，摩擦学者对石墨烯作为润滑剂的减摩抗磨性能进行了系统研究。Feng 等[1]发现，由于其原子片层特性使其具有优异的层间滑动能力，甚至能实现超滑。Filleter 等[2]研究发现，其表面的原子级平整也使表面滑动摩擦力非常小。因此，石墨烯非常适合作为微/纳米润滑薄膜，能极大减小微/纳米器件的黏着与摩擦力。此外，石墨烯在作为聚合物复合材料固体润滑剂方面也显示出了优异的摩擦学性能。Zhao 等[3]发现嵌入聚合物转移膜的氧化石墨烯明显改善了环氧聚合物复合材料-金属配副的减摩抗磨性能，验证了氧化石墨烯在转移膜中的易剪切特性。

Kandanur 等[4]将石墨烯作为添加剂，加入聚四氟乙烯中，使其磨损率降低了4 个数量级。未填充的聚四氟乙烯的磨损率为 0.4×10^{-3} mm^3/(N·m)，在加入10%的石墨烯后，磨损率降低到 10^{-7} mm^3/(N·m)。此外，作者还对石墨烯-聚四氟乙烯和微石墨填料填充的聚四氟乙烯在相同加载速率条件下的磨损率进行了比较。发现在相同的加载速率下，石墨烯-聚四氟乙烯的磨损率比微石墨-聚四氟乙烯低 10~30 倍。扫描电子显微镜分析显示，石墨烯/聚四氟乙烯复合材料的磨损碎片尺寸明显更小，这表明石墨烯添加剂在调节聚四氟乙烯碎片形成方面非常有效，从而降低磨损。Shen 等[5]研究了氧化石墨烯/环氧基纳米复合材料在氧化石墨烯质量分数为 0.05%~0.5%条件下的摩擦学性能。研究结果表明，氧化石墨烯纳米片因为其高比表面积、粗糙表面与含氧官能团等，在与环氧树脂结合后可极大地降低磨损。与纯的环氧树脂相比，其磨损率降低 90.0%~94.1%。Tai 等[6]制备了氧化石墨烯（GO）/超高分子量聚乙烯（UHMWPE）复合材料。利用微硬度试验机和高速往复摩擦试验机研究了纯超高分子量聚乙烯和氧化石墨烯/超高分子量聚乙烯复合材料的力学性能和摩擦学性能。用扫描电镜观察了氧化石墨烯/超高分子量聚乙烯复合材料的磨损表面，分析了氧化石墨烯/超高分子量聚乙烯复合材料的摩擦学行为。结果表明，加入氧化石墨烯后，氧化石墨烯/

UHMWPE 复合材料的摩擦学行为由疲劳磨损转变为磨粒磨损，在接触表面产生了传递层，有效地降低了氧化石墨烯/UHMWPE 复合材料的磨损率。

虽然众多研究者在石墨烯-聚合物复合材料减摩耐磨方面做了大量研究，然而，对石墨烯影响聚酰亚胺转移膜形成及作用机理的研究较少。因此，本节采用 Hummers 法[7]，以石墨为原料，通过将石墨氧化、酸化等步骤制备了表面含大量官能团的氧化石墨烯，并将其原位引入 4，4′-二氨基二苯醚（ODA）、3，3′，4，4′-联苯四甲酸二酐（BPDA）反应体系中制备了氧化石墨烯/聚酰亚胺复合材料；考察了氧化石墨烯对聚酰亚胺复合材料的热、力学性能的影响；同时，利用多功能摩擦试验机研究了氧化石墨烯对聚酰亚胺复合材料摩擦学性能的影响，探究了转移膜的形成和作用机理，为设计高性能聚酰亚胺自润滑复合材料提供了研究思路。

2.1.2　氧化石墨烯/聚酰亚胺的制备及结构力学性能分析

2.1.2.1　氧化石墨烯的制备

采用 Hummers 法自制氧化石墨烯[7]。称取 5.0 g 石墨粉于 500 mL 三口烧瓶中，加入 120.0 mL 浓硫酸，氮气气氛下，冰浴搅拌 30 min。然后，加入 15.0 g 高锰酸钾，冰浴搅拌 2 h 后转移至油浴锅中升温至 35 ℃搅拌 30 min。升温至 98 ℃，加入 150.0 mL 去离子水和 30 mL 质量分数为 30%的 H_2O_2 搅拌 3 h 后，离心过滤，60 ℃真空干燥 24 h 得到氧化石墨烯。

2.1.2.2　聚酰亚胺/氧化石墨烯复合材料的制备

采用两步法制备聚酰亚胺及其复合材料，合成示意图如图 2-1 所示。首先向 100 mL 三口烧瓶中加入 40.0 mL N-甲基吡咯烷酮，称取 2.8340 g 4，4′-二氨基二苯醚（ODA）与一定量的氧化石墨烯加入溶剂中，超声 1~2 h 至 ODA 完全溶解、氧化石墨烯均匀分散。之后，将 4.1660 g 联苯四甲酸二酐（BPDA）加入混合溶液中，冰浴、氮气条件下搅拌反应 24 h 取出，得到固体含量为 15%的聚酰胺酸（PAA）黏稠溶液。将得到的 PAA 溶液均匀涂抹于轴承钢（GCr15）表面，放入恒温加热台上 60 ℃处理 6 h 使溶剂全部蒸发。之后放入管式炉中，80 ℃保温 4 h，100 ℃、200 ℃、300 ℃以及 320 ℃分别保温 1 h，使得 PAA-GO 亚胺化为 PI-GO，得到氧化石墨烯质量分数为 0.1%、0.3%、0.5%、1.0%以及 2.0%的 PI/0.1GO、PI/0.3GO、PI/0.5GO、PI/1.0GO 和 PI/2.0GO 复合材料。

图 2-2（a）和（b）分别为氧化石墨烯的透射电镜图和扫描电镜图。从图 2-2（a）中可以看出 GO 具有较薄的纳米片结构，并出现了褶皱，说明部分 GO 堆叠在一起。图 2-2（b）的扫描电镜结果也证明了氧化石墨烯的纳米片层结构。图 2-2（c）给出了 GO、PI 及 PI/0.3GO 的红外光谱。如图所示，1721 cm^{-1} 及 3434 cm^{-1} 处分别出现了 C=O、O—H 的拉伸和伸缩振动峰，证明了氧化石墨烯

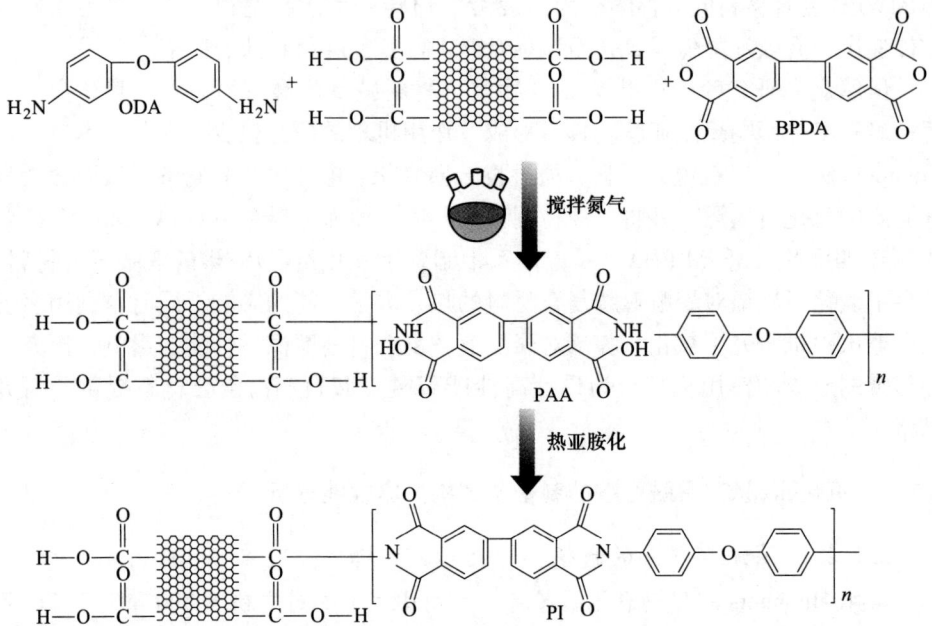

图 2-1　石墨烯/聚酰亚胺两步法合成示意图

中羧基官能团的存在[8]。对于 PI 及 PI/0.3GO，1772 cm⁻¹、1721 cm⁻¹处出现了亚胺环中 C═O 的不对称伸缩振动峰和对称伸缩振动峰，证明了热亚胺化已经发生[9]。此外，1364 cm⁻¹和 735 cm⁻¹处出现的酰亚胺环 C—N—C 的伸缩振动峰以及 C═O 的弯曲振动峰，进一步证明了聚酰亚胺的成功制备。然而，PI/0.3GO 复合材料中 GO 羧基的红外特征峰几乎消失，说明氧化石墨烯参与了合成聚酰亚胺的反应。此外，3500~3100 cm⁻¹处酰胺基团中 N—H 的特征吸收峰几乎消失，表明亚胺化比较完全。

　　图 2-2（d）~（f）给出了 PI 及 PI/0.3GO 的 XPS 全谱和精细谱，全谱结果证明了材料中 C、O 及 N 元素的存在，且复合材料中碳元素的强度明显高于聚酰亚胺。图 2-2（e）中 C 1s 精细谱也证明了复合材料碳元素含量较高，并且因为氧化石墨烯的加入，在 288.6 eV 处出现了明显的 C═O 结合峰[10]。在 O 1s 中（图 2-2（f）），由于 GO 的加入 O 的化学环境发生变化，PI 中 C═O 的结合能峰在 531.9 eV 处，而 PI/0.3GO 中 C═O 出现在 531.5 eV 处。

　　由图 2-3（a）中可以看出，纯聚酰亚胺呈松散的触须结构，表明聚酰亚胺分子结合性较差。随着 GO 的加入，聚酰亚胺分子开始变得紧密，这可能是由于氧化石墨烯中的羧基官能团参与了聚酰亚胺的合成反应，提高了聚酰亚胺分子间的结合性。此外，由扫描电镜结果能够观察到复合材料中氧化石墨烯的片状结构，如图 2-3 中箭头指示，因此，可以推断 GO 纳米片在聚酰亚胺基体中分布较均匀。

另外，从复合材料的断面结构推测，氧化石墨烯的加入能够提高聚酰亚胺的力学性能，这从接下来的实验结果中可以证明。

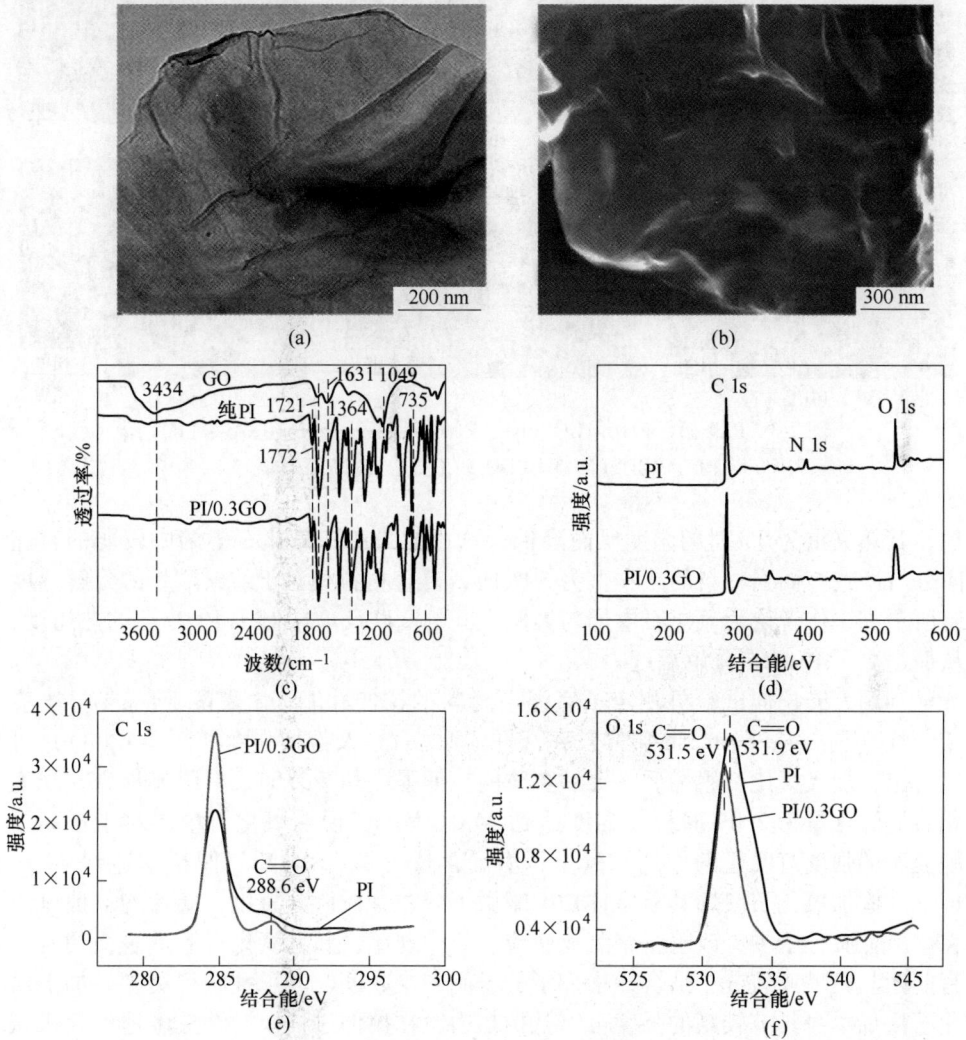

图 2-2　氧化石墨烯透射电镜图（a）及扫描电镜图（b）；GO 及 PI、PI/0.3GO
复合材料红外光谱图（c）；PI 和 PI/0.3GO XPS 全谱（d）；
PI 与 PI/0.3GO 中碳的精细谱（e）和氧的精细谱（f）

优良的热稳定性及力学性能对于聚酰亚胺复合材料在苛刻环境中的应用至关重要。图2-4（a）为氮气环境中的热失重曲线，结果表明，聚酰亚胺及其复合材料的失重温度在500~650 ℃之间，表明所有样品均表现出良好的热稳定性。然而，氧化石墨烯的加入对聚酰亚胺热稳定性的影响并不明显，随着 GO 含量的增

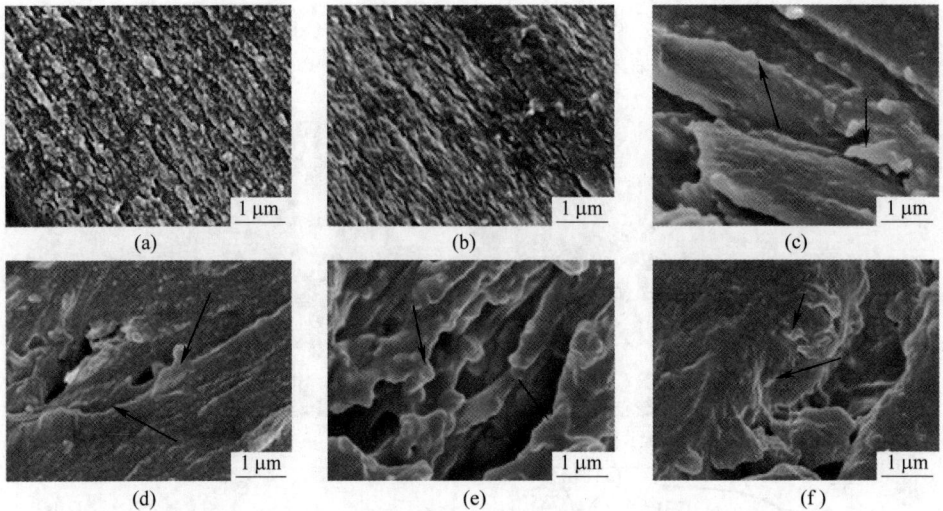

图2-3　PI（a）、PI/0.1GO（b）、PI/0.3GO（c）、PI/0.5GO（d）、
PI/1.0GO（e）与PI/2.0GO（f）的断面形貌

加，其热失重为5%时的温度反而降低，这可能是由于氧化石墨烯中较弱的官能团分解所致。而当材料的热失重为50%时，复合材料相对于纯聚酰胺的分解温度有所提高，作者认为氧化石墨烯与聚酰之间的交联反应限制了PI分子的热运动，从而提高了PI的热分解温度[11]。

利用万能拉伸试验机测定了室温下材料的拉伸性能。由聚酰亚胺的应力-应变曲线（图2-4（b））、断裂伸长率（图2-4（c））及拉伸强度（图2-4（d））可以看出，加入氧化石墨烯后，聚酰亚胺的拉伸强度和断裂伸长率明显提升。当氧化石墨烯含量为2.0%时拉伸强度达到143.0 MPa，说明氧化石墨烯对于提高聚酰亚胺的强度有明显的作用。氧化石墨烯含量为1.0%时断裂伸长率达到40%，但继续添加氧化石墨烯其断裂伸长率略微下降。分析认为氧化石墨烯均匀地分散在聚酰亚胺分子中，改善了聚酰亚胺应力集中现象，并且氧化石墨烯表面的含氧官能团与聚酰亚胺分子结合，增加了分子间的交联度，分子缠联得更多，加上氧化石墨烯本身具有较高的强度可以抵抗拉力，在拉伸过程中能够更多地消耗机械能，从而赋予聚酰亚胺较高的机械强度和断裂伸长率。

图2-4（e）和（f）分别为聚酰亚胺及其复合材料的压痕曲线、模量和硬度。由图2-4（e）可以看出对于同一个压入深度，加载力随氧化石墨烯含量增加而升高。同时，硬度与模量几乎也是随氧化石墨烯含量的增加而增加（图2-4（f））。分析认为，由于氧化石墨烯的分散强化作用，赋予复合材料良好的均质结构。此外，氧化石墨烯与聚酰亚胺之间的界面相互作用，有助于提高复合材料的承载能力。在摩擦学性能测试过程中，GO填料提供的载荷支撑会降低复合材料的变形和破碎，从而提高了其耐磨性[12]。

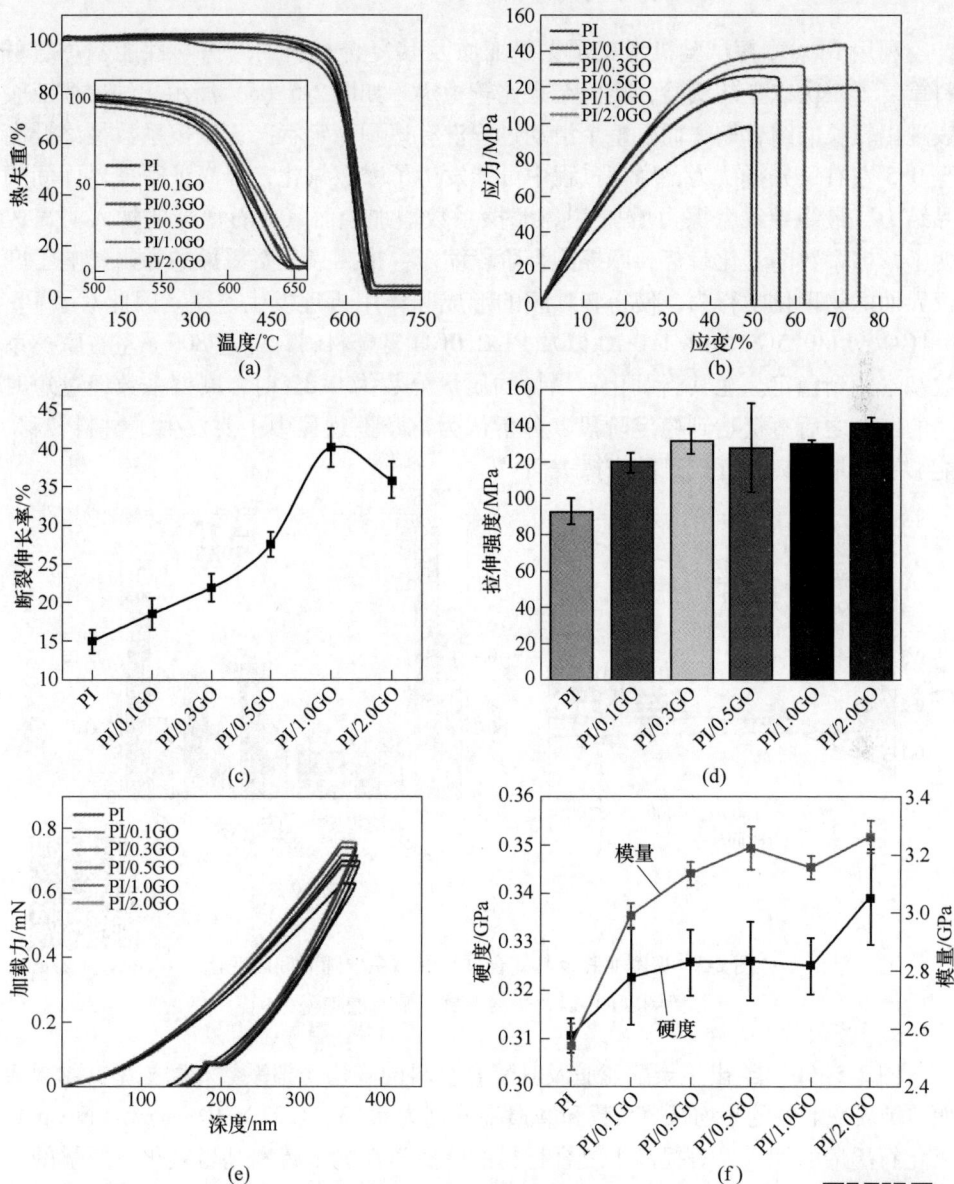

图 2-4 聚酰亚胺及其复合材料的热失重曲线（a）、
应力-应变曲线（b）、断裂伸长率（c）、
拉伸强度（d）、压痕曲线（e）、
模量及硬度（f）

图 2-4 彩图

2.1.3　氧化石墨烯/聚酰亚胺的摩擦磨损行为

利用 Rtec 摩擦试验机考察了聚酰亚胺及其复合材料的摩擦学性能，每组材料重复了三次以上的实验，实验结果比较稳定。如图2-5（a）所示，纯聚酰亚胺表现出较长的跑合期，而且整个滑动过程没有达到稳定状态，摩擦系数最终升高至 0.5 左右，分析认为，摩擦过程中可能发生了摩擦氧化，提高了摩擦界面间的黏结力，最终导致摩擦力增加[13]，摩擦系数增加。而氧化石墨烯的加入明显改变了摩擦系数的变化趋势，摩擦跑合阶段缩短，推测氧化石墨烯的加入影响了摩擦界面的物理化学行为，使得转移膜的形成和作用机理发生改变。因此对于 PI/0.1GO、PI/0.5GO、PI/1.0GO 以及 PI/2.0GO 复合材料，经过 800 s 左右摩擦系数基本达到稳定。尤其当氧化石墨烯的质量分数为 0.3%时，摩擦系数经过短时间的跑合之后直接达到稳定阶段，分析认为，摩擦过程中主要发生了材料转移，能够有效地分离相互接触的摩擦表面[14]。

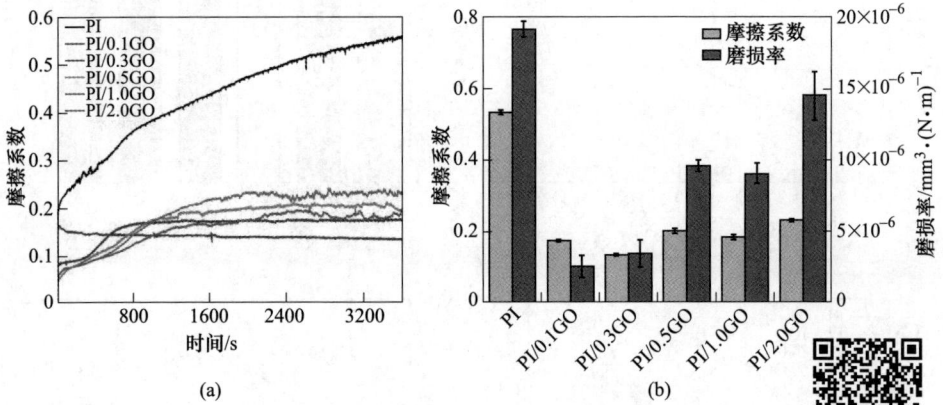

图 2-5　聚酰亚胺及其复合材料摩擦系数随时间的变化
趋势图（a）以及平均摩擦系数及磨损率（b）

图 2-5 彩图

图2-5（b）给出了聚酰亚胺及其复合材料的平均摩擦系数和磨损率。结果表明，纯聚酰亚胺的平均摩擦系数和磨损率分别为 0.53、1.92×10^{-5} mm³/(N·m)，氧化石墨烯的加入显著提高了复合材料的摩擦学性能。特别是当氧化石墨烯的加入量为 0.1%和 0.3%时，复合材料的摩擦系数降低到 0.15 左右，磨损率降低到 3.0×10^{-6} mm³/(N·m) 左右。进一步加入氧化石墨烯，摩擦系数和磨损率反而增加，分析认为，摩擦过程中释放的氧化石墨烯可能起到三体磨损的作用，加剧了转移膜的破坏以及聚合物复合材料的磨粒磨损。

利用扫描电镜观察了摩擦之后聚酰亚胺及其复合材料的磨痕表面。如图 2-6（a1）所示，纯聚酰亚胺材料的磨痕较宽且有大量裂纹，这是由于钢球与

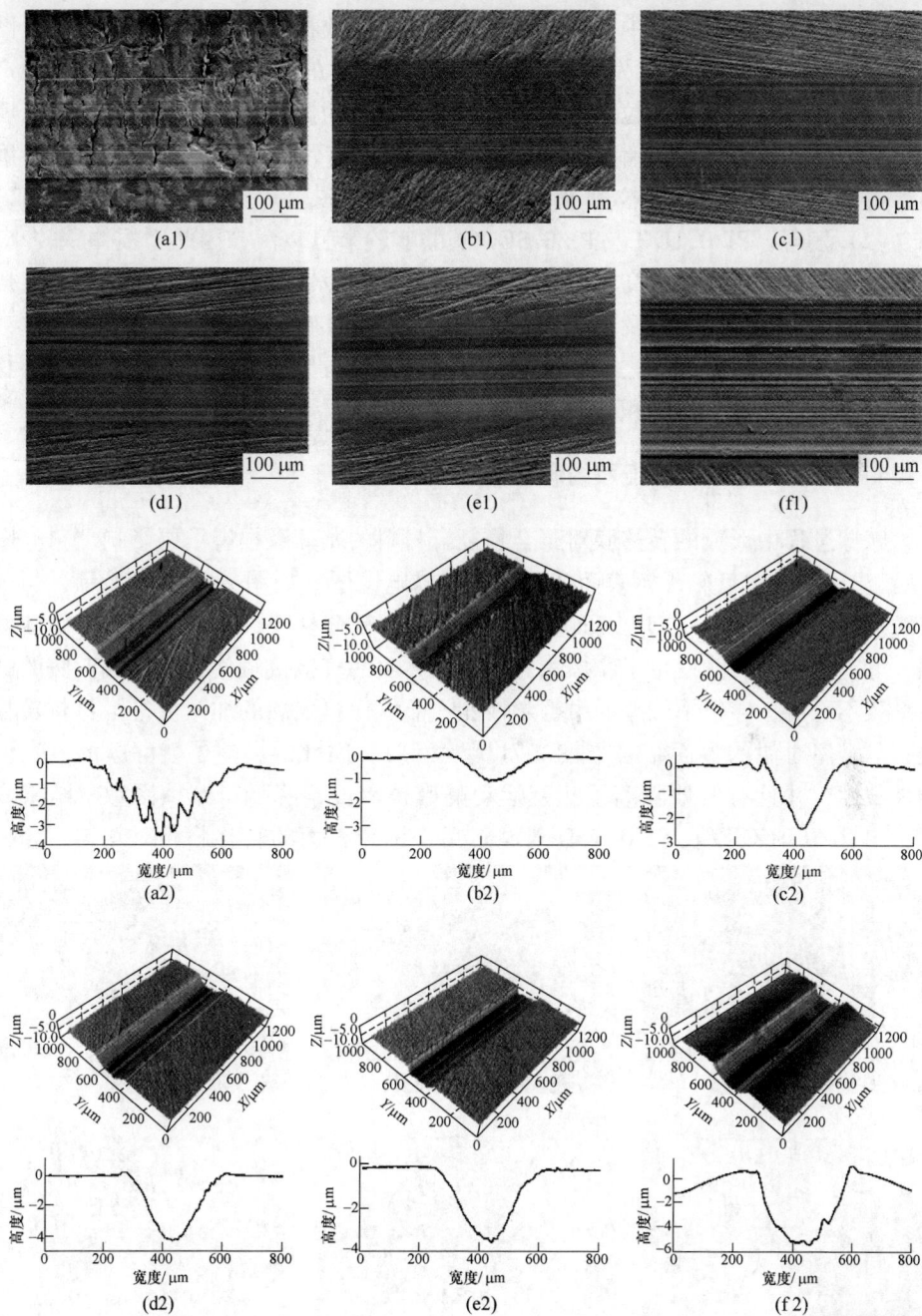

图 2-6　PI（a1）（a2）、PI/0.1GO（b1）（b2）、PI/0.3GO（c1）（c2）、
PI/0.5GO（d1）（d2）、PI/1.0GO（e1）（e2）、PI/2.0GO（f1）（f2）
的 SEM 磨损表面形貌以及三维、二维磨损轮廓

图 2-6 彩图

聚酰亚胺不断摩擦的过程中，产生循环接触应力导致材料产生的疲劳裂纹。由图2-6（a2）所示的二维轮廓发现，磨痕中有较多起伏的沟壑，说明摩擦过程中产生了大量磨屑，形成了磨粒磨损，加剧了聚酰亚胺的损伤。氧化石墨烯的加入明显降低了聚酰亚胺的磨损体积（图2-6(b2)~(f2)），材料的磨损形式由疲劳磨损、磨粒磨损转变为磨粒磨损、黏着磨损。从图2-6（b1）、（c1）、（b2）和（c2）发现，PI/0.1GO及PI/0.3GO的磨痕较窄且较浅，因此磨损体积较小，分析认为，氧化石墨烯提高了聚合物复合材料的承载性及耐磨性。当氧化石墨烯的含量为0.5%、1.0%以及2.0%时，复合材料的磨痕反而加深。扫描电镜、三维及二维轮廓结果验证了之前的推测，过多的氧化石墨烯导致了聚酰亚胺复合材料的磨粒磨损使得磨损体积增加。

2.1.4　氧化石墨烯/聚酰亚胺的润滑机理

　　摩擦过程中形成的转移膜对聚合物复合材料的摩擦磨损有重要影响[14-15]。图2-7给出了摩擦之后轴承钢表面转移膜的扫描电镜图。如图2-7（a）所示，与纯聚酰亚胺摩擦之后，GCr15表面基本没有转移的复合材料，磨屑堆积在对偶球两端，滑动过程中可能发生了摩擦氧化，摩擦界面的直接接触使得纯聚酰亚胺的摩擦系数不稳定，导致了较差的摩擦学性能。而氧化石墨烯的加入促进了材料转移及其与金属对偶的界面结合（图2-7(b)~(f)），因此，提高了转移膜的稳定性和承载性，并且有效地隔离了相互运动的摩擦界面，降低了摩擦系数。结果发现，与PI/0.1GO以及PI/0.3GO对摩之后，钢球表面的转移膜相对均匀，分析

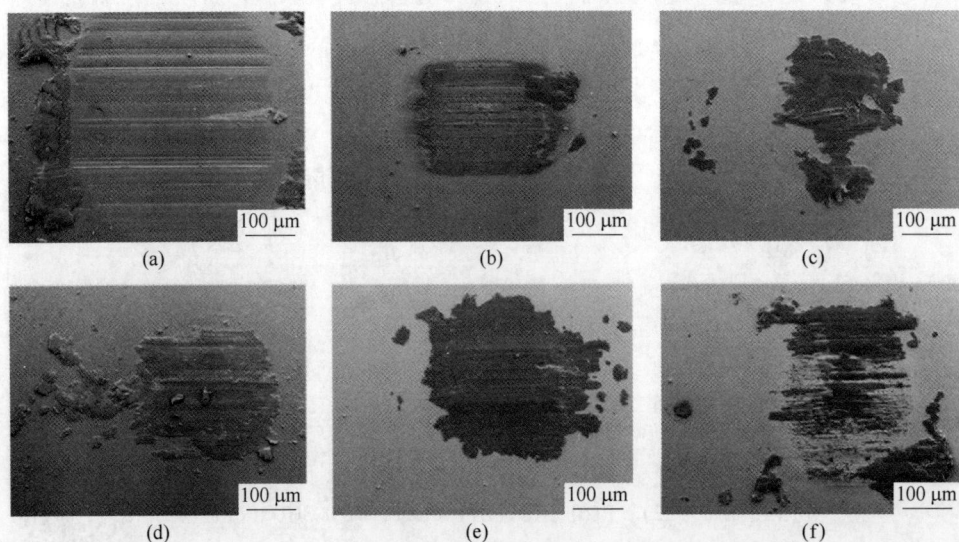

图2-7　GCr15与PI（a）、PI/0.1GO（b）、PI/0.3GO（c）、PI/0.5GO（d）、
PI/1.0GO（e）、PI/2.0GO（f）对摩之后的表面形貌

认为，氧化石墨烯可能促进了聚酰亚胺与金属对偶螯合反应的发生[16]，提高了转移膜与金属对偶的结合强度，最终得到了高承载、高润滑性能的转移膜，因此复合材料的摩擦系数和磨损率较低。但是当石墨烯的含量增加时，释放的氧化石墨烯破坏了转移膜的结构，导致转移膜结构不均匀，对应复合材料的摩擦学性能有所降低。

为进一步探索金属对偶表面转移膜的表面化学状态，推测转移膜的形成机理，用 XPS 对 GCr15 表面进行检测。图 2-8 给出了金属对偶表面 C 1s、O 1s 及 Fe 2p

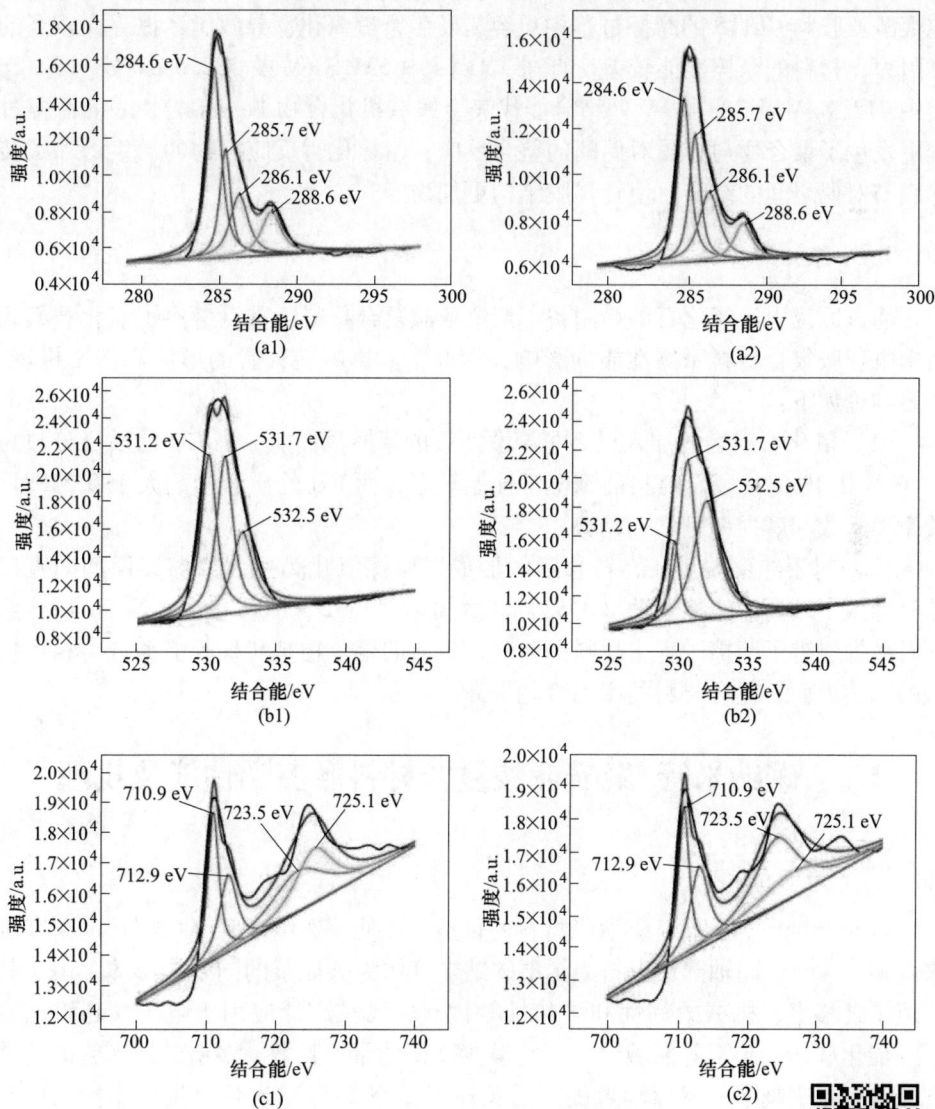

图 2-8　与 PI 和 PI/0.3GO 摩擦之后 GCr15 表面生成
转移膜的 XPS 精细谱
(a1)(a2) C 1s；(b1)(b2) O 1s；(c1)(c2) Fe 2p

图 2-8 彩图

的 XPS 精细谱。图 2-8（a1）和（a2）中 C 1s 在 284.6 eV、285.7 eV、286.1 eV 及 288.6 eV 处分别对应聚酰亚胺分子中 C—C、C—N、C—O 与 C =O 结合能，表明在金属对偶表面形成了聚合物基转移膜[17]。在 O 1s 中 531.2 eV 处的结合能与 Fe 2p 中 710.9 eV 和 725.1 eV 处的结合能对应了转移膜中 Fe_2O_3 和 Fe_3O_4，证明摩擦过程中对偶表面发生了摩擦氧化。但是与纯聚酰亚胺对摩之后，GCr15 表面的 O 1s 在 531.2 eV 处的峰面积大于与 PI/0.3GO 摩擦之后的峰面积，因此在纯聚酰亚胺和 GCr15 的摩擦过程中更容易发生摩擦氧化，导致了摩擦界面较高的黏附力，材料的摩擦性能较差。此外，O 1s 中 531.7 eV 及 532.5 eV 处与 Fe 2p 谱中 712.9 eV 及 723.5 eV 处结合能代表金属有机化合物 $Fe(CO)_x$，表面摩擦过程中发生了聚合物与金属对偶间的螯合反应，摩擦化学反应产物的产生增加了转移膜与对偶之间的结合，使转移膜结构更加稳定[18]。

2.1.5　小结

通过原位引入氧化石墨烯制备了聚酰亚胺复合材料，重点考察了氧化石墨烯对聚酰亚胺复合材料摩擦性能的影响，探究了其影响转移膜的形成和作用机理。主要结论如下：

（1）氧化石墨烯的加入提高了聚酰亚胺的摩擦学性能，当 GO 的质量分数为 0.1% 和 0.3% 时，复合材料的摩擦学性能较好，而 GO 的质量分数大于 0.3% 时，其摩擦系数和磨损率呈增加趋势。

（2）对于纯聚酰亚胺，转移膜的形成以摩擦氧化为主，摩擦界面间的直接接触导致了较高的摩擦系数（0.53）和磨损率 [1.92×10^{-5} $mm^3/(N \cdot m)$]。氧化石墨烯促进了摩擦过程中材料的转移，生成的聚合物基转移膜能够分离相互接触的摩擦界面，复合材料的摩擦性能提高。

2.2　碳纳米管/聚酰亚胺复合材料摩擦学性能及机理

2.2.1　引言

近几十年来，人们对碳纳米材料的日益关注使得碳纳米管（CNT）的研究越来越多[11,19-20]。同轴圆柱形石墨烯层碳纳米管作为碳原子的同素异形体，由于其载流子迁移率、机械柔韧性和导热性等优点，已被广泛应用于电子、超级电容器、催化载体、超滑等领域[21-23]。为减少摩擦能量的耗散，多壁碳纳米管的超滑现象受到越来越多的摩擦学者的广泛关注[24]，认为碳纳米管产生低摩擦的主要机制是相邻层间的非公度接触。此外，碳纳米管可以接枝含氧基团，使其能够与聚合物基体发生反应，从而对复合材料的力学性能和摩擦学性能产生显著影响。

研究表明，加入聚合物基体中的碳纳米管既可以作为补强填料又可以作为固体润滑剂[25]。如 Stern 等[26]所述，添加碳纳米管可显著改善聚酰亚胺的力学性能和耐磨性。因此，碳纳米管独特的结构有利于提高复合材料的润滑性和耐磨性。虽然碳纳米管对聚合物复合材料摩擦学性能的影响已经得到了广泛的研究，但对其摩擦学机理的研究尚无系统报道。所以，本节内容以 4，4′-二氨基二苯醚和 3，3′，4，4′-联苯四羧酸二酐为原料，采用两步法合成了聚酰亚胺。首先，将不同质量分数的碳纳米管原位聚合到聚酰亚胺基体中，制备了一系列聚酰亚胺复合材料。其次，考察了碳纳米管对聚酰亚胺复合材料在大气环境中力学性能和摩擦学性能的影响，分析了 PI 复合材料的摩擦膜结构和可能的摩擦化学反应，探讨了 PI 复合材料的摩擦磨损性能。

2.2.2 碳纳米管/聚酰亚胺的结构设计、制备及表征

碳纤维的透射电镜形貌如图 2-9 所示。聚酰亚胺及其复合材料的制备过程包括聚酰胺酸（PAA）的合成和热亚胺化两个步骤，如图 2-10 所示。在此，PI 复合材料的样品被表示为 PI/xCNT，其中 x 表示碳纳米管在 PI 基体中的质量分数。以 PI/1.0CNT 为例，将 ODA（2.8340 g，14.15 mmol）和 CNTs（0.007 g）分别加入含有 40 mL N-甲基吡咯烷酮（NMP）溶剂的 100 mL 三颈烧瓶。室温下在氮气气氛下搅拌 2 h，直至单体溶解，碳纳米管完全分散。然后，在氮气气氛下，在冰水浴中逐渐加入 BPDA（4.1660 g，14.15 mmol），搅拌 24 h，得到固体含量为 15% 的黏性 PAA 溶液，浇铸在清洁的水平轴承钢（GCr15）表面。将样品放入马弗炉中，在 80 ℃ 恒温 4 h，然后在 100 ℃、200 ℃、300 ℃ 和 320 ℃ 各放置 1 h，得到聚酰亚胺/碳纳米管复合材料。

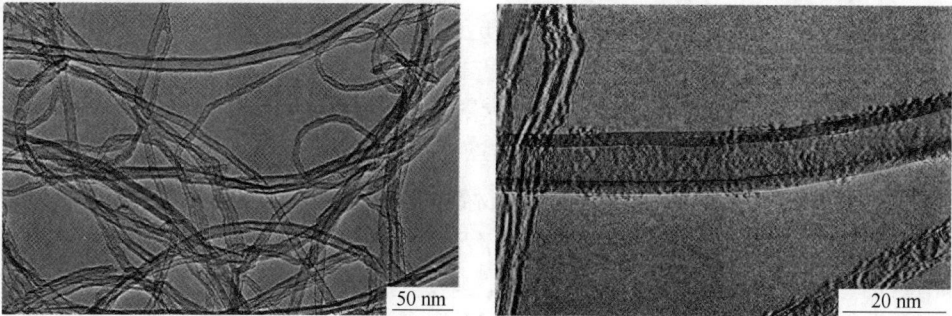

图 2-9 不同放大倍数 CNTs 的透射电镜形貌

利用红外光谱对碳纳米管、PI 和 PI/1.0CNT 的化学结构进行了表征。如图 2-11 所示，CNTs 在 1630 cm^{-1} 和 3434 cm^{-1} 处呈现 C＝C 和 COOH 的特征峰。PI 和 PI/1.0CNT 光谱中 1780 cm^{-1}、1720 cm^{-1} 和 1370 cm^{-1} 处的吸收峰分别对应于 PI 分子中的 CONH 和 C—N[27]。显然，碳纳米管中 3434 cm^{-1} 处的 COOH 特征峰由于碳纳米管与 PAA 之间的反应而减弱（图 2-11）。因此可以得出结论，碳纳米

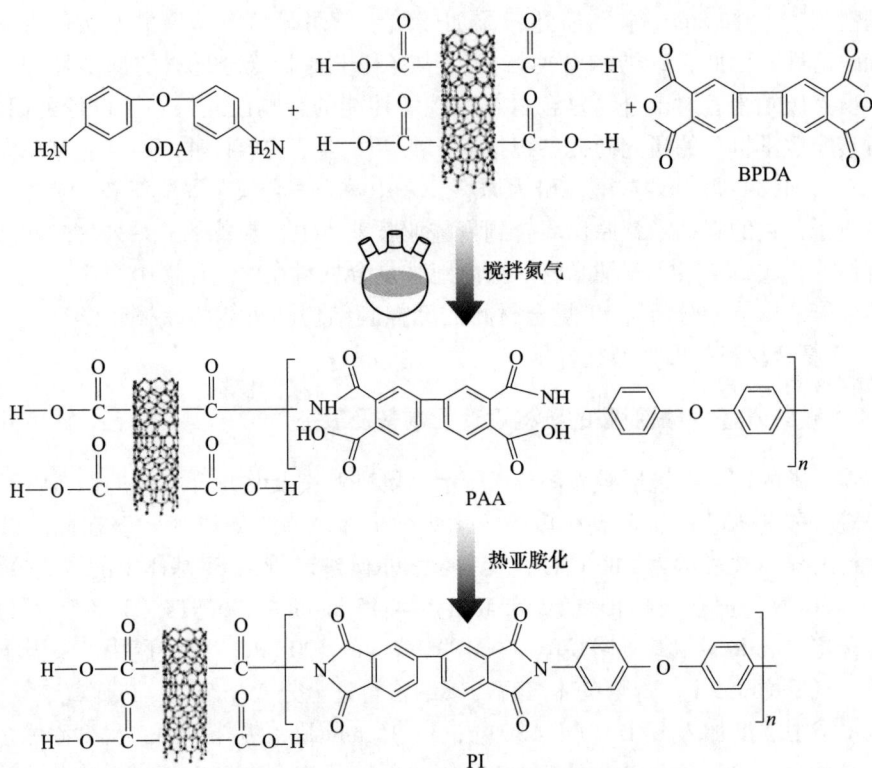

图 2-10　添加碳纳米管的聚酰亚胺合成路线

管成功地被接枝到 PI 基体中。图 2-11（b）和（c）中 C 1s 和 O 1s 的 XPS 精细谱表明，在 PI 中添加 CNT 后，C 和 O 元素的化学环境显示出不同。很明显，碳纳米管的加入增强了 C 1s 光谱中 288.7 eV 处 C＝O 的强度，O 1s 光谱中 C＝O 的结合能从 532.2 eV 移动到 531.8 eV，这表明 COOH 与 NH$_2$ 反应后，C 和 O 元素的化学环境发生了变化[28-29]。

　　图 2-12（a）中聚酰亚胺及其复合材料的热重分析结果表明，CNTs 的加入对于提高聚酰亚胺复合材料的热稳定性是有效的。可以清楚地看到，纯聚酰亚胺在质量损失为 5% 时的降解温度为 537 ℃，如放大插图所示。然而，当质量损失为 5%，加入 0.1%、0.3%、0.5%、1.0% 和 2.0% 的聚酰亚胺时降解温度分别提高到 585 ℃、582 ℃、573 ℃、585 ℃ 和 583 ℃。此外，碳纳米管的加入对 PI 复合材料的力学性能有着重要影响（图 2-12(b)~(d)）。如图 2-12（b）所示，随着碳纳米管质量分数的增加，PI 复合材料的拉伸强度逐渐增强。纯 PI 的强度为 98 MPa，加入 0.1%CNTs 后，强度提高到 120 MPa。当 CNTs 含量为 2.0% 时，PI/2.0CNT 的拉伸强度可达 135 MPa。因此，碳纳米管的加入有助于提高 PI 复合材料的耐热性和耐磨性。

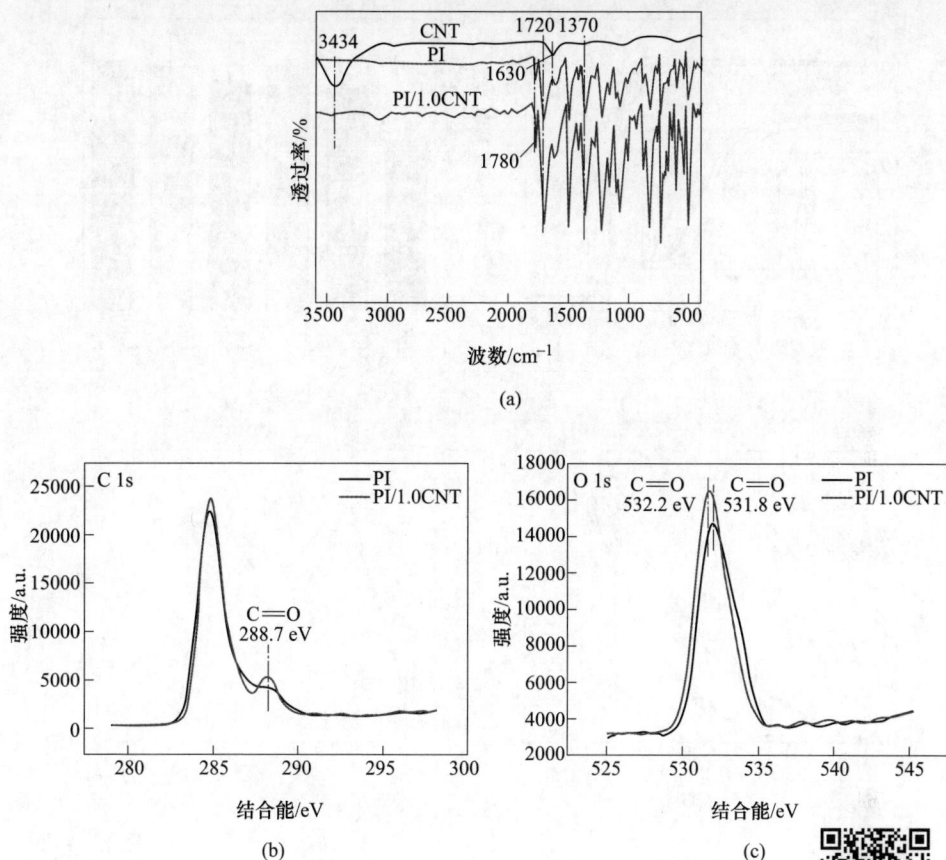

(a)

(b)

(c)

图 2-11 碳纳米管、PI 和 PI/1.0CNT 的红外光谱 (a);
PI 和 PI/1.0CNT 的 C 1s (b) 和 O 1s (c) 的 XPS 谱

图 2-11 彩图

此外，纳米压痕试验的载荷-深度曲线以及 PI 及其复合材料的微观力学性能如图 2-12 (c) 和 (d) 所示。发现当所有材料的深度相同时，施加的载荷是不同的。如图 2-12 (c) 所示，PI/0.1CNT 的施加负载约为 0.85 mN，与纯 PI 相比增加了 26%。因此，PI 复合材料的模量和硬度值高于纯 PI。这一结果提示，改善的微观力学性能可以赋予 PI 复合材料优异的耐磨性。在图 2-12 (d) 中，纯 PI 的模量和硬度分别为 2.52 GPa 和 0.308 GPa，PI/0.1CNT 的模量和硬度分别提高到 3.54 GPa 和 0.344 GPa。然而，当碳纳米管的质量分数进一步提高到 0.3%、0.5%、1.0% 和 2.0% 时，其微观力学性能较 PI/0.1CNT 有所降低。究其原因，主要是由于碳纳米管有效地增韧了复合材料的树脂基体[30]，然而过量的碳纳米管可能会使 PI 分子链松弛并改变其结构，在这种情况下，复合材料的力学性能会减弱。

图 2-13 (a) 中所有样品的应力-应变曲线表明，由于其刚性结构单元，纯 PI 呈现脆性断裂，断裂应变约为 49%。然而，引入的碳管改变了 PI 复合材料的断

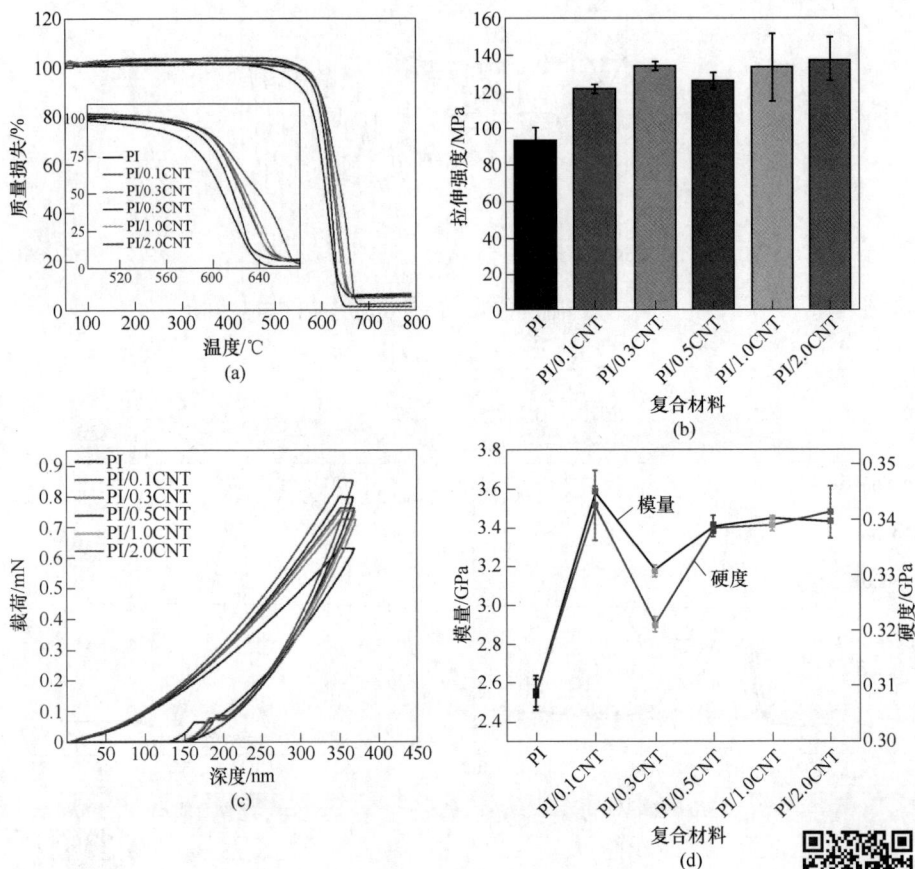

图 2-12　TGA 曲线（a）、拉伸强度（b）、纳米
压痕测试的载荷-深度曲线（c）以及
纯 PI 及其复合材料的模量和硬度（d）

图 2-12 彩图

裂模式，提高了其韧性。通过对 PI、PI/0.1CNT 和 PI/1.0CNT 扫描电子显微镜图像的检查，发现断裂表面存在明显差异。如图 2-13（b）所示，PI 显示出相对平坦的断裂面，具有较低的断裂应力并能够发生快速裂纹扩展。相反，图 2-13（c）和（d）中的 PI/0.1CNT 和 PI/1.0CNT 的断裂面呈塑性变形，并伴有轻微的脆断，显示为韧性断裂模式。此外，PI 复合材料的断裂面在加入 CNT 后呈现密集结构，如图 2-13（c）和（d）中的箭头所示，部分 CNT 暴露在断裂面上。加入 CNT 可提高高分子链的结合强度，使得聚酰亚胺复合材料具有较高的应力应变。

2.2.3　碳纳米管/聚酰亚胺的摩擦磨损行为

图 2-14（a）和（b）显示了所有样品的平均摩擦系数和磨损率。结果表明，

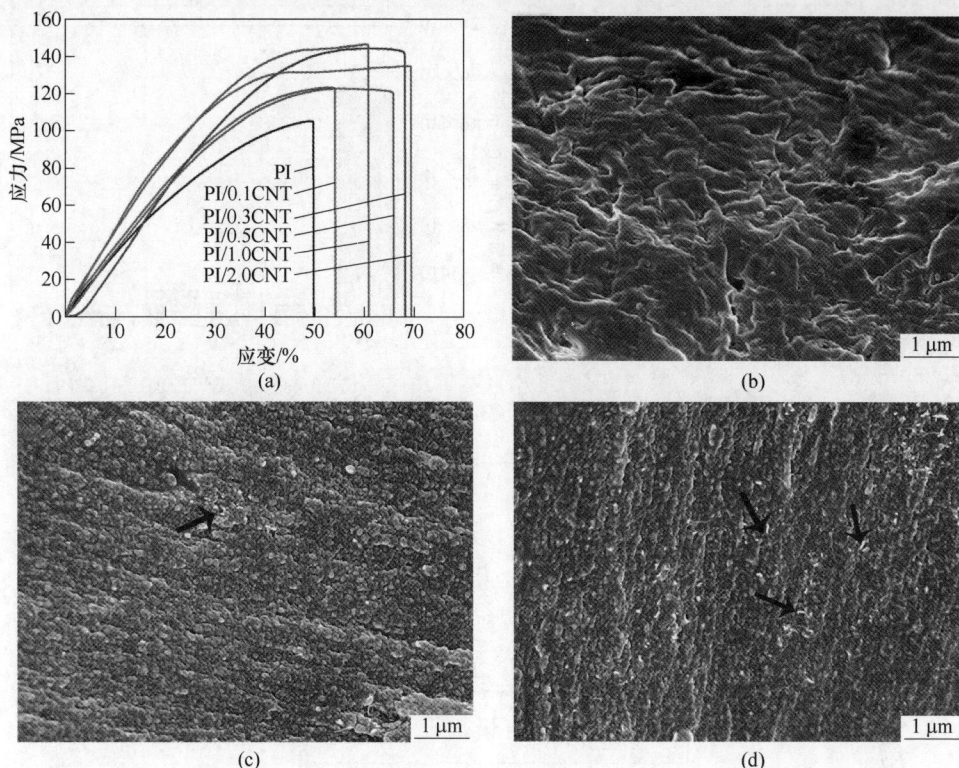

图 2-13 纯 PI 及其复合材料的典型应力-应变曲线（a）；纯 PI（b）、PI/0.1CNT（c）
和 PI/1.0CNT（d）拉伸试验样品断裂表面的扫描电子显微镜图像

添加碳管对降低 PI 复合材料的摩擦磨损有重要作用。纯 PI 的最高摩擦系数和磨损率分别为 0.54 和 1.8×10^{-5} mm³/（N·m）。CNTs 的加入显著提高了 PI 复合材料的摩擦学性能。PI/0.1CNT、PI/0.3CNT、PI/0.5CNT、PI/1.0CNT 及 PI/2.0CNT 的摩擦系数分别降至 0.24、0.16、0.17、0.05 及 0.14。此外，可以清楚地看到，与纯 PI 相比，PI 复合材料的磨损率几乎降低了 2 个数量级。其中，PI/1.0CNT 的超低摩擦系数和磨损率分别比纯 PI 降低了 90.7% 和 82%。由于碳纳米管各层之间的非公度接触，使得复合材料的摩擦学性能得到改善。此外，加入 PI 中的碳管在摩擦过程中承受最大的载荷，使得聚酰亚胺复合材料比纯聚酰亚胺具有更好的耐磨性。

在图 2-14（c）中，摩擦系数随摩擦时间的变化显示，纯聚酰亚胺的摩擦系数在整个摩擦过程中不断增加，从约 0.20 逐渐增加至 0.54。纯 PI 的摩擦系数非常差，原因是出现了摩擦界面的直接接触。纯 PI 与 GCr15 对摩时，材料转移发生在摩擦过程的初始阶段。然而，随着界面温度的升高，会发生摩擦氧化，导致摩擦界面之间的高黏附力[31]。加入碳管会显著缩短样品的磨合时间，并得到稳

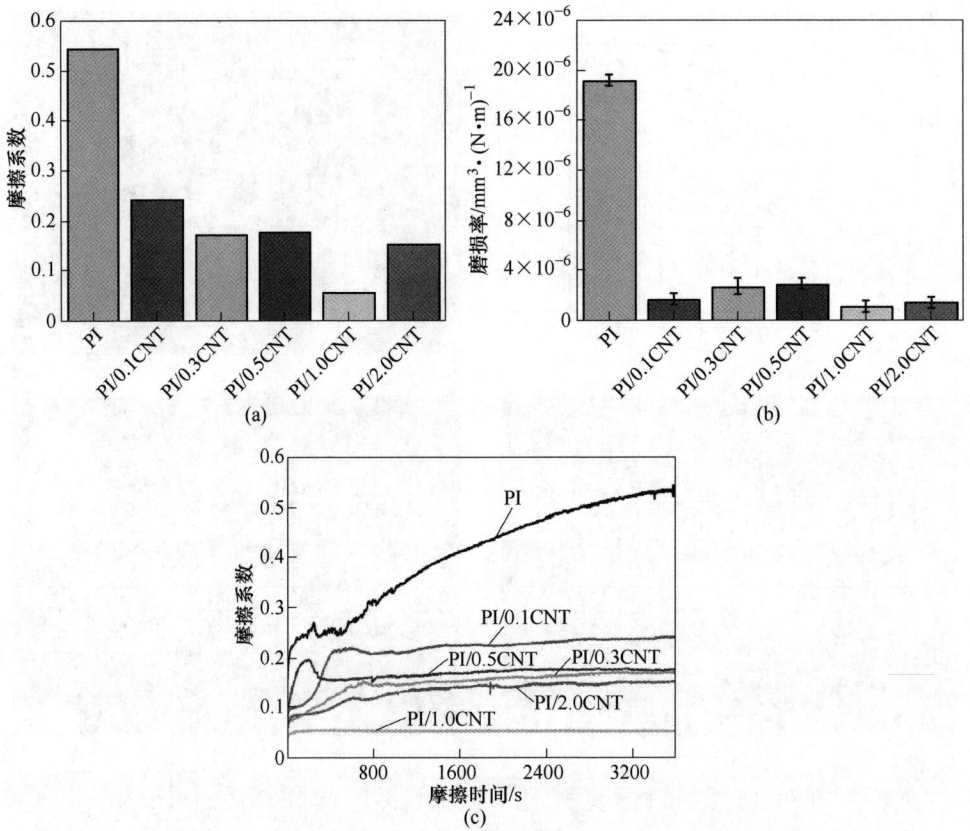

图 2-14　当 PI 复合材料以 10 N 和 10 mm/s 的速度与 GCr15 对应物相摩擦时，其平均
摩擦系数（a）、磨损率（b）和摩擦系数趋势与摩擦时间的函数关系（c）

定的摩擦系数。当 PI/1.0CNT 与 GCr15 摩擦时，磨合过程几乎可以忽略，摩擦系数保持在 0.05 左右。如之前的文献报道[32-33]，磨屑的快速清除和补充促进了稳定摩擦膜的形成，从而得到稳定的摩擦系数曲线。这是由于摩擦表面的碳纳米颗粒其特殊的结构降低了界面摩擦力，残余的磨屑可以形成碳基摩擦膜，起到明显的润滑作用。

2.2.4　碳纳米管/聚酰亚胺的磨损机理

图 2-15(a1)~(f1)比较了所有样品的三维形貌和磨痕的截面深度轮廓。显然，在纯 PI 的情况下发生滑裂时，观察到明显的平行于滑动方向的槽，以及宽度为 400 μm、深度为 3.50 μm 的严重磨痕（图 2-15（a1））。此外，纯 PI 的磨损表面的扫描电子显微镜图像显示出显著的疲劳磨损（图 2-15（a2）），且在滑动过程中产生大量的疲劳裂纹。这是由于摩擦热引起的高界面温度可导致材料的塑

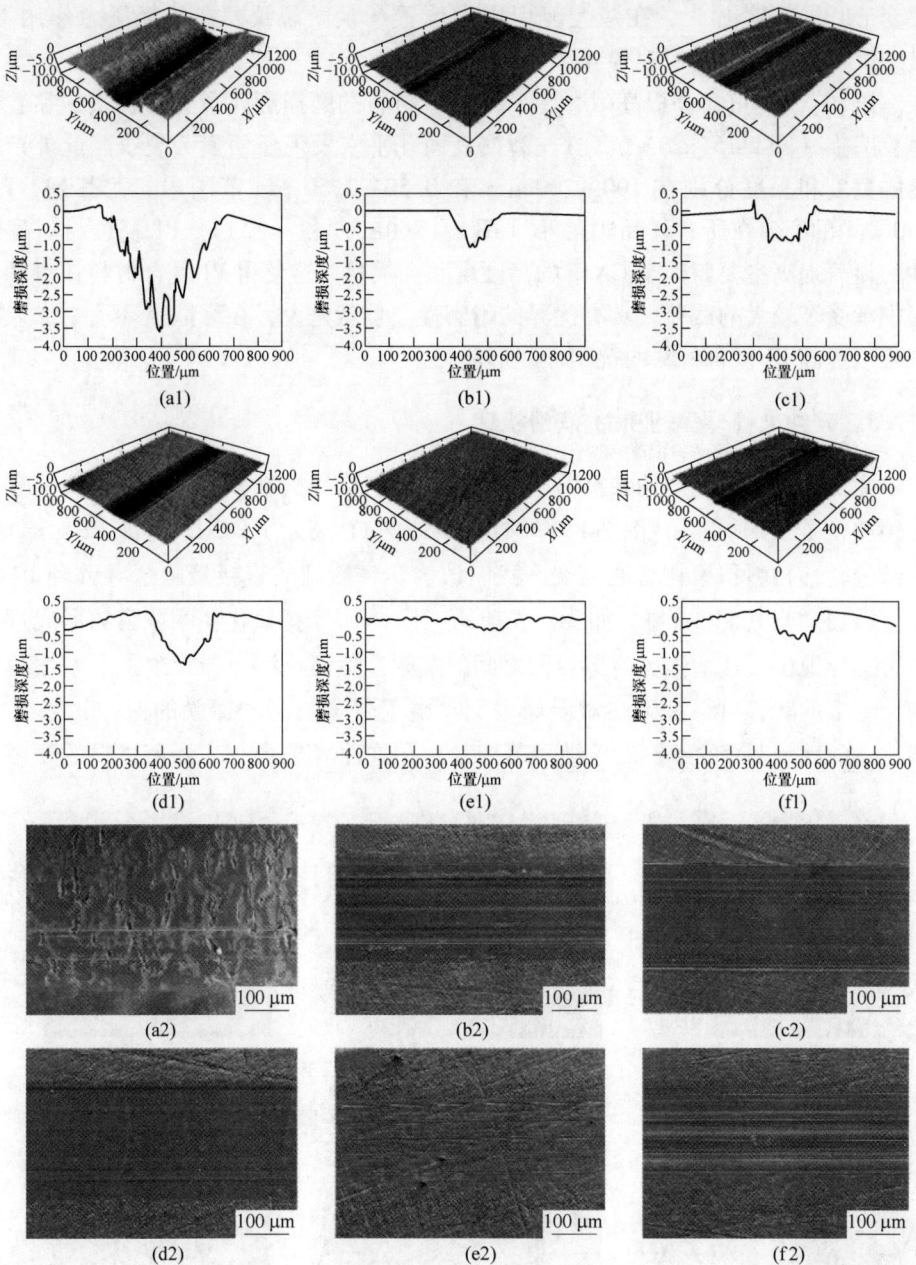

图 2-15 纯 PI（a1）（a2）、PI/0.1CNT（b1）（b2）、PI/0.3CNT（c1）（c2）、
PI/0.5CNT（d1）（d2）、PI/1.0CNT（e1）（e2）以及 PI/2.0CNT（f1）（f2）
在 10 N 和 10 mm/s 下与 GCr15 球摩擦时产生的磨损伤痕的光学图和
横截面深度曲线以及扫描电子显微镜图

图 2-15 彩图

性变形和局部软化[34]，在最大剪切应力位置产生微裂纹，在反复压力作用下，微裂纹可逐渐发展为宏观裂缝。

添加 CNTs 可显著提高耐磨性，PI 复合材料的磨损形式主要为轻微的黏着和磨粒磨损（图 2-15（a2）~（f2））。磨损表面几乎未发现任何疲劳裂纹。此外，磨痕的宽度和深度分别在 $100 \sim 200 ~\mu m$ 和 $0.50 \sim 1.50 ~\mu m$ 范围内。尤其是，PI/1.0CNT 的磨痕在所有样品中最小（图 2-15（e1）和（e2））。PI 复合材料耐磨性的显著提高主要归因于 CNTs 的高硬度和高模量，这使得 PI 复合材料在滑动过程中承受了较大的载荷，具有优异的耐磨性。也就是说，在摩擦热环境中加入碳管可以提高 PI 复合材料的抗塑性变形能力。

2.2.5　碳纳米管/聚酰亚胺的润滑机理

为探索摩擦膜的结构并推断摩擦膜的形成和作用机制，对摩擦后对偶的表面形貌进行了 SEM 表征（图 2-16）。如图 2-16（a）所示，GCr15 与纯 PI 对摩时，大部分转移材料积聚在磨痕两端。我们认为，摩擦副的直接接触会导致纯 PI 的摩擦磨损加剧（图 2-14）。如我们先前的工作[13]，摩擦氧化在摩擦膜的形成过程中占主导地位，这增强了摩擦界面之间的黏附。然而，添加碳管改善了摩擦膜结构，更多的转移材料黏附在对偶球表面。由于聚合物基摩擦膜的保护，与纯 PI 相比，GCr15 表面的摩擦氧化被显著抑制。在这种情况下，PI 复合材料的摩擦系

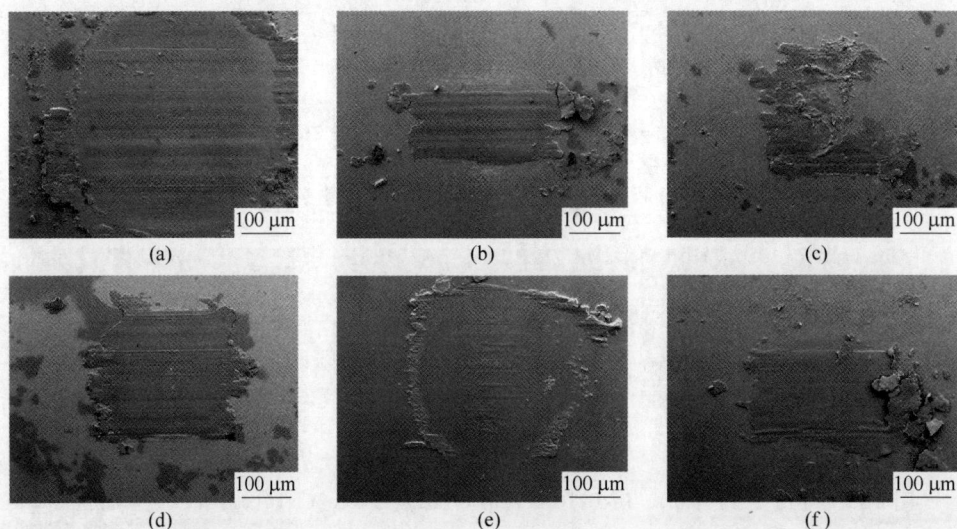

图 2-16　钢球与纯 PI（a）、PI/0.1CNT（b）、PI/0.3CNT（c）、PI/0.5CNT（d）、PI/1.0CNT（e）及 PI/2.0CNT（f）摩擦后表面的扫描电子显微镜图

数和磨损率降低。如图 2-16(b)~(f)所示，材料转移主导摩擦膜的形成，避免了摩擦界面之间的直接接触。特别是当 PI/1.0CNT 发生摩擦时，摩擦膜薄而均匀，因此，该材料的润滑性能最优。

为了研究纯 PI 和 PI/1.0CNT 摩擦副在摩擦过程中可能发生的摩擦化学反应，对摩擦副球进行了 X 射线光电子能谱分析。图 2-17 显示了在对偶球表面形成的摩擦膜 C 1s、O 1s 和 Fe 2p 的 X 射线光电子能谱。C—C、C—N、C—O 和 C=O 在 C 1s 中的结合能分别为 284.7 eV、285.5 eV、286.2 eV 和 288.4 eV，这意味着对偶表面存在 PI[35]，证实了材料转移的发生（图 2-17（a1）和（a2））。其中，O 1s 谱中 530.5 eV 处的峰、Fe 2p 谱中 711.2 eV 和 725.1 eV 处的峰，证实了 Fe_2O_3 和 Fe_3O_4 的存在[36-37]，表明在摩擦过程中发生了摩擦氧化。此外，Fe 2p 谱中 712.6 eV 和 722.5 eV 的结合能归因于摩擦化学反应产生的金属有机化合物 $Fe(CO)_x$[38-40]，可增强转移材料与对偶之间的结合，从而赋予摩擦膜稳健的结构。然而，从 O 1s 谱中可知，在 PI 的摩擦膜中，与 Fe_2O_3 和 Fe_3O_4 相对应的峰面积大于 PI/1.0CNT 的峰面积。这一结果表明，纯 PI 在 GCr15 摩擦时很容易发生摩擦氧化，这也可以从元素 C、O 和 Fe 的含量中得到证实。此外，当 PI/1.0CNT 与 GCr15 摩擦时，表面释放的 CNT 可能会刮擦 GCr15 表面形成的摩擦氧化层，有助于形成聚合物基摩擦膜。因此，摩擦氧化将得到一定的缓解或抑制。

为了深入了解摩擦膜的纳米结构，探索摩擦膜在摩擦过程中的作用机制，对其进行了 TEM 分析。图 2-18（a）显示了在钢表面摩擦后形成的摩擦膜的 TEM 图像。经鉴定，GCr15 的整个表面几乎都被摩擦膜覆盖，摩擦膜的厚度从 10~60 nm 不等。如图 2-18（b）所示 b 区的放大图显示，摩擦膜由白色箭头所示的一个亚层和亚层上生成的保护层组成（图 2-18（b））。图 2-18（c）提供了沿图 2-18（b）中箭头 c 的摩擦膜的 EDS 结果。摩擦膜中高比例的 C 和 N 元素表明，材料转移主导了摩擦机制。此外，厚度约 5 nm 的亚层由氧化铁组成，这可以从图 2-18（d）和（e）所示的 0.26 nm 点阵间距中确认。该分析还表明，钢的摩擦氧化是由于摩擦副在滑移过程的初始阶段直接接触所致。

综合调查显示，保护层具有不均匀结构（图 2-18（b））。正如图 2-18（b）中的黑色箭头所示，摩擦膜包含球状纳米结构。高分辨 TEM 显示，球状结构归因于点阵间距为 0.24 nm 的碳纳米球[41]（图 2-18（d））。我们认为在滑动过程中，释放到滑动界面上的 CNTs 被撕裂和展开，然后在重复应力和摩擦热的作用下，撕裂和展开的 CNTs 重新配置，最后转变为碳纳米球[42]。此外，在转移膜中确认了点阵间距为 0.35 nm 的晶区（图 2-18（e）），其对应于源自 CNT 的石墨烯纳米片[43]。由于所形成的碳纳米球和石墨烯纳米片的特殊结构，赋予摩擦薄膜较高的承载能力和易剪切性能。

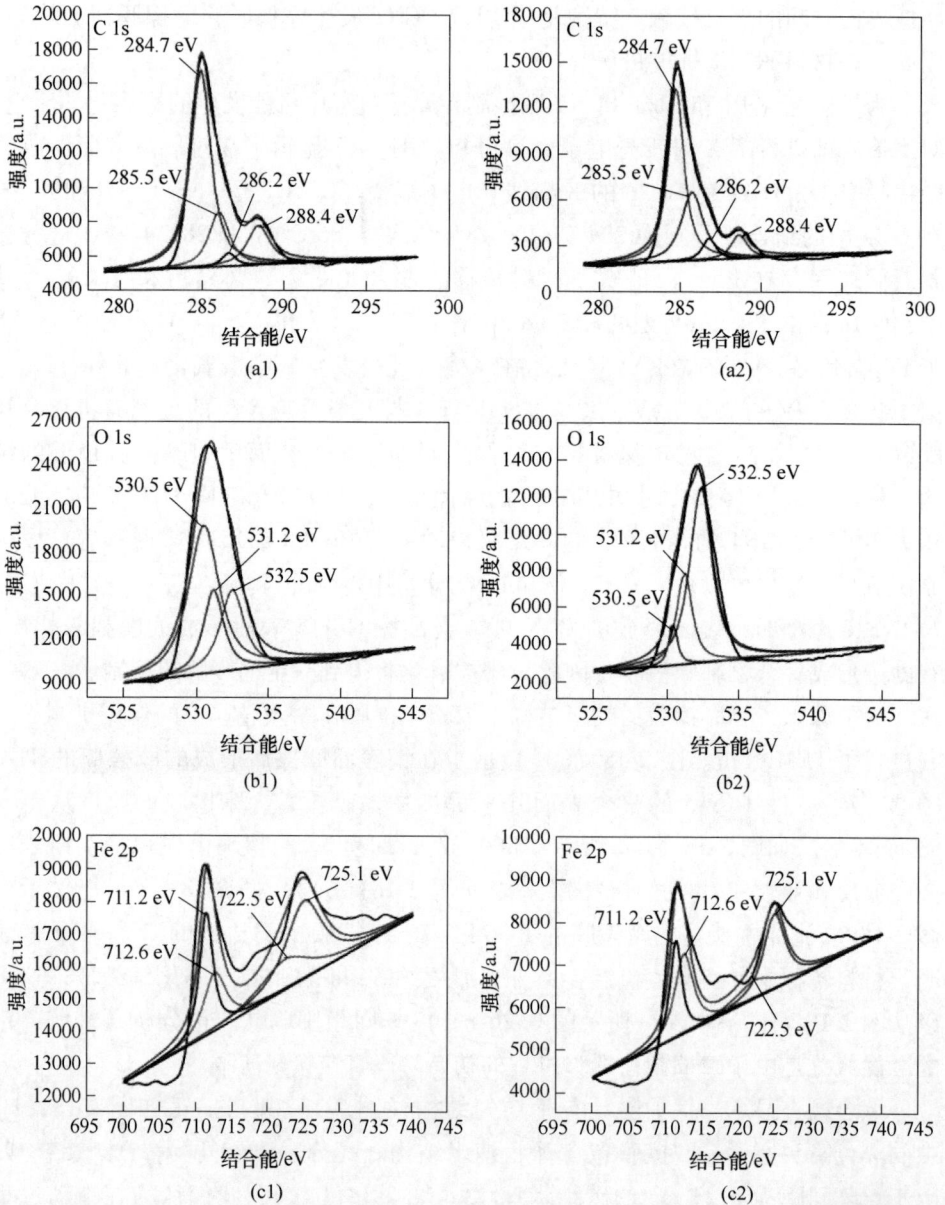

图 2-17　摩擦膜的典型元素，即 C 1s（a1）（a2）、
O 1s（b1）（b2）和 Fe 2p（c1）（c2）滑向纯 PI 和
PI/1.0CNT 时，在 GCr15 接触面上形成的
X 射线光电子能谱

图 2-17 彩图

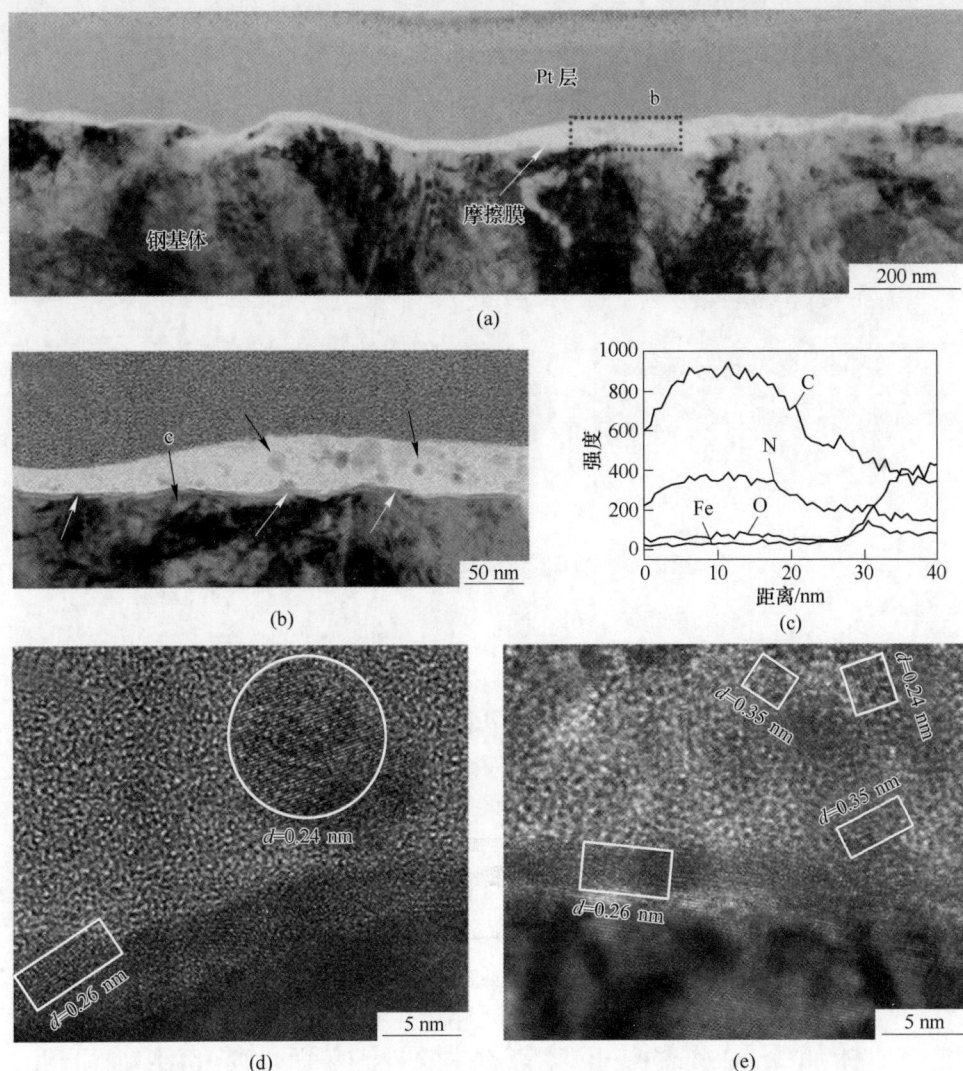

图 2-18　GCr15 与 PI/1.0CNT 滑动后表面摩擦膜横截面的 TEM 图像（a）；
图（a）中 b 区域放大图（b）；摩擦膜的 EDS（沿图（b）中的箭头 c）（c）；
摩擦膜的高分辨透射电镜图（d）（e）

　　基于上述研究，摩擦膜形成及作用机制如图 2-19 所示。可以观察到，碳基摩擦薄膜的形成阻碍了两滑动界面的直接接触。此外，持续注入摩擦膜的碳管在摩擦界面上的物理化学作用中发挥关键作用[44]。在滑动过程中，由于 CNT 的表面性质[45]，容易吸附在钢球表面，这可促进聚合物基摩擦膜的形成。在摩擦膜中形成的碳纳米球与具有较低层间剪切力的石墨烯纳米片可以起到纳米轴承的作用，使摩擦膜具有易于剪切的特性[46]。此外，转移的聚合物与金属对偶发生摩擦化学反应促进了摩擦膜与对偶球之间的结合强度。因此，碳纳米管的加入促进了高承载和易剪切摩擦膜的形成。

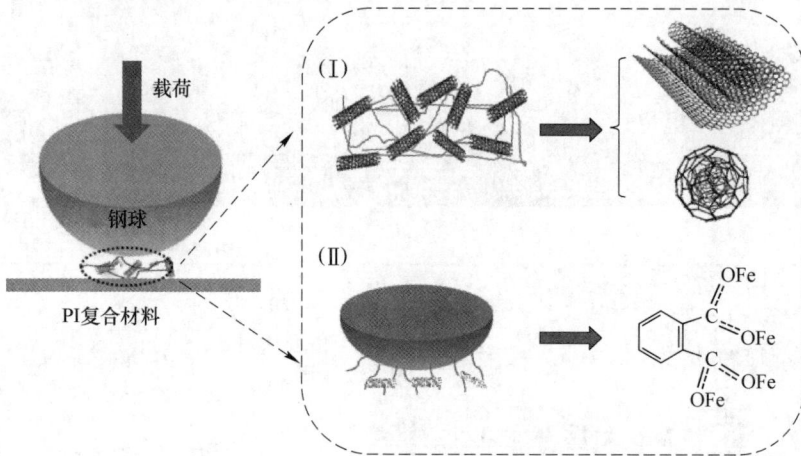

图 2-19　摩擦膜形成及作用机制示意图

2.2.6　小结

综上所述，聚酰亚胺复合材料是在聚酰胺酸形成和热亚酰化过程中，通过原位聚合加入碳纳米管而制备的。与纯 PI 相比，CNTs 增强的复合材料具有更好的热稳定性和力学性能。此外，摩擦学结果表明，在 PI 基体中加入少量的碳纳米管作为添加剂可获得优异的摩擦学性能，其中 PI/1.0CNTs 给出超低的摩擦系数（0.05）和磨损率 [1×10^{-6} mm^3/(N·m)]。此外，与纯 PI 相比，转移膜的形成缩短了 PI/1.0CNTs 的跑合时间。此外，持续释放到摩擦界面的 CNTs 可转变为碳纳米球和石墨烯纳米片，促进形成高性能摩擦膜。

2.3　软质金属对聚酰亚胺复合材料摩擦学性能的影响机理

2.3.1　引言

随着航空航天技术的发展，对材料轻质化的要求也越来越苛刻，铝合金、钛合金等轻质金属逐渐发展起来。飞机的组成材料中，合金的用量占了 80% 以上。这类材料的强度较高，抗腐蚀性较好，可以暴露在腐蚀环境中使用。因此，设计轻质金属-聚合物复合材料配副具有重要的实际意义[47-48]。但是合金材料的硬度和模量相对于铁基材料还有一些不足，适合铁基金属的聚合物复合材料与软金属摩擦时，容易划伤金属，所以对于复合材料配方的选择需要不断尝试。然而，目前对轻质金属和聚合物复合材料摩擦学的报道不多，尤其是摩擦界面物理化学作用的研究。

因此，本节工作主要研究芳纶颗粒和聚四氟乙烯填充的常规聚酰亚胺复合材料（PI/AP/PF），芳纶纤维、聚四氟乙烯以及六方氮化硼填充的聚酰亚胺纳米复合材料（PI/AP/PF/BN）与铝（7075Al）、铜（QSn6.5-0.4Cu）以及轴承钢的摩擦界面行为，其中芳纶颗粒的体积分数为 10%，聚四氟乙烯的体积分数为 20%，六方氮化硼的体积分数为 2%，其余聚酰亚胺进行平衡。通过深入分析摩擦界面物理化学行为，揭示转移膜的形成和作用机理。与铁基轴承钢材料进行对比，阐明软质金属和硬质金属摩擦界面物理化学行为的区别。

2.3.2 聚酰亚胺复合材料与不同软质金属对摩时的摩擦学行为

摩擦试验在空气氛围条件下使用 Pin-On-Disc（销-盘式）摩擦实验机（POD，TRM-100，Wazau，德国）进行，摩擦副接触示意图如图 2-20 所示，接触表面尺寸为 4 mm×4 mm，摩擦轨道的直径是 33 mm。摩擦的接触压力和滑动速度分别固定为 4 MPa 和 1 m/s，实验持续 5 h。表 2-1 给出了三种软金属对偶的组成，图 2-21给出了三种金属对偶的结构形貌。摩擦系数通过摩擦实验机附带的传感器和统计软件获得。特征磨损率［Specific wear rate，W_s，mm^3/（N·m）］是指聚合材料在单位载荷（1 N）和单位摩擦距离（1 m）内的磨损体积（mm^3）。通过测量每次实验

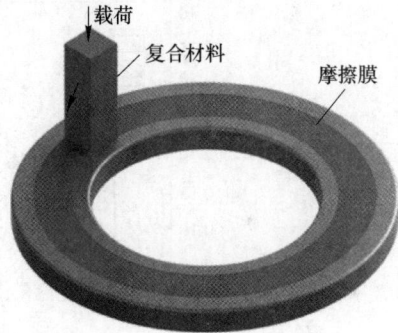

图 2-20 销-盘式摩擦示意图

之前和实验之后聚合物的质量损失，根据其密度计算出相应的磨损体积，由公式（2-1）计算出材料的特征磨损率：

$$W_s = \frac{\Delta m}{\rho F L} \tag{2-1}$$

式中，W_s 为特征磨损率，mm^3/（N·m）；Δm 为磨损质量，g；ρ 为材料密度，g/mm^3；F 为施加载荷，N；L 为滑动距离，m。

表 2-1 三种金属材料的成分

材料 1	Cu	Mg	Zn	Mn	Ti	Fe	Al
7075Al 质量分数/%	1.2~2.0	2.1~2.9	5.1~6.1	≤0.3	≤0.2	0.50	余量
材料 2	Sn	Pb	P	Al	Fe	Bi	Cu
QSn6.5-0.4Cu 质量分数/%	6.0~7.0	≤0.02	0.26~0.40	≤0.002	≤0.02	≤0.002	余量
材料 3	C	Mn	Cr	Ni	Cu	Mo	Fe
GCr15 质量分数/%	0.95~1.05	0.25~0.45	1.4~1.65	≤0.3	≤0.25	≤0.1	余量

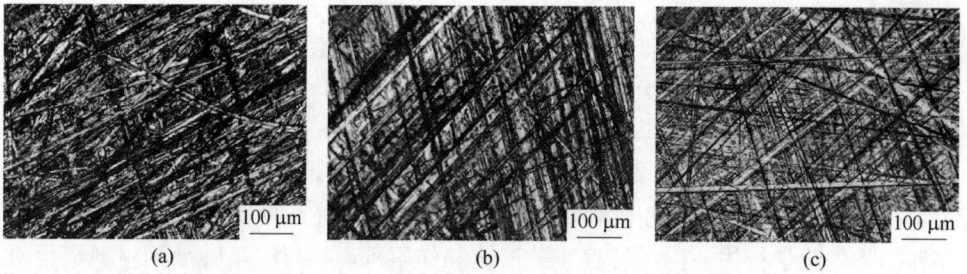

图 2-21　抛光后 Al（a）、Cu（b）和 GCr15（c）的光学照片

图 2-22 给出了 PI/AP/PF 和 PI/AP/PF/BN 与铝、铜以及轴承钢在不同 PV 滑动时复合材料的平均摩擦系数和磨损率。结果表明，4 MPa×1 m/s 和 8 MPa×1 m/s 时，复合材料与不同对偶的摩擦系数相近，基本都在 0.20 左右。对于磨损率，

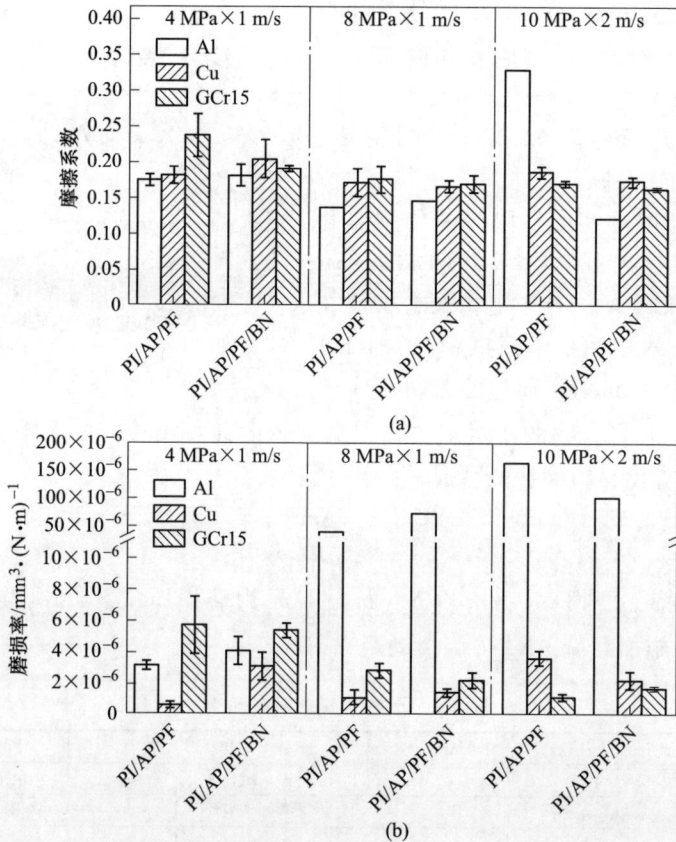

图 2-22　PI 复合材料与 Al、Cu 和 GCr15 在 4 MPa×1 m/s、8 MPa×1 m/s 和 10 MPa×2 m/s
对摩后的平均摩擦系数（a）和磨损率（b）

4 MPa×1 m/s 时，与不同金属摩擦差别较大。PI/AP/PF 与铝、铜和轴承钢摩擦之后的磨损率分别为 $3.15×10^{-6}$ $mm^3/(N·m)$、$0.57×10^{-6}$ $mm^3/(N·m)$、$5.69×10^{-6}$ $mm^3/(N·m)$。与铜摩擦后复合材料的磨损率比铝和轴承钢低一个数量级。PI/AP/PF/BN 磨损率的变化趋势与 PI/AP/PF 一致，但是磨损率要高于 PI/AP/PF，推测纳米氮化硼的引入可能造成三体磨损，对复合材料的划伤严重。8 MPa×1 m/s 时，PI/AP/PF 和 PI/AP/PF/BN 与铝摩擦得到的磨损率明显高于其他两种对偶摩擦之后的磨损率。10 MPa×2 m/s 时，PI/AP/PF 和 PI/AP/PF/BN 的摩擦系数差别不大，但是与铝摩擦的结果区别于其他两种对偶。因此，对于磨损率而言，4 MPa×1 m/s 时，PI/AP/PF 和 PI/AP/PF/BN 与三种对偶摩擦时的耐磨性依次为：Cu>Al>GCr15；8 MPa×1 m/s 时依次为：Cu>GCr15>Al；10 MPa×2 m/s 时依次为：GCr15>Cu>Al。由于不同金属对偶化学成分的差异，导致了转移膜结构的不同，复合材料的摩擦行为也不同。

2.3.3 聚酰亚胺复合材料与不同软质金属对摩时的磨损机理

图 2-23 给出了 4 MPa×1 m/s 时与不同对偶摩擦之后复合材料的磨损表面。从扫面电镜结果判断，当 PI/AP/PF 和 PI/AP/PF/BN 与铝摩擦时，产生了严重的疲劳磨损，复合材料表面有鳞片结构，尤其是 PI/AP/PF/BN，并伴随粒磨损，表面有划伤（图 2-23 (a) 和 (d)）。与铜摩擦时，复合材料的磨损机理不同，PI/AP/PF 以磨粒磨损为主，表面有划痕，对于 PI/AP/PF/BN，以黏着磨损和磨粒磨损为主（图 2-23 (b) 和 (e)）。推测，PI/AP/PF 与铜摩擦时，转移的

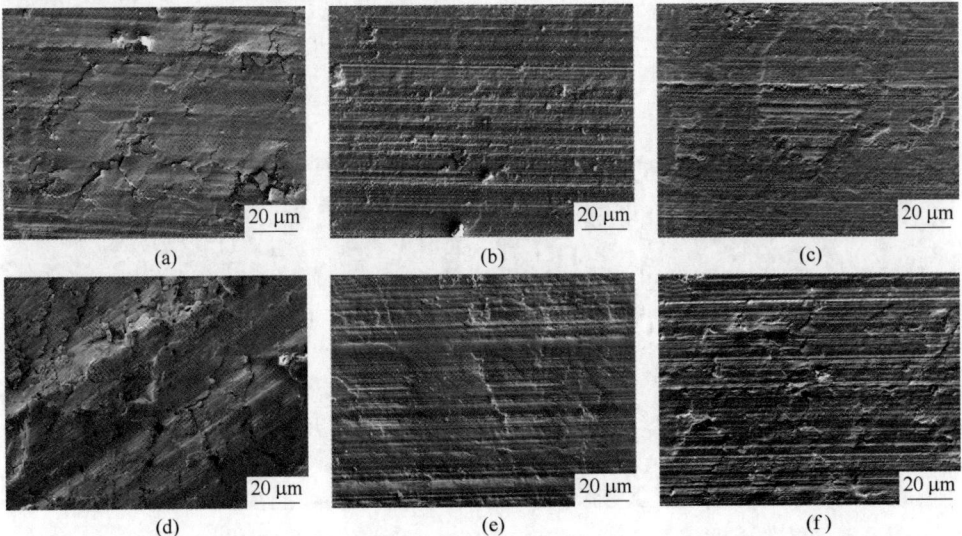

图 2-23　4 MPa×1 m/s 时与 Al (a) (d)、Cu (b) (e)、GCr15 (c) (f) 摩擦之后
PI/AP/PF 和 PI/AP/PF/BN 的磨损形貌

磨屑黏附在对偶表面,与复合材料表面磨粒之间的摩擦避免了摩擦副的直接接触,因此,PI/AP/PF 的磨损率较小。PI/AP/PF 和 PI/AP/PF/BN 与轴承钢摩擦时,复合材料的磨损机理以黏着磨损和磨粒磨损为主,由于黏着作用,复合材料转移到对偶表面,而磨粒的存在可能刮擦掉对偶表面结合不稳定的复合材料,周而复始这种行为,复合材料的磨损比较严重。

2.3.4　聚酰亚胺复合材料与不同软质金属对摩时的润滑机理

图 2-24 给出了 PI/AP/PF 在 8 MPa×1 m/s 时与三种对偶摩擦时得到的摩擦曲线及转移膜的结构图。结果表明,PI/AP/PF 复合材料与铝的摩擦过程持续不到 1 h,聚合物的磨损高度超过 1 mm,导致摩擦设备终止运行。图 2-24 (b) 显示转移膜的结构被严重破坏,铝对偶表面严重划伤。PI/AP/PF 与铜和 GCr15 配副时,摩擦系数先降低然后逐渐达到平稳,最后稳定在 0.17 左右。SEM 扫描电镜结果显示,铜对偶表面形成了一层氧化铜膜 (XPS 结果给出证明),沟槽中填充了转移的复合材料。与 GCr15 摩擦,转移膜的形成主要以材料转移为主,沟槽中

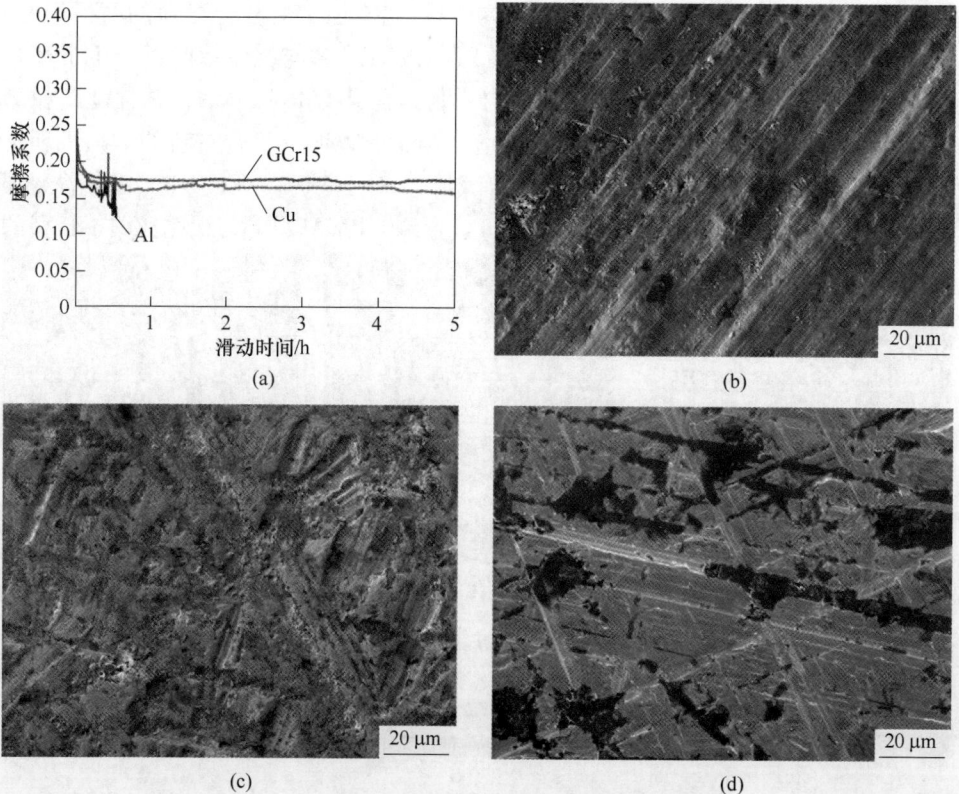

图 2-24　8 MPa×1 m/s 时 PI/AP/PF 不同对偶的摩擦系数变化趋势 (a) 以及在铝 (b)、
铜 (c) 以及轴承钢 (d) 表面形成转移膜的结构

填充了转移的磨屑。基于上述结果，可以认为摩擦过程中铝表面的转移膜被破坏，不能支撑苛刻的摩擦条件，所以复合材料的摩擦学性能较差，摩擦过程中断，对于铜和轴承钢，摩擦氧化和材料转移主导转移膜的形成，转移膜具有较好的承载性和润滑性，复合材料的摩擦行为较好。

然而，8 MPa×1 m/s 时 PI/AP/PF/BN 复合材料引入纳米颗粒 h-BN 之后，得到的摩擦结果和 PI/AP/PF 复合材料的结果差别不大。PI/AP/PF/BN 与铝的摩擦过程持续了大约 1 h，实验终止，与铜以及轴承钢的摩擦系数一直降低，最后稳定在 0.15 左右。不同于碳纤维增强的复合材料体系，加入纳米颗粒对芳纶纤维复合材料的摩擦学性能影响不显著。Zhang 等[49]证明芳纶纤维增强的聚甲醛复合材料对纳米颗粒的依赖性不如碳纤维增强的材料体系。基于转移膜的结构能够判断，加入氮化硼前后的转移膜结构变化明显。铝表面转移膜的结构严重破坏，表面被划伤。铜以及轴承钢表面形成的转移膜结构与未加氮化硼的区别不大，主要以材料转移为主，沟槽中填充了转移的磨屑。因此，推测芳纶纤维增强的聚酰亚胺复合材料的摩擦界面作用较弱，转移的磨屑可能未被压实，大部分都被刮擦除去，靠近基体或沟槽中的磨屑通过相对较强的作用力结合在对偶表面。

为了研究不同金属对偶表面发生的摩擦化学反应，确定转移膜的表面化学状态，图 2-25 给出了全谱、C 1s 以及 F 1s 的结合能谱。从全谱中判断，PI/AP/PF 和 PI/AP/PF/BN 在 8 MPa×1 m/s 时与铝对偶摩擦，转移膜中基本没有 F 1s 的结合能谱峰，因此，氟的含量较低，C 1s 中的 C—F 在 292.2 eV 的结合能谱中也能证明。推测，摩擦过程中 PTFE 发生了热降解，C—F 键断裂，转移的磨屑可能被刮擦去除，而在 1 MPa×1 m/s 时，PI/AP/PF/BN 与铝摩擦之后，金属表面氟的含量较高。全谱结果表明，PI/AP/PF 和 PI/AP/PF/BN 在同样的条件下与铜对偶摩擦时，铜表面的 C—F 含量较高，可以说明 PTFE 更容易向铜表面发生转移，而且与铜的结合强度高于铝。另外，全谱结果发现铝对偶表面 O 1s 的强度高于铜对偶，因此判断铝对偶表面的氧化比较严重。除此之外，C 1s 提供了 C＝O、C—O 和 C—C 在 288.6 eV、286.2 eV 以及 284.7 eV 处结合能谱峰，对应了摩擦化学反应产生的羧酸[50-51]。F 1s 的 XPS 谱图中除了给出转移膜中 C—F 在 689.2 eV 处的吸收峰外，还给出了 AlF_3 中 Al—F 在 685.4 eV 处的结合能谱[52]，铜对偶表面没有发现该结果。Gao[51]报道当铝对偶与 PTFE 摩擦时，摩擦界面生成了 M—F 金属化合物。

图 2-26 给出了 Al 2p、Cu 2p、B 1s 以及 N 1s 的结合能谱。从 Al 2p 的能谱中确认了 Al_2O_3 以及 AlF_3 在 75.1 eV 和 74.2 eV 处的结合能[52]，当 PI/AP/PF/BN 和铝在 1 MPa×1 m/s 摩擦时，还发现铝在 72.8 eV 处的结合峰[53]，该结果证明，高 PV 条件下铝对偶发生了严重的摩擦氧化。当 PI/AP/PF 和 PI/AP/PF/BN 在 8 MPa×1 m/s 与铜对偶摩擦时，Cu 2p 的结合能谱给出了 CuO 在 954.2 eV 和

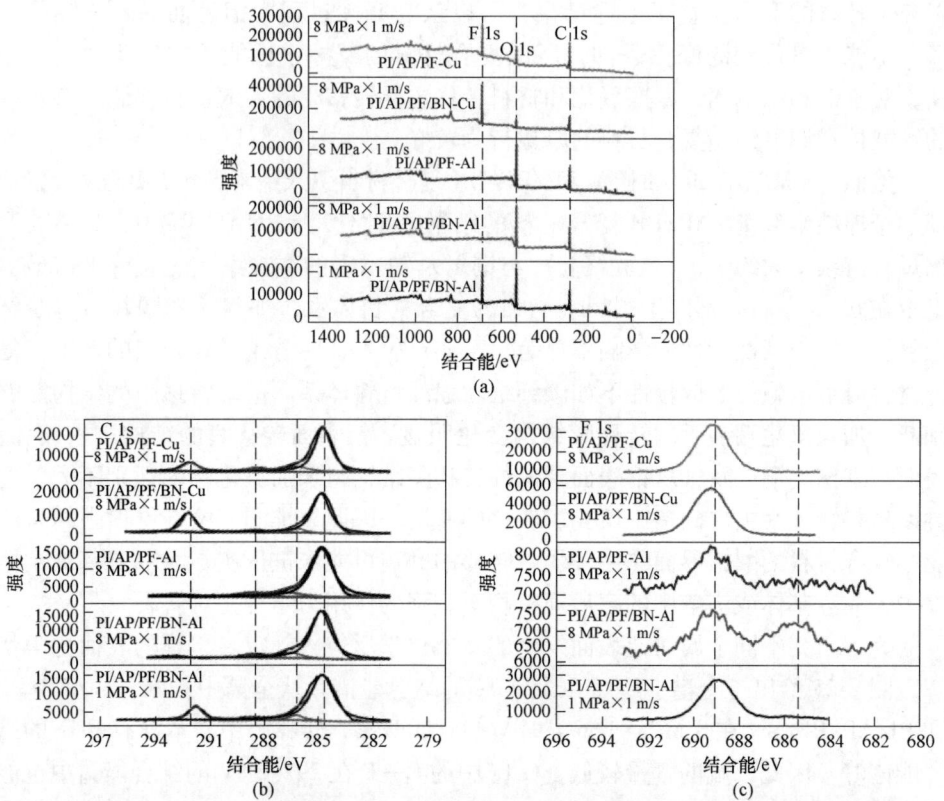

图 2-25　PI/AP/PF 和 PI/AP/PF/BN 与铜、铝在 8 MPa×1 m/s 时以及 PI/AP/PF/BN 与
铝在 1 MPa×1 m/s 时摩擦得到的 XPS 全谱（a）、C 1s 谱（b）以及 F 1s 谱（c）

945.2 eV 处的结合能谱、铜在 934.3 eV 处的结合能谱[54]。Cu 2p 的结合能谱强度能够判断铜对偶的摩擦氧化并不严重，铜的比例占了大部分。另外，B 1s 和 N 1s 提供了纳米颗粒在转移膜中的化学状态。B 1s 能谱给出了三种摩擦条件下在铜和铝对偶表面的 B_2O_3 和 BN 在 192.0 eV 和 190.1 eV 处的吸收峰能谱，B_2O_3 的存在是由于部分 BN 在空气中发生水解[55]。然而，当 PI/AP/PF/BN 与铜摩擦时在 186.4 eV 处发现了 B 的能谱峰，这可能是由于 BN 的热分解产生的。N 1s 中除了 C—N 在 400.2 eV 处的吸收峰之外，也存在 B—N 在 398 eV 处的吸收峰[56]。8 MPa×1 m/s 时，当 PI/AP/PF/BN 和铝摩擦时，B 1s 和 N 1s 证明转移膜中 BN 含量低于其他两种条件。

　　基于上述摩擦结果，可以总结出 PI/AP/PF 和 PI/AP/PF/BN 与铜和铝对摩的摩擦化学反应，如图 2-27 所示。首先，对于 PTFE 而言，容易发生聚合物分子的断裂，产生的自由基不断被氧化或者与金属直接结合。如反应（1）、（3）和（4），一方面，碳自由基在空气中被氧化成过氧自由基，能够与金属直接反

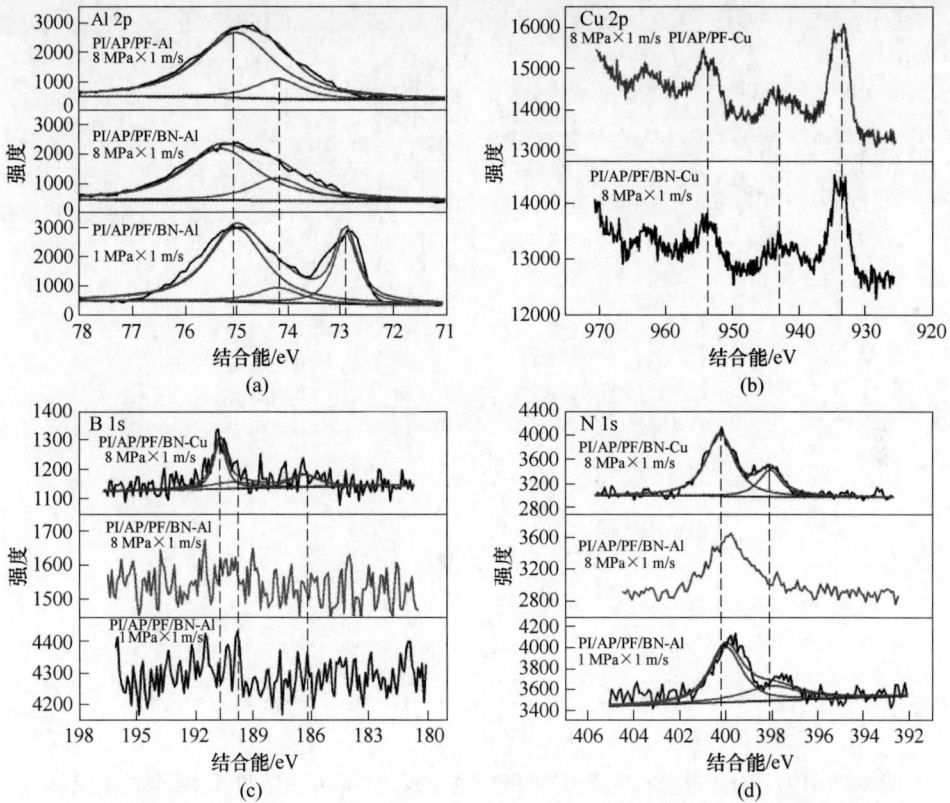

图 2-26 PI/AP/PF 和 PI/AP/PF/BN 与铝在 8 MPa×1 m/s 时和 PI/AP/PF/BN 与铝在
1 MPa×1 m/s 时的 Al 2p（a）；PI/AP/PF 和 PI/AP/PF/BN 与铜在 8 MPa×1 m/s 的 Cu 2p（b）；
PI/AP/PF/BN 与铝、铜在 8 MPa×1 m/s 及 1 MPa×1 m/s 时的 B 1s 和 N 1s（c）（d）

应；另一方面，被氧化成羧酸后与金属螯合生成羧酸盐，上述反应在金属铝和铜表面都能发生。在反应（2）中，PTFE 分子链中的 C—F 键发生断裂，断裂之后碳和氟分别与金属结合，该反应发生在铝对偶表面，在铜表面却没有发生。正如 XPS 对转移膜的表征结果，铝对偶的表面出现了 AlF_3，而铜表面却没有检测到 CuF_2。然而，与轴承钢摩擦时，Gong 等[56]报道对偶表面的摩擦化学反应与铝相似，反应产物包括 FeF_2 和 Fe_2O_3。

2.3.5 小结

本节考察了干摩擦条件下，铝、铜以及轴承钢作为对偶与 PI/AP/PF 和 PI/AP/PF/BN 的摩擦界面行为。通过表征转移膜的微/纳结构，分析界面的摩擦化学反应，深入研究了对偶的化学组成对转移膜的影响机制，得出以下结论：

（1）金属对偶成分对复合材料的磨损影响作用显著。4 MPa×1 m/s 时，铝、铜以及轴承钢表面转移膜的形成以材料转移为主，研究发现与铜配副时，PTFE

$$(1)$$

$$(2)$$

$$(3)$$

$$(4)$$

$$(5)$$

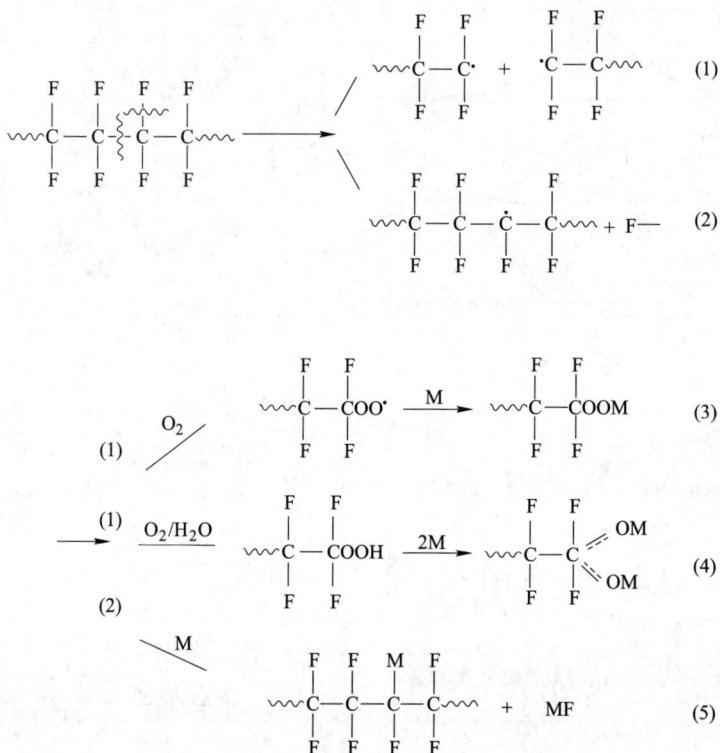

图 2-27　PTFE 分子链的断裂及相关的摩擦化学反应：碳自由基和氧自由基的生成及
与水或氧的反应机理及相关的螯合反应

与金属发生摩擦化学反应易于形成均匀的转移膜，与铜配副时复合材料的磨损率比与铝和轴承钢配副低一个数量级。8 MPa×1 m/s 时，铝表面由于不能形成具有保护作用的转移膜，其表面被严重划伤并导致复合材料的极快磨损。

（2）在复合材料体系中进一步添加纳米颗粒氮化硼并不能显著提升其摩擦学性能，摩擦系数基本都在 0.15~0.20 之间。与碳纤维相比，微米尺度芳纶颗粒的弹性模量较低，与金属表面相对滑动真实接触区域的闪温和应力较低，界面释放的纳米颗粒不能在对偶表面烧结成膜。

（3）PTFE 化学性质比较活跃，在摩擦过程中发生了聚合物分子链的断裂、自由基氧化以及螯合反应，提高了转移膜与金属之间的结合强度。

2.4　硬质金属对聚酰亚胺复合材料摩擦学性能的影响机理

2.4.1　引言

摩擦行为是由摩擦系统控制的，不仅涉及工况环境，金属配副也是考虑的因素。文献调研发现摩擦过程中形成的转移膜是决定摩擦行为的重要因素[57-61]。然而，转移膜的形成机理非常复杂，不仅与聚合物复合材料的结构和组成有关，而且受到金属对偶物理和化学性能的影响。目前，大多数研究主要是关于聚合物复合材料与轴承钢、中碳钢等铁基金属的摩擦行为[62-65]，金属对偶的化学组成对转移膜结构的影响很少报道[63,65]。实际应用中，由于工况条件的限制（如潮湿、腐蚀等），需要特定的耐氧化或耐腐蚀的金属对偶。因此，寻找最佳匹配的聚合物复合材料-金属摩擦副是目前需要解决的实际问题。

聚酰亚胺是一种高性能聚合物，具有优异的热稳定性和耐化学腐蚀性，前期的研究结果表明聚酰亚胺复合材料能够在苛刻的环境中运行。因此，本节工作将研究不锈钢（SUS316）、轴承钢（GCr15）和镀铬（Cr）轴承钢三种金属对偶与聚酰亚胺复合材料之间的界面行为，对比常规复合材料和纳米复合材料摩擦学性能的差异，考察不同组成的金属对偶对摩擦界面物理化学行为的影响，揭示转移膜的形成和作用机理。

2.4.2 聚酰亚胺复合材料与不同硬质金属对摩时的摩擦学行为

摩擦实验接触形式如2.3.2节所述。聚酰亚胺复合材料的组成见表2-2，其中，加入了不同质量分数的碳纤维（SCF）、石墨（Gr）、二氧化硅（SiO$_2$）和氮化硼（BN）。测试了三种类型的对偶，即GCr15（GB/T 18254—2002，轴承钢）、镀铬对偶（Cr）和SUS316（GB 9944—1988，不锈钢），其中Cr是由中国兰州飞行控制股份有限公司通过GCr15电镀得到，涂层厚度为20 μm，并通过扫描电子显微镜（SEM）（JSM-5600 LV）附带的X射线光谱仪（EDS）分析Cr的组成。GCr15、Cr和SUS316的化学成分见表2-3。通过MH-5-VM显微硬度计在2.94 N的压力下测定了SUS316、GCr15和Cr的维氏硬度，分别为629.32、754.78和733.67。通过SiC金相砂纸将对偶盘的平均表面粗糙度（R_a）控制在0.30~0.40 μm之间。测试盘测试前用丙酮超声清洗30 min。

表 2-2 聚酰亚胺复合材料的组成 （%）

复合材料	PI	SCF	石墨（Gr）	SiO$_2$	BN
PI/SCF/Gr	82	10	8		
PI/SCF/Gr/SiO$_2$	80	10	8	2	
PI/SCF/Gr/BN	80	10	8		2

表 2-3　硬质金属对偶的化学组成

对偶	质量分数/%						
	C	Cr	Si	Mn	P	S	Fe
GCr15	0.95~1.05	1.40~1.65	0.15~0.35	0.25~0.45	≤0.025	0.025	余量
Cr	3.09	95.78	0.08	1.04	0	0	0.01
SUS316	0.08	16.0~18.0	≤1.0	≤2.0	0.045	0.03	余量

图 2-28 提供了聚酰亚胺复合材料与不同对偶的摩擦结果，从图中看出，聚酰亚胺复合材料的摩擦系数和磨损率差别较大。对于常规的复合材料 PI/SCF/Gr，摩擦行为显著依赖金属对偶的表面性能。如图 2-28（a）所示，当 PI/SCF/Gr 与 Cr 和 SUS316 摩擦时，大约 0.5 h 后摩擦系数达到稳定状态。然而，PI/SCF/Gr 和 GCr15 之间的跑合时间大约为 2.5 h，明显比与 Cr 或 SUS316 摩擦时的

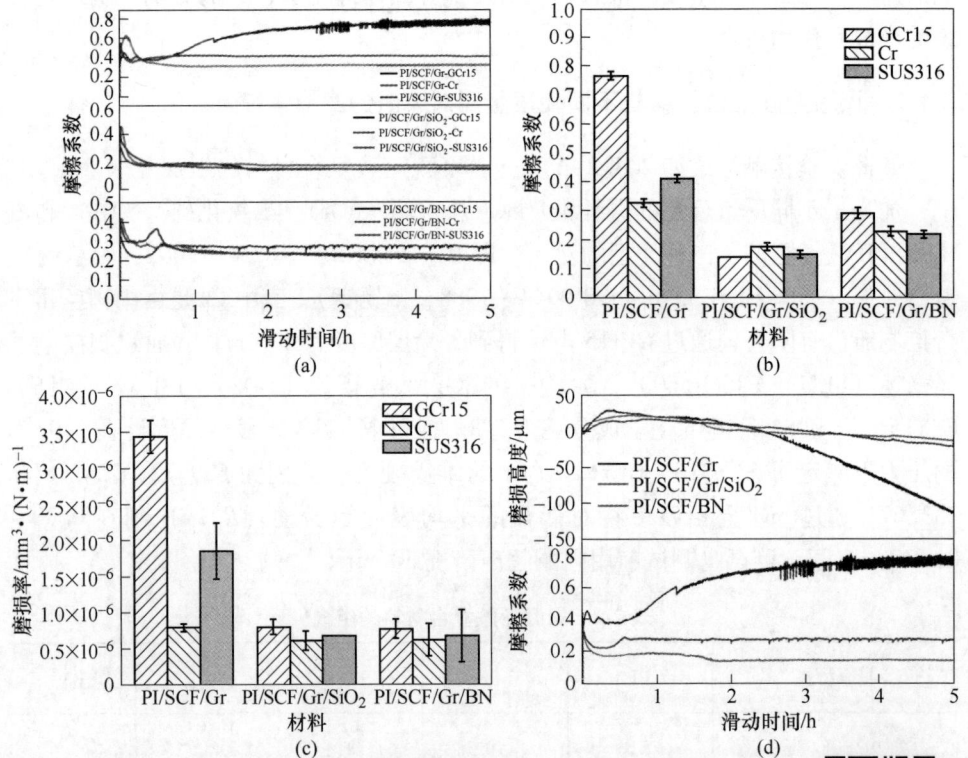

图 2-28　摩擦系数与时间的关系曲线（a）；PI 复合材料与 GCr15、Cr、SUS316 磨合时摩擦系数（b）和磨损率（c）变化；PI 复合材料与 GCr15 对摩时摩擦系数和试样磨损高度的变化（d）

图 2-28 彩图

跑合时间长。纳米颗粒的加入能够明显改善对偶组成对复合材料摩擦行为的影响。PI/SCF/Gr/SiO₂与三种不同对偶的摩擦趋势比较相似。摩擦系数随着时间的增加而不断降低，摩擦 30 min 后基本达到稳定，摩擦系数稳定在 0.15 附近，并且摩擦曲线变得平滑，可能是由于形成了稳定的转移膜。当 PI/SCF/Gr/BN 与 GCr15 和 SUS316 摩擦时，摩擦系数不断降低，经过 45 min 左右达到稳定，摩擦系数基本稳定在 0.2 附近。

前期的工作已经证明聚合物复合材料的摩擦是一个复杂的过程，由材料转移和摩擦化学反应决定。跑合过程中，转移的聚合物磨屑通过物理或化学相互作用黏附在对偶表面上，结合性能差的从对偶上被刮擦掉，最终，转移膜的补给和刮擦达到动态平衡，因此摩擦系数逐渐稳定。纳米颗粒的引入改变了摩擦行为，导致不同的跑合阶段。图 2-28（b）和（c）分别给出了复合材料与 GCr15、Cr 和 SUS316 摩擦时，PI/SCF/Gr、PI/SCF/Gr/SiO₂ 和 PI/SCF/Gr/BN 的平均摩擦系数和特征磨损率。三种对偶中，与 GCr15 摩擦时，常规复合材料的摩擦系数和磨损率最高，摩擦系数为 0.76，磨损率为 $3.43×10^{-6}$ mm³/(N·m)。而与 Cr 摩擦时，复合材料的摩擦学性能优于其他两种对偶，摩擦系数为 0.32，磨损率为 $0.78×10^{-6}$ mm³/(N·m)。

随着陶瓷纳米颗粒（SiO₂或 h-BN）的引入，摩擦系数和磨损率显著降低。复合材料的摩擦学性能提高。从图 2-28（b）和（c）中看出，PI/SCF/Gr/BN 的摩擦系数高于 PI/SCF/Gr/SiO₂，两种纳米复合材料的磨损率相近。因此，与常规复合材料相比，纳米复合材料对金属对偶的选择性不大。图 2-28（d）给出了 PI/SCF/Gr、PI/SCF/Gr/SiO₂ 和 PI/SCF/Gr/BN 与 GCr15 摩擦时，摩擦系数和磨损高度随时间的变化关系。由于摩擦热引起的样品膨胀，使得起始阶段的磨损高度增加。跑合过程之后，即形成稳定的转移膜之后，PI/SCF/Gr/SiO₂ 和 PI/SCF/Gr/BN 的高度损失速度远低于 PI/SCF/Gr，并趋于平衡，而 PI/SCF/Gr 的高度损失仍在不断加剧。

2.4.3 聚酰亚胺复合材料与不同硬质金属对摩时的磨损机理

图 2-29 提供了与 GCr15、Cr 和 SUS316 摩擦后聚酰亚胺复合材料磨损表面的特征形貌。可以发现小颗粒或薄片状磨屑在磨损表面被压碎或剪切成更小的颗粒或更薄碎片，可充当润滑剂并黏附于磨损表面形成跑合膜。因此，聚酰亚胺复合材料与对偶之间的摩擦，转变为复合材料跑合膜和对偶转移膜之间的摩擦。如图 2-29（a）所示，PI/SCF/Gr 磨损的表面非常光滑，部分纤维由于摩擦界面较高剪力而从磨损表面剥落，但当 PI/SCF/Gr 与 Cr 和 SUS316 对摩时，试样表面几乎没有划痕，如图 2-29（b）和（c）所示。对于纳米复合材料，当 PI/SCF/Gr/SiO₂与 GCr15 摩擦时，磨损表面有大量磨粒，引起三体磨粒磨损。但是，与 PI/

SCF/Gr/BN 对摩时，PI/SCF/Gr/BN 磨损表面较干净，可清晰看到嵌入在聚合物基体中的石墨。因此，可以确定磨损表面的形成与复合材料和对偶材料的性能有关系。

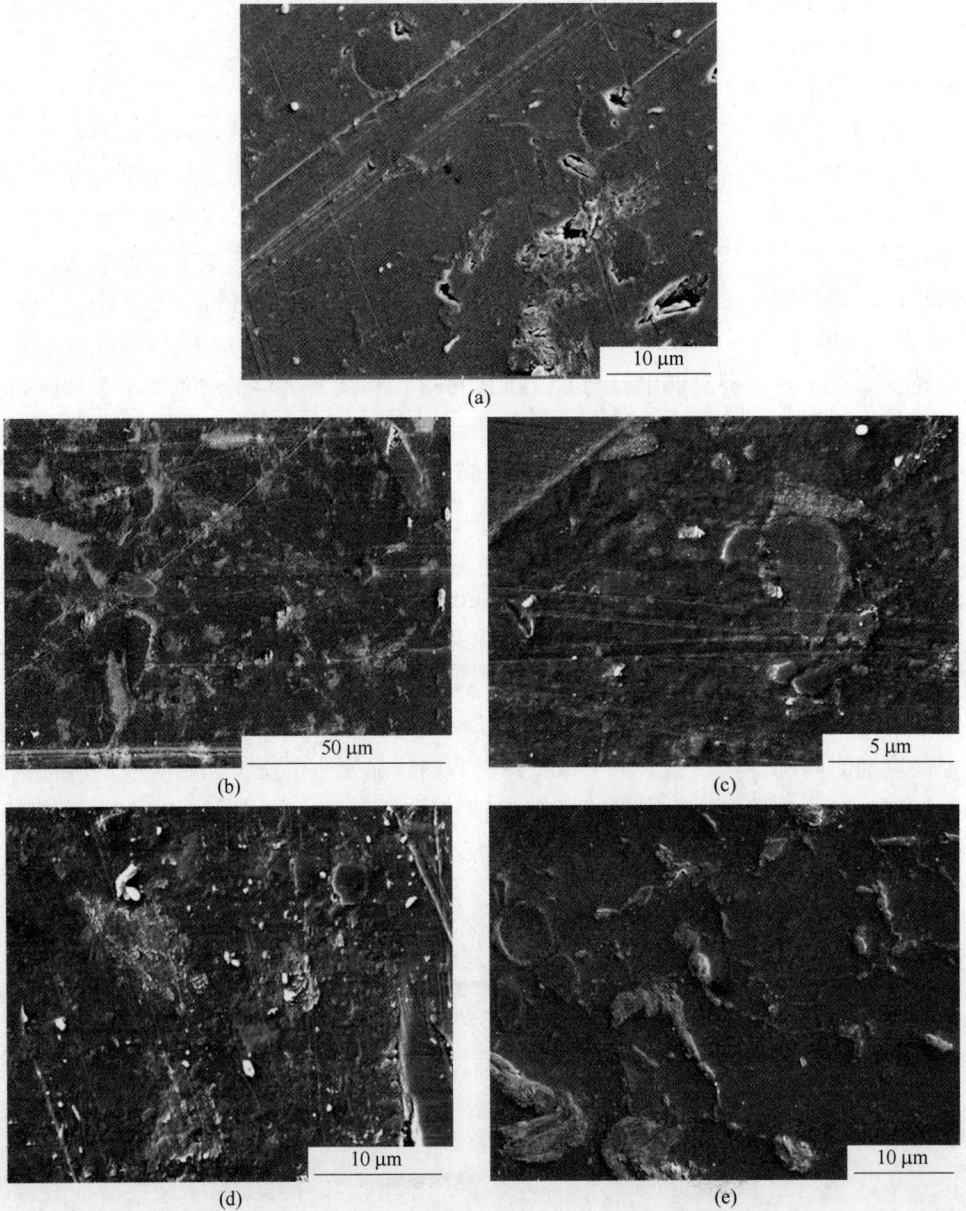

图 2-29　复合材料磨损表面的扫描电镜照片：PI/SCF/Gr 与 GCr15（a）、Cr（b）、
SUS316（c）摩擦；PI/SCF/Gr/SiO$_2$ 与 GCr15 摩擦（d）；
PI/SCF/Gr/BN 与 GCr15 摩擦（e）

2.4.4 聚酰亚胺复合材料与不同硬质金属对摩时的润滑机理

图 2-30 给出了常规聚酰亚胺复合材料与三种不同对偶摩擦之后，转移膜的形貌和表面组成。结果发现，PI/SCF/Gr 与 GCr15 摩擦后（图 2-30（a）中方框表示光滑区域），对偶发生了严重氧化。空气中的氧和金属中的铁在摩擦热的作用下发生了氧化反应。与 GCr15 表面相比，SUS316 表面覆盖的氧化层较少（由

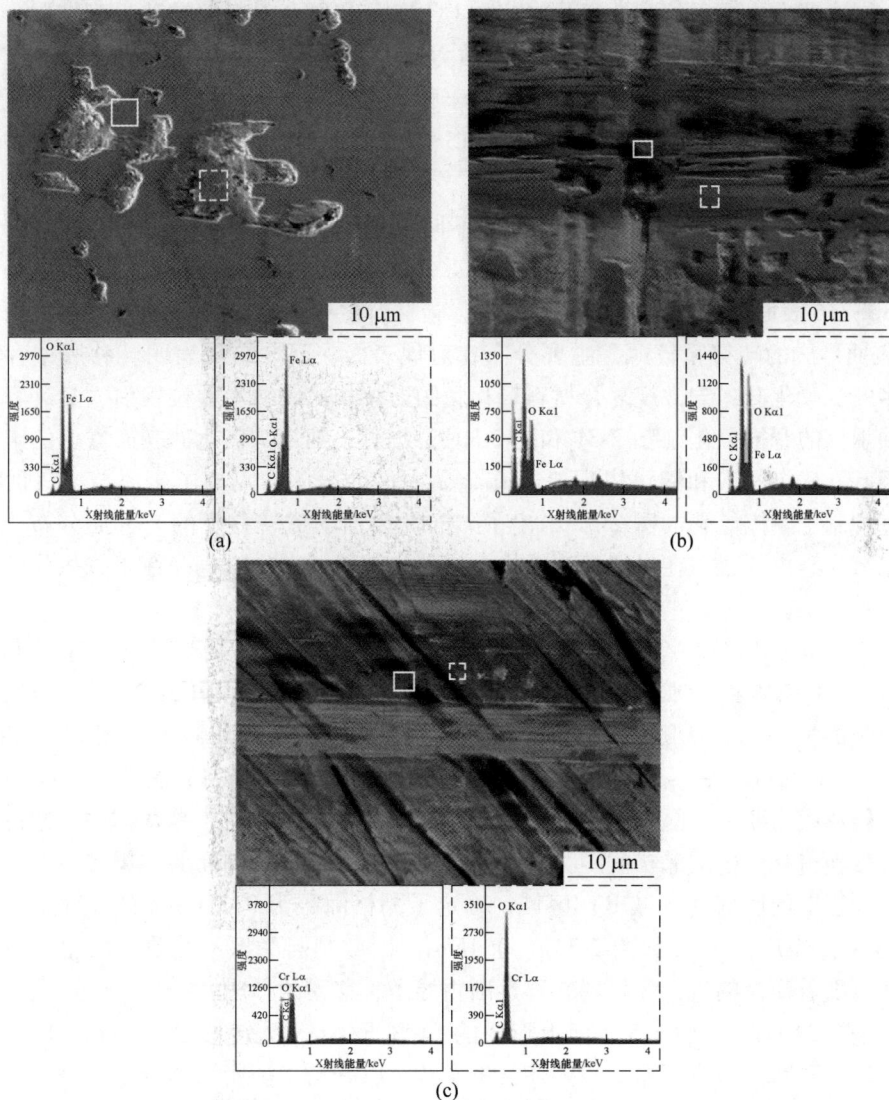

图 2-30 PI/SCF/Gr 与 GCr15（a）、Cr（b）和 SUS316（c）对摩时
形成的转移膜形貌及 EDS 分析

图 2-30（b）中的方框表示）。EDS 分析表明：一些含碳材料从复合材料中转移到 SUS316 表面上，转移的材料在对偶的沟槽中堆积较多，因此推测 SUS316 抑制氧化的能力与自身的抗氧化性能有关。图 2-30（c）提供了 Cr 表面上形成转移膜的结构和组成。EDS 分析确定了氧化铬的产生（如方框所示），但是由于铬的化学稳定性较好，铬氧化层不连续而且面积较小。

上述结果证明，PI/SCF/Gr 的摩擦学性能与金属对偶的抗氧化性密切相关。当金属对偶发生严重的摩擦氧化时，如 GCr15，PI 复合材料的转移受到抑制。光滑的氧化铁层导致摩擦界面较高的黏结力，因此当常规复合材料与 GCr15 摩擦时，复合材料的摩擦磨损比较严重。对于耐氧化性的对偶，材料转移和摩擦氧化共同控制转移膜的形成，因此，与 GCr15 相比，SUS316 和 Cr 用作对偶时，常规复合材料的摩擦系数和磨损率相对较低。

图 2-31 比较了 PI/SCF/Gr/SiO$_2$ 与不同对偶摩擦后，转移膜的结构和成分。结果发现，常规复合材料中加入 SiO$_2$ 纳米颗粒明显改变了转移膜的形貌。GCr15 和 SUS316 表面形成的转移膜比较均匀，碳材料主要填充在对偶的沟槽中，而在 Cr 表面形成的转移膜较薄，主要分布在对偶表面。EDS 结果表明转移膜中存在较多的二氧化硅，与常规复合材料转移膜的形貌相比，纳米颗粒的引入显著降低了轴承钢的摩擦氧化（图 2-31 和图 2-30）。推测，纳米二氧化硅表面富含的丰富的羟基和残余不饱和键可以促进其在金属表面的吸附，隔离了金属与空气的接触，抑制了摩擦氧化。图 2-32 给出了 GCr15 表面形成转移膜的元素面分布，其中二氧化硅主要分布在对偶的沟槽中。另外，转移的碳材料也存在于二氧化硅基的转移膜中。

为了揭示 PI/SCF/Gr/SiO$_2$ 在 GCr15 表面形成转移膜的纳米结构，通过 FIB-TEM、HR-TEM 和 STEM 对转移膜的断面结构进行了表征。图 2-33（a）给出了转移膜的横截面，从图中能够判断转移膜的厚度大概为 500 nm。图 2-33（b）和（c）分别对应图 2-33（a）中 A 和 B 所示区域的 HR-TEM。从图 2-33（b）判断，转移膜主要由非晶材料组成，并且有少量晶体材料嵌在非晶基体中。通过傅里叶变换得晶体中的晶格间距为 0.335 nm，对应（002）晶面的石墨碳材料。然而，靠近对偶底部（区域 B）区域，确定了晶格间距为 0.254 nm 的晶体，对应于 Fe$_2$O$_3$（110）晶面，如图 2-33（c）所示。因此判断摩擦起始阶段发生了摩擦氧化，随着摩擦的进行，材料转移逐渐主导了转移膜的形成。

图 2-34 提供了 GCr15 表面上形成的 PI/SCF/Gr/SiO$_2$ 转移膜的 STEM/EDS 线扫描和元素图的组成分布。与上述分析一致，EDS 结果证实转移膜主要由碳、硅和氧元素组成，转移膜的基体为碳材料。面分布图中能够明显地观察到二氧化硅在转移膜中的积聚。Zhang 等[31]报道，在界面闪温和应力的作用下，二氧化硅、摩擦氧化产物和转移碳材料发生了积聚、压实，最后烧结形成二氧化硅基转移

膜，该转移膜具有较好的承载作用和润滑作用，提高了复合材料的摩擦学性能。

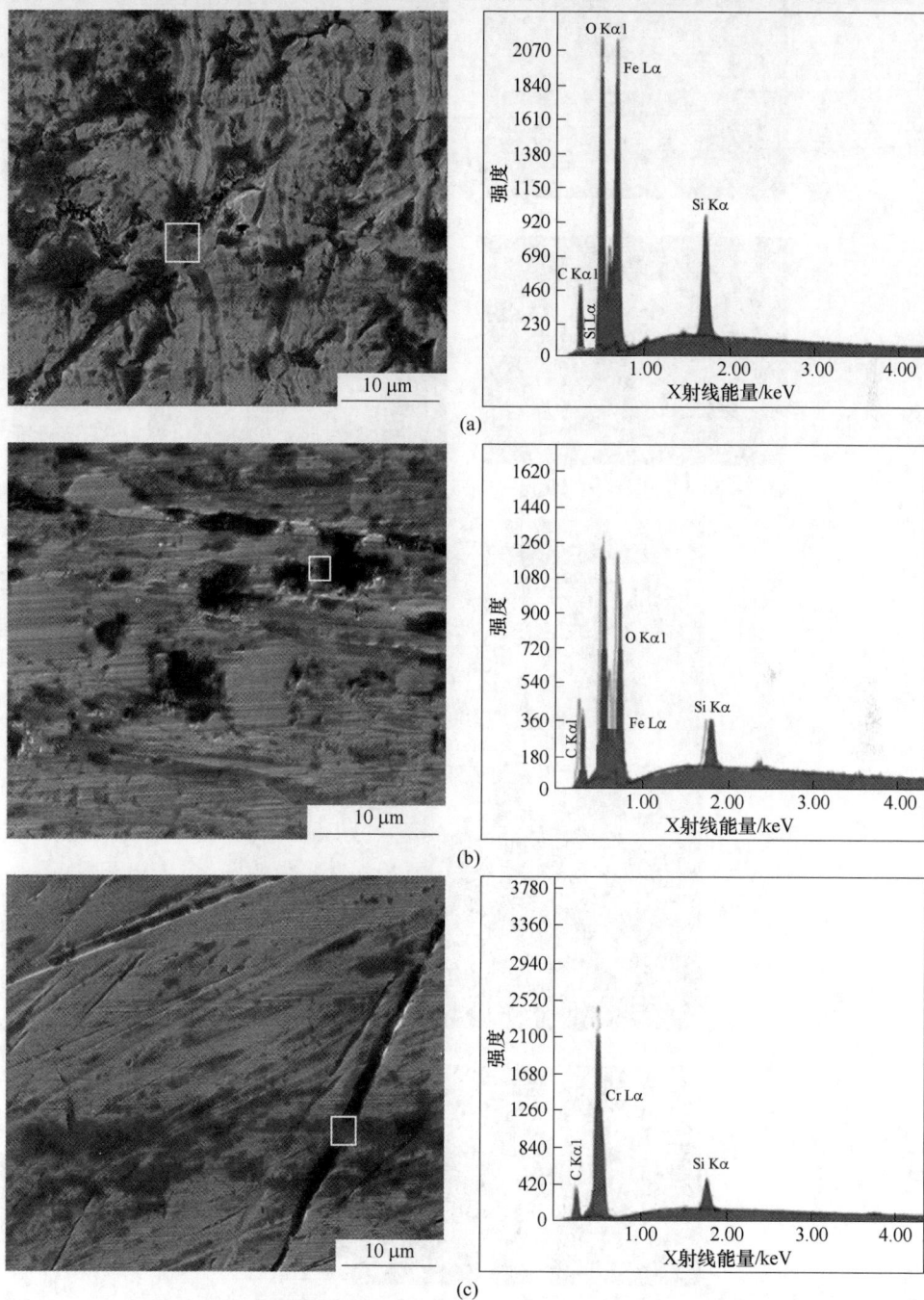

(a)

(b)

(c)

图 2-31 PI/SCF/Gr/SiO$_2$ 与 GCr15（a）、Cr（b）和 SUS316（c）

对摩形成的转移膜形貌及 EDS 分析

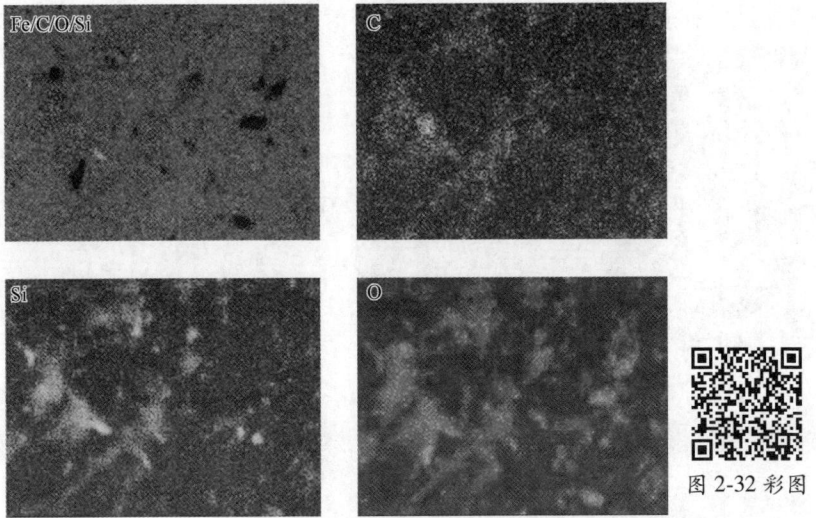

图 2-32 彩图

图 2-32 PI/SCF/Gr/SiO₂ 与 GCr15 对摩形成的转移膜元素面分布

图 2-33 转移膜的 PI/SCF/Gr/SiO₂ 与 GCr15 对摩形成的转移膜的透射电镜图像（a）；

A 区域的 HR-TEM 图像（b）；B 区域的 HR-TEM 图像（c）

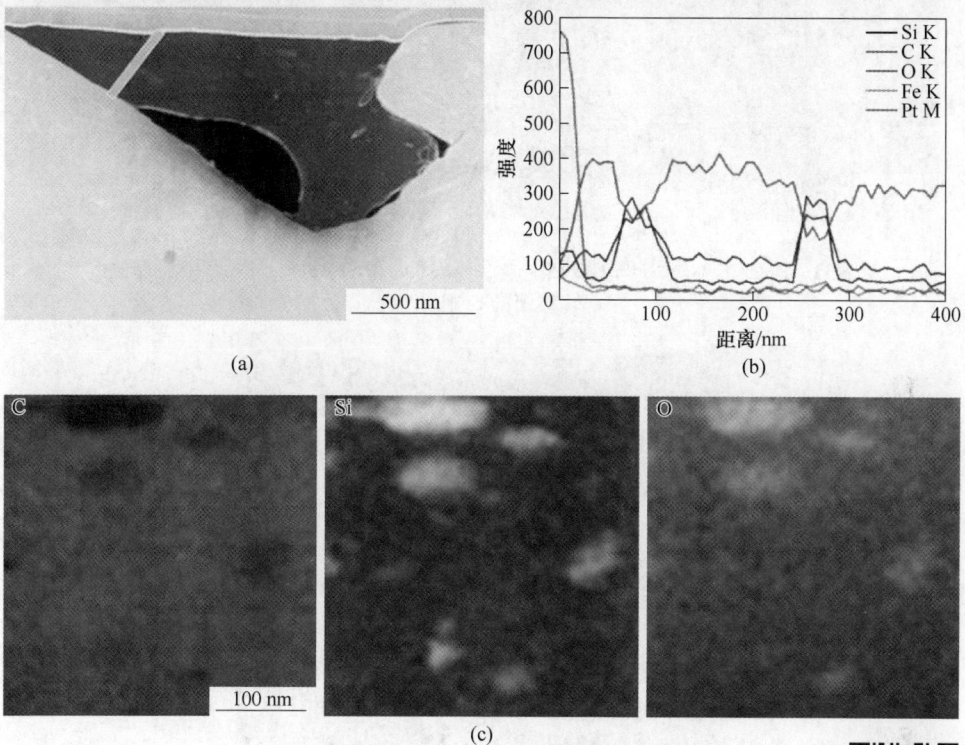

图 2-34 PI/SCF/Gr/SiO$_2$ 与 GCr15 对摩后形成的转移膜的 STEM（a）；
EDS 线扫描（b）；C、Si 和 O 元素的面分布（c）

图 2-34 彩图

图 2-35 给出了 PI/SCF/Gr/BN 与三种不同对偶摩擦之后，转移膜的 SEM 形貌。和二氧化硅的作用相似，添加 h-BN 纳米颗粒缓和了对偶的摩擦氧化，金属表面基本覆盖了转移的碳材料。SUS316 表面形成的转移膜是连续的并且覆盖面积比 GCr15 和 Cr 的覆盖面积大，相应的摩擦系数也低于其他两种对偶的摩擦结果。研究发现，高温高压条件下，硅、碱金属或碱土金属的存在可能使 h-BN 向 c-BN 发生转变。因此推断，由于界面应力集中和闪温作用，释放到滑动界面上的 h-BN 纳米颗粒可能转化为 c-BN，HR-TEM 分析也能证实这一点。而 SUS316 对偶中硅的含量较高，可以促进 h-BN 向 c-BN 转变。

图 2-36 提供了 GCr15 表面形成 PI/SCF/Gr/BN 转移膜的 TEM 图。从图 2-36（a）中判断转移膜的厚度在 400 nm 左右，比较均匀。图 2-36（b）和（c）给出了图 2-36（a）中所示区域 A 和 B 的 HR-TEM 图。区域 A（图 2-36（b））中清楚地观察到了对应于石墨（002）晶面和 c-BN（111）晶面的晶格间距，分别为 0.335 nm 和 0.235 nm，但是转移膜中没有发现 h-BN 的晶体结构。由此推断，摩擦过程中，添加到聚酰亚胺复合材料中的 h-BN 在转移膜中

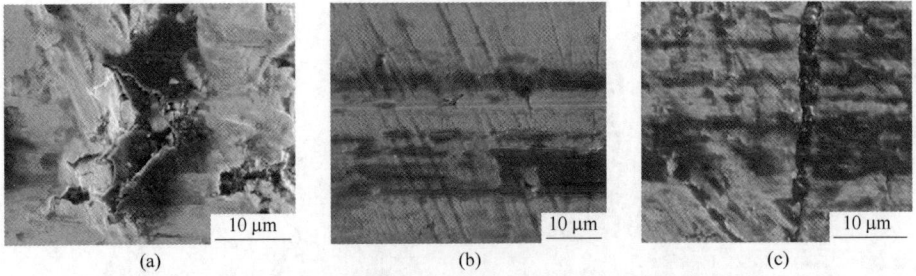

(a)   (b)   (c)

图 2-35   PI/SCF/Gr/BN 与 GCr15（a）、Cr（b）和 SUS316（c）摩擦后形成的
转移膜的 SEM 形貌

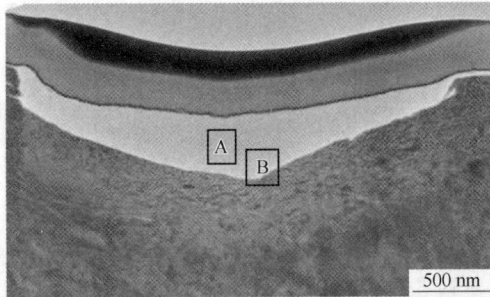

(a)

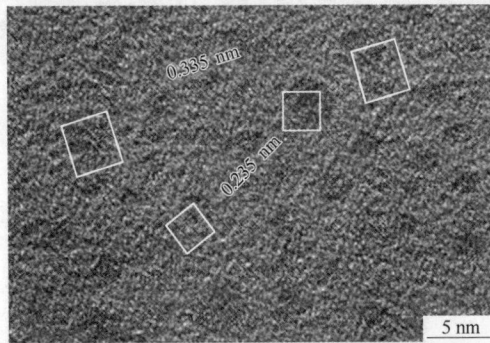

(b)

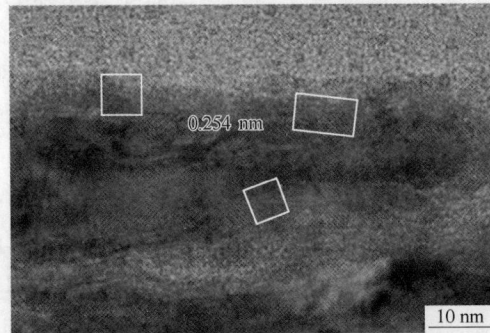

(c)

图 2-36   转移膜的 PI/SCF/Gr/BN 与 GCr15 对摩形成的转移膜的透射电镜图像（a）；
A 区域的 HR-TEM 图像（b）；B 区域的 HR-TEM 图像（c）

转换为 c-BN。图 2-36（c）给出转移膜底部区域的晶格间距为 0.254 nm 对应 Fe_2O_3 的（110）晶面。该结果表明，类似于 PI/SCF/Gr/SiO_2 转移膜的形成机理，摩擦初始阶段发生了氧化，随后的摩擦过程中材料转移占主导作用。

图 2-37 给出了 PI/SCF/Gr/BN 与 GCr15 摩擦之后，转移膜断面的元素组成。对比图 2-35（a）和图 2-37（a），发现 PI/SCF/Gr/BN 转移膜的结构和元素分布比 PI/SCF/Gr/SiO_2 均匀。EDS 线扫（图 2-37（a）中所示区域）证实硼和氮元素与转移膜中的碳质材料均匀混合。另外，与 SiO_2（1713 ℃）相比，BN 颗粒难以在摩擦界面上"摩擦烧结"，这可能是由于其较高的熔点（3000 ℃）所致。而且，具有均匀分散的 c-BN 转移膜的润滑性能比摩擦烧结的 SiO_2 要差。

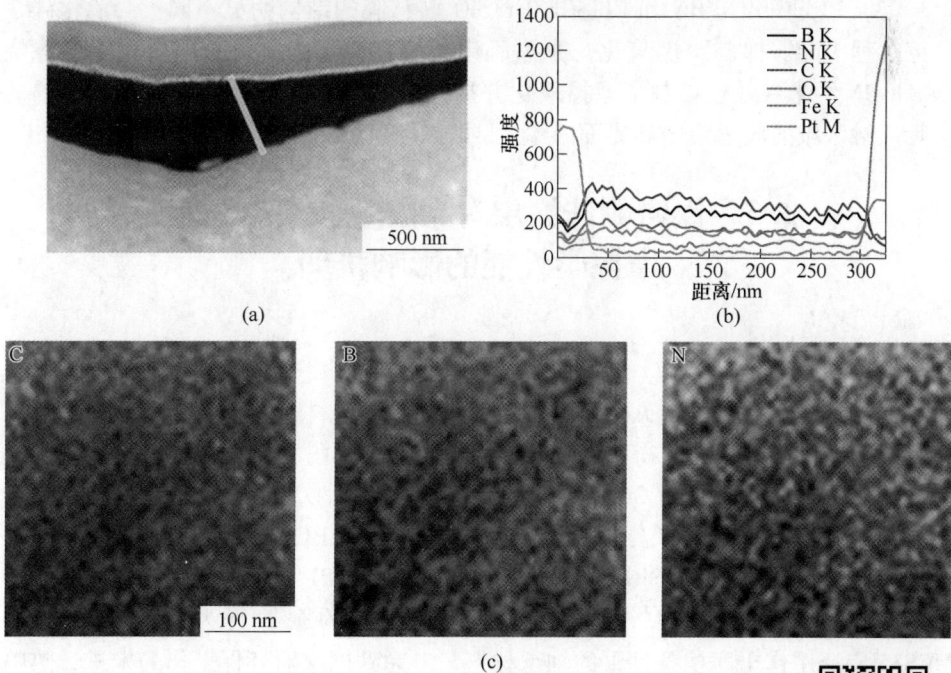

图 2-37 PI/SCF/Gr/BN 与 GCr15 对摩后形成的转移膜的 STEM（a）；
EDS 线扫描（b）；C、B 和 N 元素的面分布（c）

图 2-37 彩图

2.4.5 小结

本节工作主要考察了聚酰亚胺常规复合材料和纳米复合材料与不同对偶即 GCr15、SUS316 和 Cr 的摩擦行为和转移膜的形成作用机理。结果表明，对偶的化学组成对转移膜的结构有重要影响。而且，纳米颗粒的加入显著提高了复合材料的摩擦学性能。主要得到以下结论：

（1）由于化学组成不同，三种对偶的抗氧化性依次为 Cr>SUS316>GCr15。

当常规复合材料与上述材料摩擦时，由于摩擦氧化的发生，GCr15 表面形成了连续和光滑的氧化铁，因此复合材料的摩擦学性能较差；Cr 和 SUS316 对偶表面的氧化行为受到抑制，产生了碳材料转移膜，复合材料的摩擦和磨损较低。

（2）纳米颗粒二氧化硅的加入不仅改善了转移膜的结构和组成，也提高了复合材料的摩擦学性能。结果表明，加入二氧化硅后，与 GCr15、SUS316 和 Cr 摩擦之后的摩擦系数分别从 0.76 降低到 0.14、从 0.41 降低到 0.15、从 0.32 降低到 0.16，磨损率分别下降了 77.3%、43.4%和70.0%，作者认为，二氧化硅在摩擦过程中能够刮擦氧化层，摩擦界面残余的磨屑、氧化铁和二氧化硅烧结成膜，生成了具有高承载、高润滑的转移膜。

（3）PI/SCF/Gr/BN 和 PI/SCF/Gr/SiO₂ 转移膜的结构明显不同。二氧化硅在摩擦过程中能够抑制摩擦氧化，摩擦氧化产物和转移的复合材料发生了摩擦烧结。h-BN 纳米颗粒也抑制了摩擦氧化并提高了摩擦学性能，由于纤维与对偶的实际接触区域的应力集中和界面闪温，h-BN 转变为 c-BN，没有发生烧结现象。

2.5　镍铬硼硅涂层对聚酰亚胺复合材料摩擦学性能的影响机理

2.5.1　引言

上节内容针对几种常见硬质金属与聚酰亚胺复合材料的摩擦界面行为进行了研究，为进一步验证之前得到的规律性结果，将选用耐氧化性差别较大的金属材料作为对偶。之前采用的 Cr 虽然具有较好的耐氧化性，但是其制备方法容易造成环境污染。因此，本节工作主要研究 SCF/Gr/PI（CPI）聚酰亚胺常规复合材料和 SCF/Gr/SiO₂/PI（CPI/SiO₂）、SCF/Gr/h-BN/PI（CPI/BN）聚酰亚胺纳米复合材料与中碳钢（MCS35）和热喷涂 NiCrBSi 涂层的摩擦行为。实际应用中，MCS35 广泛用作干摩擦条件下的轴承材料，考虑到国家对环保工作的推进，热喷涂耐磨涂层逐渐取代电镀铬涂层[66-68]。在众多热喷涂涂层中，NiCrBSi 是最常用的涂层之一，因为它具有高硬度、耐氧化和耐磨损等特性[67,69]。本工作将采用不同的表面技术深入分析转移膜结构和组成，进一步理解聚酰亚胺复合材料与金属对偶之间的依赖性，揭示摩擦界面的物理化学作用。

2.5.2　镍铬硼硅涂层的制备及结构表征

两种不同的金属作为对偶，即中碳钢 MCS35（GB/T 699—1999）和 NiCrBSi 涂层。选择粒度为 40~60 μm 的市售 NiCrBSi 粉末作为原料。粉末和 MCS35 的组成列于表 2-4 中。使用 F4MB 喷枪（Oerlikon Metco，Switzerland），通过大气等离子喷涂，在轴承钢表面喷涂 NiCrBSi。图 2-38 给出了 NiCrBSi 涂层横截面的光学照片，可以看出，涂层厚度约为 200 μm。采用显微硬度计（MH-5-VM）测定 MCS35 和 NiCrBSi 的维氏硬度，分别为 354.8 和 788.5。用 SiC 金相砂纸打磨对偶以获得所需的起始粗糙度，用三维轮廓仪（MicroXAM-3D Surface Profiler）检测其表面的平均线性粗糙度（R_a）约为 0.25 μm。每次测试之前将样品放在超声波浴中用丙酮彻底清洁 30 min。

表 2-4　金属对偶的化学组成（质量分数）　　　　　（%）

对偶	Cr	B	Si	Fe	Ni	C	Mn
NiCrBSi	17.53	3.27	4.01	4.43	余量	0.82	—
MCS35	0.25	—	0.17~0.37	余量	≤0.25	0.32~0.40	0.50~0.80

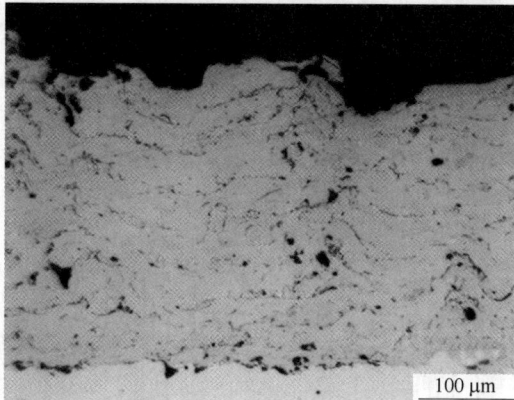

图 2-38　NiCrBSi 断面结构的照片

2.5.3　聚酰亚胺纳米复合材料与镍铬硼硅涂层对摩时的摩擦学行为

摩擦试验在空气氛围条件下使用 Pin-On-Disc（销盘式）摩擦实验机（POD，TRM-100，Wazau，德国）进行，接触表面尺寸为 4 mm×4 mm，摩擦轨道的直径是 33 mm。摩擦的接触压力和滑动速度分别固定为 4 MPa 和 1 m/s，实验持续 5 h。

图 2-39 给出了聚酰亚胺复合材料与中碳钢和 NiCrBSi 涂层摩擦后的平均摩擦系数和磨损率。当常规复合材料 CPI 与 NiCrBSi 摩擦时，得到的摩擦系数明显低于 MCS35（图 2-39（a））。CPI 在 4 MPa×1 m/s 条件下与 MCS35 摩擦时，CPI 的摩擦系数高达 0.70，但是 PV 值从 4 MPa×1 m/s 增加到 10 MPa×3 m/s 时，摩擦系数下降，即为 0.25。CPI 与 NiCrBSi 在 4 MPa×1 m/s、10 MPa×3 m/s 条件下滑动时，CPI 的摩擦系数分别是 0.21 和 0.12。CPI 中引入氮化硼或二氧化硅纳米颗粒能够显著降低摩擦系数，特别是 MCS35 在 4 MPa×1 m/s 和 10 MPa×3 m/s 条件

下发生滑动时，与 h-BN 相比，SiO$_2$ 的减摩效果更好。10 MPa×3 m/s 条件下与 NiCrBSi 对摩时，CPI/SiO$_2$ 表现出最低的摩擦系数，即 0.06。

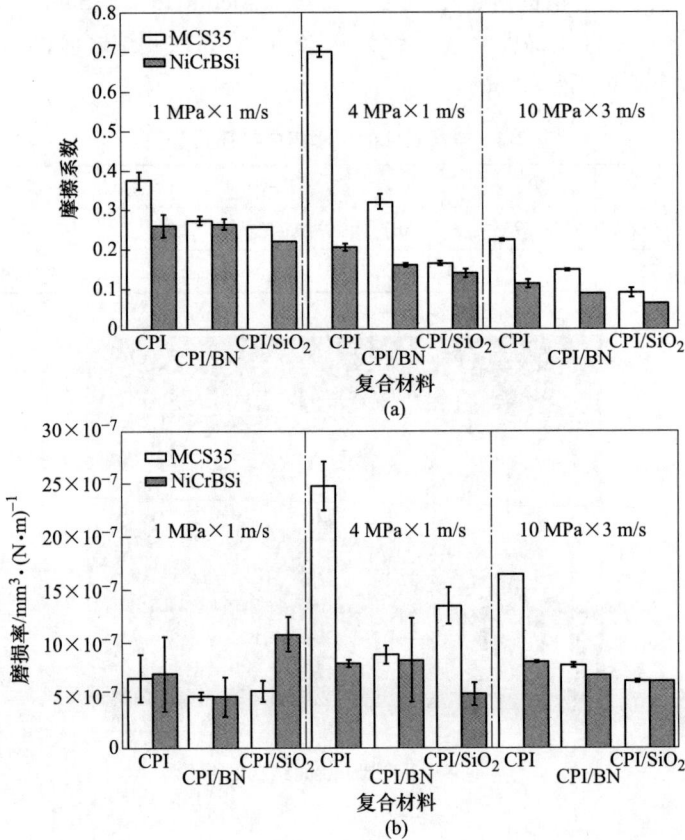

图 2-39　PI 复合材料与 MCS35 和 NiCrBSi 在 1 MPa×1 m/s、4 MPa×1 m/s 和 10 MPa×3 m/s 时对摩后的平均摩擦系数（a）和磨损率（b）

　　此外，聚酰亚胺复合材料的磨损率与摩擦系数的变化趋势不一致。如图 2-39（b）所示，当 CPI 与 NiCrBSi 对摩时，4 MPa×1 m/s 和 10 MPa×3 m/s 条件下得到的磨损率明显低于与 MCS35 摩擦时的磨损率。添加氮化硼或二氧化硅纳米颗粒显著降低了磨损率，尤其是和 MCS35 对偶摩擦。对于 NiCrBSi，尽管二氧化硅纳米颗粒在 4 MPa×1 m/s 和 10 MPa×3 m/s 时降低了磨损率，但与 MCS35 滑动相比，纳米颗粒的磨损降低效果不明显。上述结果表明，对偶的选择对 CPI、CPI/BN 和 CPI/SiO$_2$ 的摩擦系数有重要影响，对磨损率的作用不显著。

　　图 2-40 分别比较了 CPI 与 MCS35 和 NiCrBSi 摩擦时得到的摩擦系数的变化。可以看出，CPI 的跑合期明显依赖对偶材料和 PV 的变化。低载、低速（1 MPa×1 m/s）条件下与 MCS35 和 NiCrBSi 摩擦时，CPI 的摩擦系数趋势差别

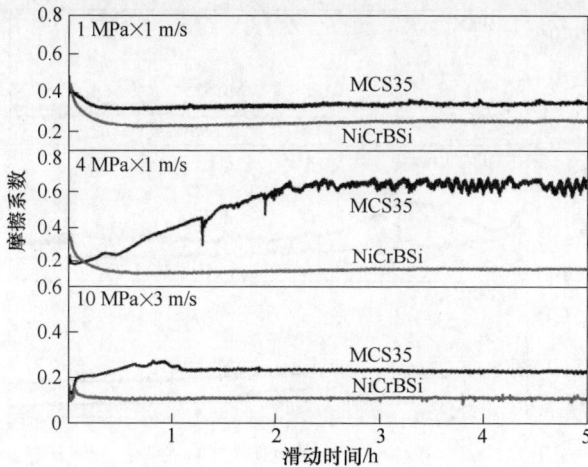

图 2-40 CPI 与 MCS35 和 NiCrBSi 对摩时摩擦系数的变化趋势

不大，摩擦系数随着实验的进行不断降低，滑动 0.5 h 后变得稳定。并且与 NiCrBSi 摩擦时得到的摩擦系数低于 MCS35 滑动时的摩擦系数。当 CPI 在 4 MPa× 1 m/s 条件下与 MCS35 摩擦时，跑合时间较长（2.5 h），摩擦系数逐渐增大直至达到最高值（0.7）。对于以 NiCrBSi 为对偶的摩擦实验，PV 值从 1 MPa×1 m/s 增加到 4 MPa×1 m/s，摩擦系数趋势变化不大，摩擦系数从 0.21 降低到 0.12，当 PV 值提高到 10 MPa×3 m/s 时，跑合期明显缩短，表明转移膜达到稳定的时间较快。上述结果表明，当对偶材料改变时，CPI 的摩擦系数变化比较明显。同时，从图 2-40 可以看出，与 4 MPa×1 m/s 和 10 MPa×3 m/s 相比，1 MPa×1 m/s 条件下摩擦时，对偶材料对 CPI 的摩擦学行为影响不太明显。之前的工作表明，低 PV 条件下，材料转移主导了转移膜的形成。而高 PV 条件下，MCS35 在摩擦过程中更容易被氧化，这是导致其摩擦系数较高的主要原因。

图 2-41 给出了与 MCS35 和 NiCrBSi 摩擦时，CPI/SiO$_2$ 的摩擦系数随时间的变化。1 MPa×1 m/s 时，CPI/SiO$_2$ 的摩擦系数趋势与 CPI 相似。随着 PV 的提高，二氧化硅的引入能明显改善复合材料的摩擦学性能。当 CPI/SiO$_2$ 与 MCS35 在 4 MPa×1 m/s 条件下滑动时，摩擦系数明显低于 CPI 摩擦后的结果。CPI/SiO$_2$ 摩擦 1.15 h 后得到了最高的摩擦系数，约 2 h 后下降至稳定值。推测摩擦系数的变化趋势可归因于转移膜结构的演变，对偶的摩擦氧化导致了摩擦系数的增加。当越来越多的二氧化硅纳米颗粒被释放到滑动界面上时，摩擦氧化层被硬质纳米颗粒刮擦，随后形成润滑转移膜。当 NiCrBSi 在 4 MPa×1 m/s 条件下滑动时，CPI/SiO$_2$ 的摩擦系数在跑合过程中一直下降直至达到稳定。推测与 MCS35 和 NiCrBSi 摩擦时，CPI/SiO$_2$ 不同的摩擦系数趋势可能与摩擦氧化和材料转移的竞争有关。之前的工作提到 NiCrBSi 比 MCS35 的抗氧化性高，与 NiCrBSi 摩擦时，摩擦氧化

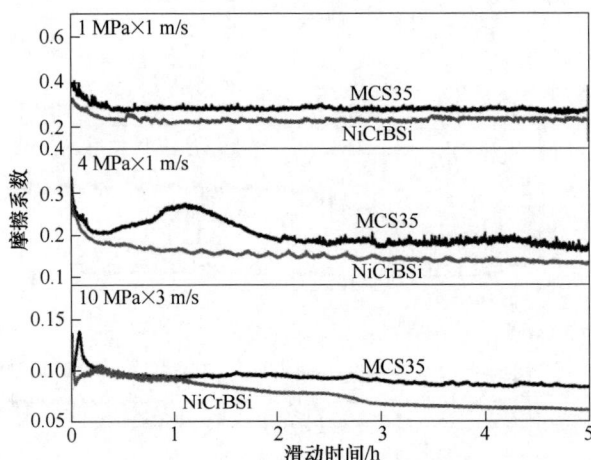

图 2-41　CPI/SiO$_2$ 与 MCS35 和 NiCrBSi 摩擦时摩擦系数的变化趋势

的作用不明显。

2.5.4　聚酰亚胺纳米复合材料与镍铬硼硅涂层对摩时的润滑机理

　　随着 PV 从 1 MPa×1 m/s 增加到 4 MPa×1 m/s，对偶材料的化学组成对转移膜结构的影响越来越明显。扫面电镜结果表明 MCS35 摩擦之后表面比较光滑，而且没有观察到明显的材料转移（由图 2-42（a）中的箭头表示）。EDS 分析表明 MCS35 光滑区域发生了严重的摩擦氧化（见图 2-42（a1））。摩擦过程中，由于复合材料中的碳纤维承担大部分载荷，纤维端部产生局部应力集中和界面闪温[70]。因此，纤维和对偶之间的直接接触会磨损钢材表面（产生大面积光滑区域），并导致中碳钢的严重氧化。NiCrBSi 的磨损表面明显不同于 MCS35 的结构（参见图 2-42（a）和（b））。与 MCS35 相比，NiCrBSi 的表面氧化相对缓和，而且 NiCrBSi 的沟槽中填充了转移的复合材料，转移膜的面分布证明了这一结果。摩擦过程中，转移的聚合物复合材料不断地堆积、压实、去除，最后达到稳定状态。碳材料与 NiCrBSi 有较高的结合强度，有效地避免了摩擦界面的直接接触，起到了润滑的作用。但是与 MCS35 的结合较弱，摩擦过程中转移的碳材料被刮擦，导致氧化层的形成。因此，我们认为两种不同结构的转移膜与对偶表面化学组成相关，NiCrBSi 是一种具有高抗氧化性能的镍基合金，而 MCS35 由于铁元素的含量较多容易在高温下不断氧化。

　　与 4 MPa×1 m/s 时的摩擦相比，10 MPa×3 m/s 时 MCS35 的摩擦氧化有所缓和（参见图 2-43 和图 2-42）。图 2-43（a）和（a1）可以看出，碳基转移膜（黑色）填充了对偶的沟槽，氧化层（灰色）覆盖在比较光滑的区域。因此，推测 10 MPa×3 m/s 时摩擦热导致 MCS35 的温度升高到聚酰亚胺的玻璃化转变温度（T_g）附近，这种情况下，碳基转移膜可以变得更有弹性，而且减小了摩擦副的直接接触。对于 NiCrBSi 表面上形成的转移膜，碳基转移膜（黑色）覆盖区域要明显多于 MCS35，但是 NiCrBSi 表面仍有光滑的氧化镍层。与 MCS35 相比，CPI 与 NiCrBSi 摩擦时摩擦学性能较好的原因在于碳基转移膜的覆盖率较高。

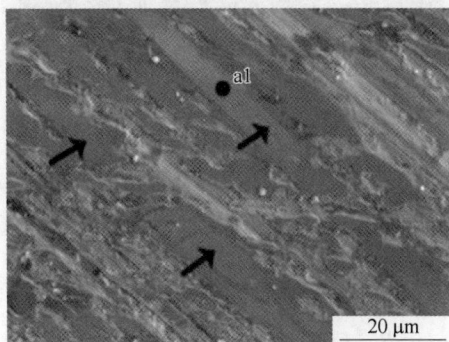

(a)

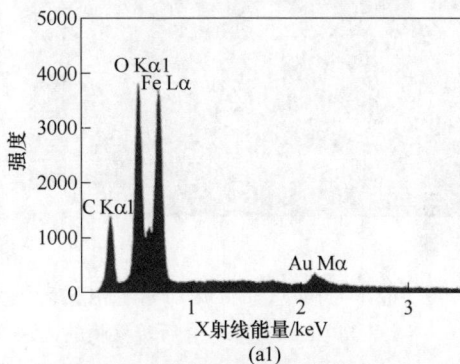

(a1)

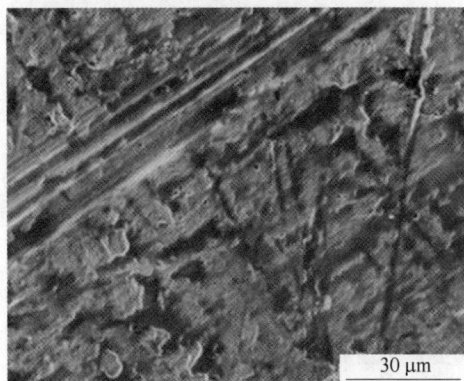

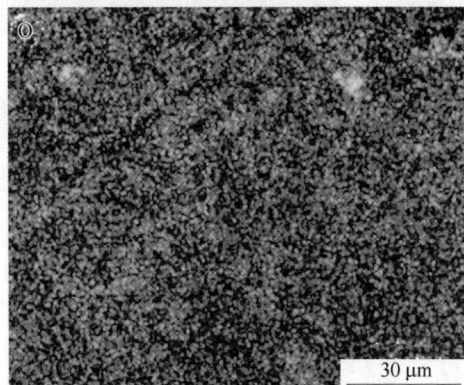

(b)

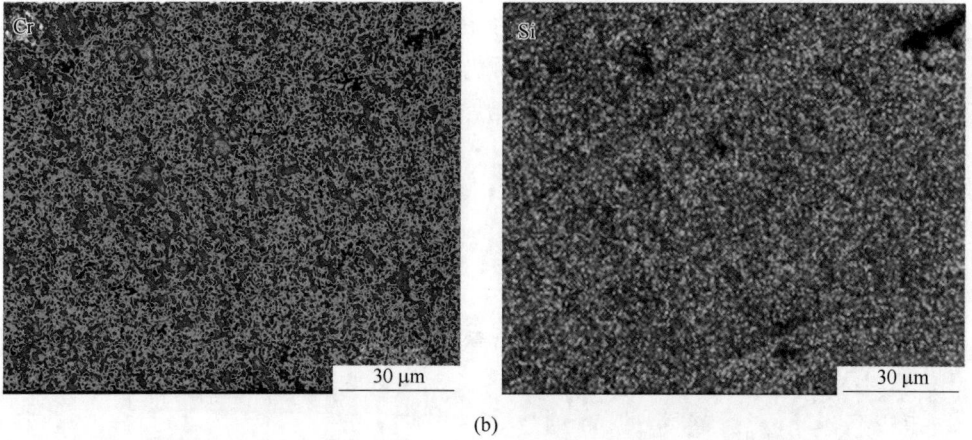

图 2-42　4 MPa×1 m/s 时 CPI 与 MCS35 摩擦后转移膜的 SEM（a）和 EDS 表征（a1）；
与 NiCrBSi 摩擦之后转移膜的元素（C、O、Ni、Cr、Si）面分布（b）

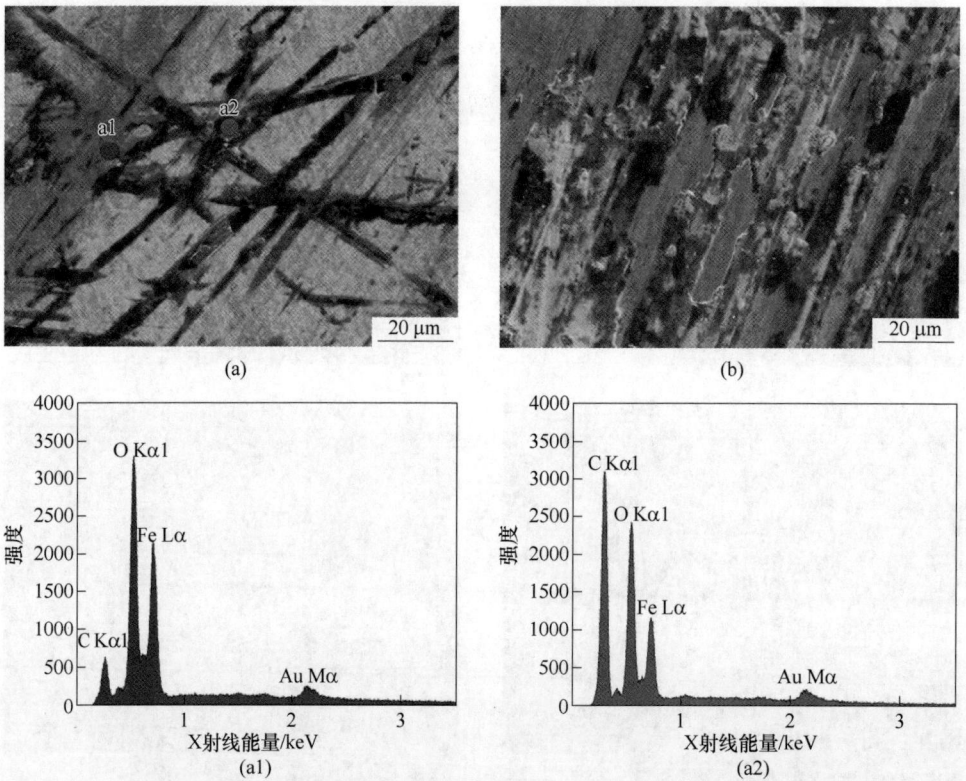

(a)　　　　　　　　　　　　　　　　　　　　(b)

(a1)　　　　　　　　　　　　　　　　　　　(a2)

图 2-43　10 MPa×3 m/s 时 CPI 与 MCS35 和 NiCrBSi 对摩后转移膜的
SEM（a）（b）和 EDS 表征（a1）（a2）

图 2-44 提供了 10 MPa×3 m/s 时，CPI 以及摩擦之后 MCS35 和 NiCrBSi 表面形成转移膜的 ATR-FTIR。CPI 红外光谱证实，1714 cm^{-1}、1614 cm^{-1} 和 1375 cm^{-1} 处的吸收峰对应聚酰亚胺中的 N—C≡O，1230 cm^{-1} 处的吸收峰对应聚酰亚胺中的 C—O。然而，上述聚酰亚胺的特征峰从转移膜的红外光谱中消失。从 NiCrBSi 表面形成转移膜的红外光谱中可以看出，1568 cm^{-1} 和 1404 cm^{-1} 处有新的化学物质，对应金属–有机化合物 M2(R—COO)[71-72]。之前工作中已经提出这种新化合物的形成机理：聚酰亚胺链发生断裂，然后在空气中与 O_2 或 H_2O 发生反应，最后羧酸和过氧化物自由基与金属对偶螯合，如图 2-45 所示。摩擦化学反应能够促进承载性高、润滑性好的转移膜的形成。因此，当 PV 提高到 10 MPa×3 m/s 时，CPI 的摩擦学性能提高。然而，MCS35 表面的转移膜中基本观察不到金属-有机羧酸盐的吸收峰。CPI 与中碳钢摩擦时，转移膜的结合强度不够高，很容易被刮擦，这是碳基转移膜的覆盖率小的主要原因，因此，CPI 与 MCS35 对摩的摩擦学性能不如与 NiCrBSi 对摩的摩擦学性能。

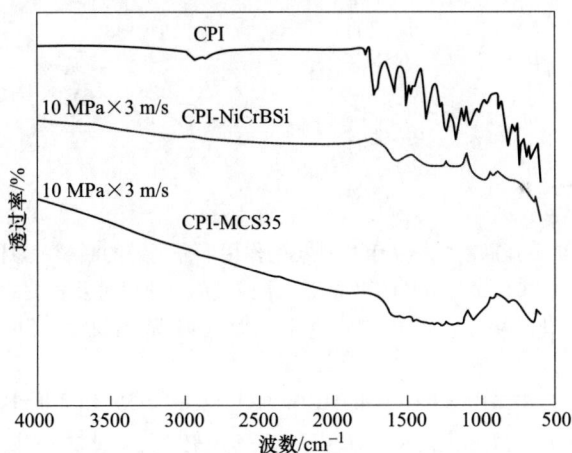

图 2-44　10 MPa×3 m/s 时常规聚酰亚胺 CPI 的 ATR-FTIR 及与 MCS35 和 NiCrBSi 对摩之后形成转移膜的 ATR-FTIR

为了进一步理解聚酰亚胺与两种不同对偶的摩擦化学反应，使用 Gaussian09 软件包进行了理论计算。结果证明，分子反应动力学的理论计算与实验结果基本一致。通过理论模拟，可以对金属有机化合物的分子结构进行优化，从理论上预测其性能[73-74]。利用 MP2 方法，采用 6-311+G* 和 LANL2DZ 基组计算了图 2-45 左边所示化合物 I 的结合能，其中 6-311+G* 基组计算出非金属原子之间的作用力，LANL2DZ 计算过渡金属的作用力[75]。化合物 II 由于其结构的复杂性，没有计算出模拟的结果。图 2-45 给出了使用 B3LYP 方法优化分子几何构型获得的化合物结构和结合能。发现镍基化合物、铬基化合物和铁基化合物的结合能分别为

−2177.14 kJ/mol、−1846.38 kJ/mol 和−2126.89 kJ/mol。高结合能表明化合物更稳定，也就是说，Ni 基化合物的稳定性最高，NiCrBSi 比 GCr15 更容易与活性高分子自由基反应。因此，可以推断在 NiCrBSi 表面形成的转移膜比 MCS35 表面形成的转移膜更耐磨。

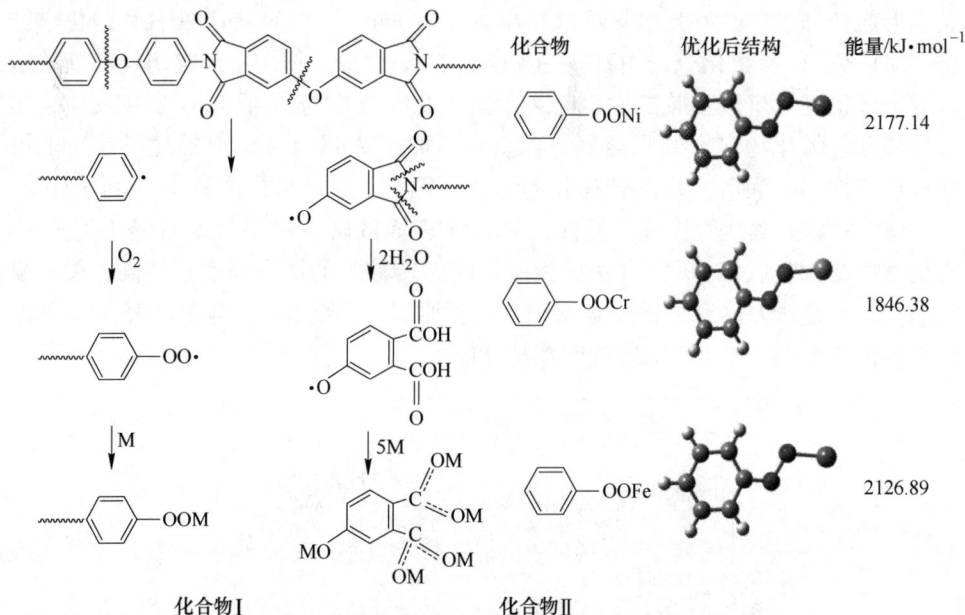

| | 化合物 | 优化后结构 | 能量/kJ·mol⁻¹ |

图 2-45　聚酰亚胺在机械力和摩擦热的作用下分子链的断裂示意图（左）：
给出了碳自由基和氧自由基的生成及与水或氧的反应机理及相关的螯合反应；
分子的优化结构（右）：通过理论计算得到的金属-有机化合物的结合能

图 2-46 提供了 4 MPa×1 m/s 时 CPI/SiO$_2$ 与 MCS35 和 NiCrBSi 摩擦之后对偶表面形成转移膜的 SEM 和 EDS。对于 MCS35，转移的碳材料主要填充在对偶的沟槽中，而 NiCrBSi 表面的转移膜基本覆盖在对偶表面。EDS 分析表明，在 MCS35 上形成的转移膜主要由二氧化硅、碳材料和氧化铁组成（图 2-46（a1）），该结构与之前在轴承钢表面形成的转移膜结构类似。形成机理总结为：纳米颗粒释放，磨屑（聚合物和摩擦氧化产物）与纳米颗粒摩擦烧结[75]。由于聚合物基体的降解，转移膜中二氧化硅的含量较高，显著提高了转移膜的承载能力，而且转移膜中的聚合物具有一定润滑作用。与 NiCrBSi 摩擦时，纳米复合材料转移膜的结构与常规复合材料转移膜的结构类似，据此推测，转移膜中除了之前证明的一些成分外，还有转移的二氧化硅。

与 MCS35 相比，NiCrBSi 表面形成的碳基转移膜覆盖面积较大（参见图 2-46（a）和图 2-47（b）），因此，CPI/SiO$_2$ 与 NiCrBSi 摩擦时表现出较好的摩擦学性能。图 2-47 给出了与 CPI/SiO$_2$ 摩擦后 NiCrBSi 表面的 XPS 结果。C 1s 能谱图中，284.9 eV、285.5 eV、286.2 eV 和 288.4 eV 处的结合峰对应 PI 分子中的 C—C、C—N、C—O 和 C=O。从 Si 2p 能谱图可以看出，103.0 eV 处的结合峰对应于 SiO_2 的 Si—O，101.5 eV 处的结合峰为 NiCrBSi 中的 Si。此外，从 Ni 2p、Cr 2p 和 Fe 2p 的光谱可以看出，由于 NiCrBSi 的摩擦氧化，产生了金属氧化物 Ni_2O_3、Cr_2O_3 和 Fe_2O_3。

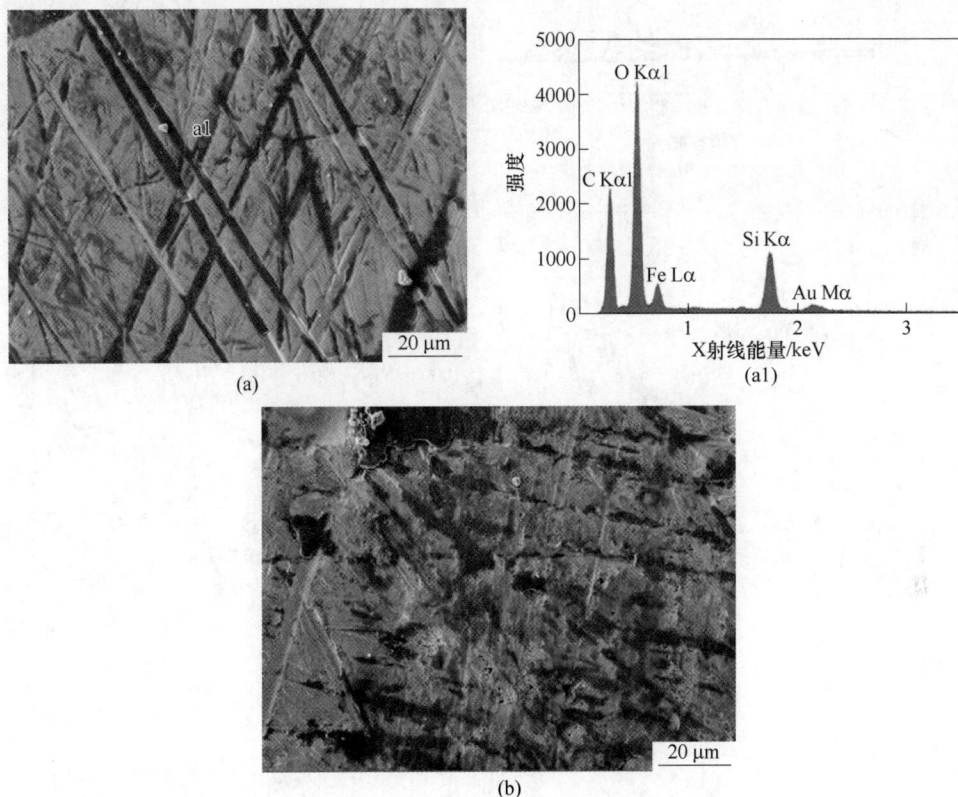

图 2-46　4 MPa×1 m/s 时 CPI/SiO_2 与 MCS35 对摩后形成转移膜的 SEM（a）和 EDS（a1）；CPI/SiO_2 与 NiCrBSi 对摩后形成转移膜的 SEM（b）

图 2-48 比较了 10 MPa×3 m/s 时 CPI/SiO_2 与 MCS35 和 NiCrBSi 摩擦之后对偶表面形成转移膜的 SEM。结果证明，10 MPa×3 m/s 条件下形成的转移膜比 4 MPa×1 m/s 条件下形成的转移膜在对偶表面的覆盖更均匀（参见图 2-46 和图 2-48）。EDS 分析表明，转移膜主要由二氧化硅、碳材料和金属氧化物组成（图 2-48（a1）和（b1））。对于 NiCrBSi，转移膜几乎覆盖了整个表面，避免了摩擦界面的直接接触，因此得到了最低的摩擦系数（0.06）。相对于常规复合材料的摩擦，与 CPI/SiO_2 摩擦之后，MCS35 表面形成的转移膜与对偶的结合性能明显提高，显著缓和了摩擦氧化的发生。

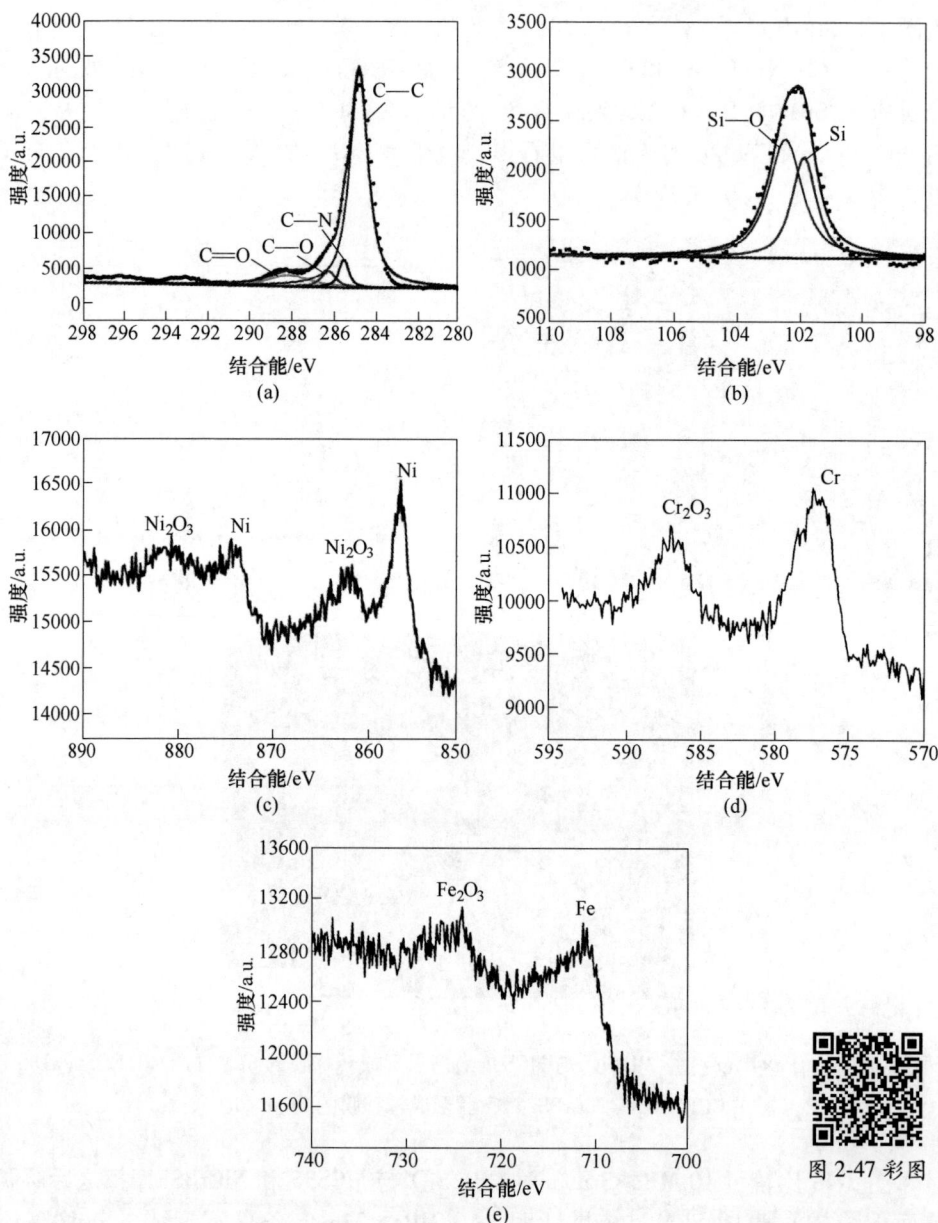

图 2-47　CPI/SiO$_2$ 与 NiCrBSi 摩擦后转移膜的 C 1s（a）、Si 2p（b）、
Ni 2p（c）、Cr 2p（d）和 Fe 2p（e）的 XPS 能谱

图 2-49 比较了 CPI/SiO$_2$ 复合材料与 MCS35 和 NiCrBSi 在 10 MPa×3 m/s 条件下对摩后，得到的转移膜的 ATR-FTIR 光谱。与 CPI 的吸收峰相似，CPI/SiO$_2$ 谱图提供了聚酰亚胺的特征吸附峰。另外，从两种转移膜的光谱中，也证实了新化

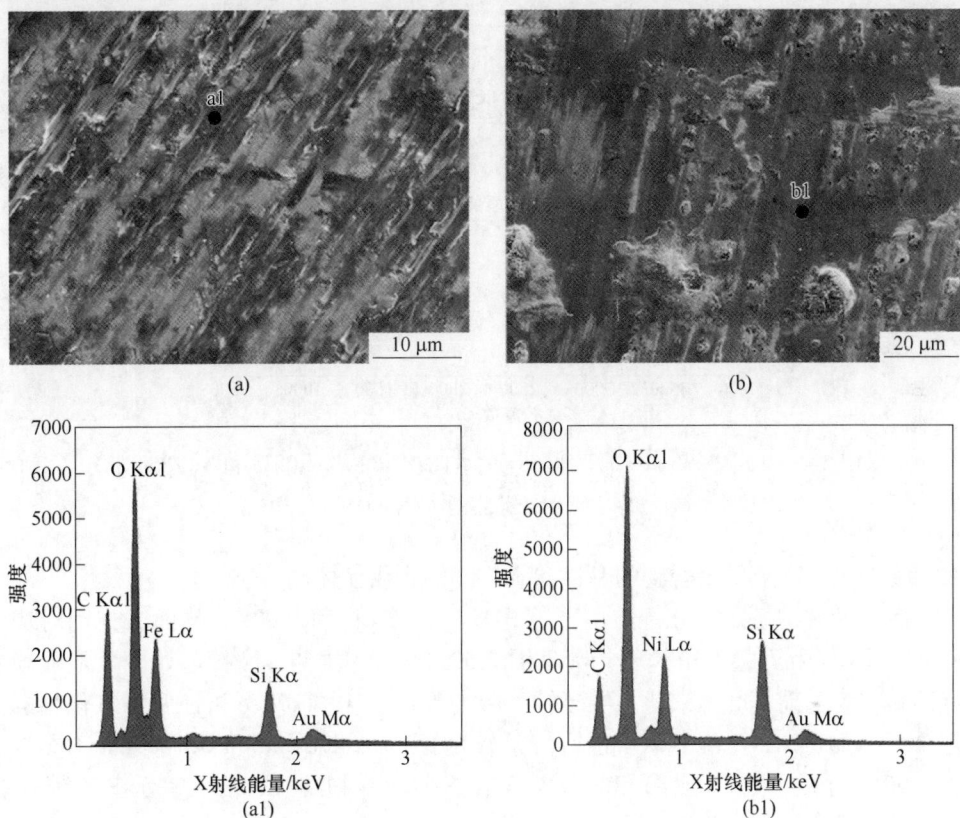

图 2-48　10 MPa×3 m/s 时 CPI/SiO₂ 与 MCS35 和 NiCrBSi 对摩之后对偶
表面转移膜的 SEM（a）（b）和 EDS（a1）（b1）

学物质在 1568 cm⁻¹ 和 1404 cm⁻¹ 处的吸收峰，对应羧酸盐 M2（R—COO）。此外，1020 cm⁻¹ 处的 Si—O 吸收峰证实了转移膜中二氧化硅的存在。因此，纳米复合材料在摩擦过程中发生了与常规复合材料相似的摩擦化学反应，但是纳米颗粒的加入降低了金属对偶对界面摩擦反应的影响。

　　为了深入了解 10 MPa×3 m/s 条件下聚酰亚胺复合材料转移膜的纳米结构，进行了 FIB-TEM 分析。图 2-50（a）提供了与 CPI/SiO₂ 摩擦之后 NiCrBSi 表面形成转移膜的断面结构。结果发现，转移膜的厚度大约为 400 nm。并且，转移膜的底部区域与上层区域的结构差别较大。如图 2-50（a）中的箭头所示，在转移膜上层区域中观察到平行于滑动方向的带状结构。而在高 PV 条件下 CPI/SiO₂ 与轴承钢摩擦时，也观察到这种带状结构，HR-TEM 分析表明带状结构对应于聚酰亚胺分子的取向，这种取向能够赋予转移膜易剪切的特性。另外，聚合物分子的

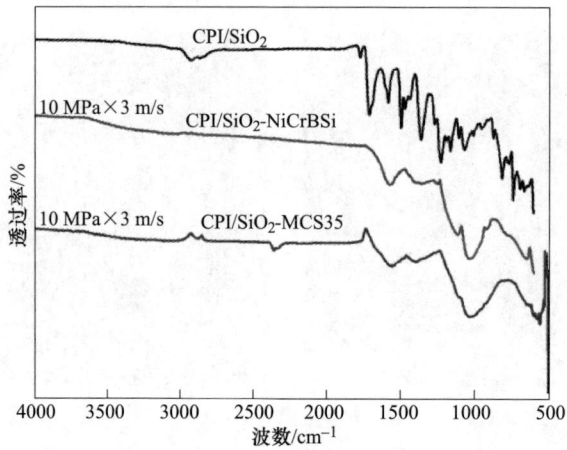

图 2-49　10 MPa×3 m/s 时 CPI/SiO₂ 的 ATR-FTIR；与 MCS35 和 NiCrBSi 对摩之后形转移膜的 ATR-FTIR

取向说明了转移膜中聚合物的黏性状态，能够提供流体润滑作用。

　　底部区域的 SAED 分析给出了［104］、［024］和［009］晶面，分别对应 Ni_2O_3、Cr_2O_3 和石墨的衍射环（参见图 2-50（b））。推测，摩擦起始阶段形成稳定的转移膜之前，摩擦氧化主导了转移膜的形成。HR-TEM 分析证明了氧化物的存在，例如，Ni_2O_3 和 Fe_2O_3 的晶格条纹间距为 0.470 nm 和 0.148 nm（参见图 2-50（d））。图 2-50（e）和（f）给出了 EDS 线扫结果，箭头表示 EDS 从上到下的扫描方向。结果表明，NiCrBSi 表面的氧化物如 Ni_2O_3 和 Fe_2O_3 主要分布在转移膜的底部，二氧化硅和其他非晶态材料主要分布在转移膜的上层区域，如图 2-50（c）所示。因此，二氧化硅和金属氧化物提高了转移膜的承载能力。而且，复合材料表面纤维周围积聚的二氧化硅可不断修复转移膜，从而形成稳定的润滑转移膜。

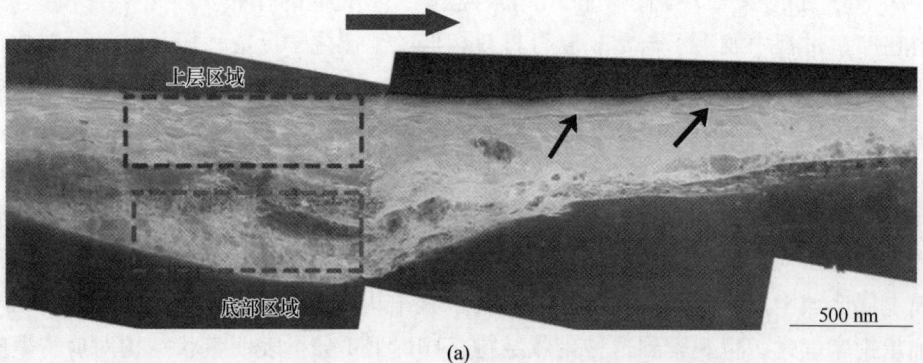

(a)

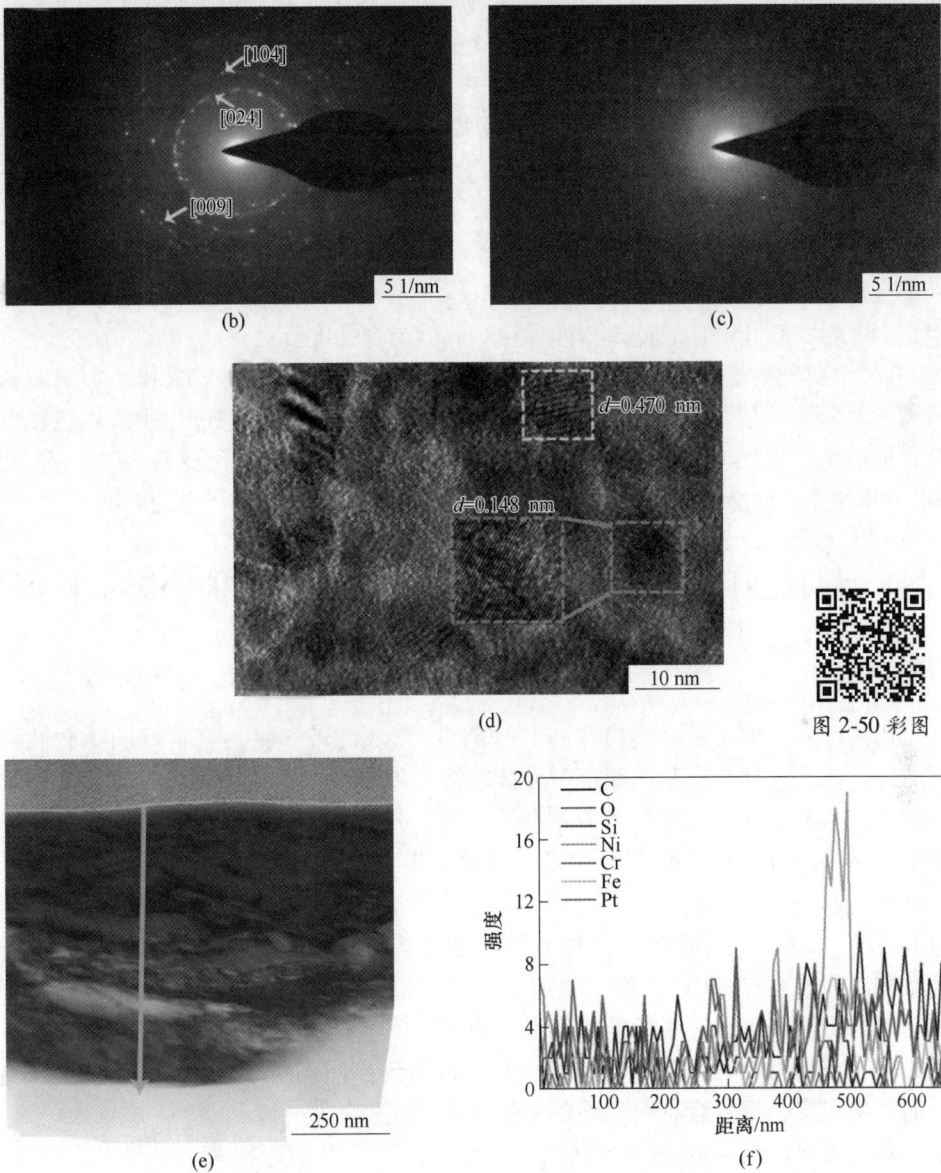

(b)

(c)

(d)

图 2-50 彩图

(e)

(f)

图 2-50　CPI/SiO₂ 在 10 MPa×3.0 m/s 条件下形成转移膜的断面 TEM 分析（a）、
转移膜的选区衍射 SAED（b）、转移膜的 HR-TEM（c）、
转移膜的线扫结果（d）、EDS 线扫结果（e）（f）

2.5.5　小结

　　本节考察了干摩擦条件下，NiCrBSi 和 MCS35 作为对偶与聚酰亚胺复合材料

的摩擦界面行为，通过分析摩擦界面的物理化学作用，得出以下结论：

（1）聚酰亚胺复合材料的摩擦学性能，尤其是常规复合材料的摩擦行为，摩擦系数和磨损率明显依赖于对偶的表面性能。中高 PV 条件下摩擦时，如 4 MPa×1 m/s 和 10 MPa×3 m/s，聚酰亚胺复合材料与 NiCrBSi 摩擦磨损性能明显高于 MCS35 的摩擦磨损性能。当常规复合材料与 MCS35 摩擦时，导致了中碳钢的严重氧化，与 NiCrBSi 摩擦时形成了碳基转移膜。

（2）摩擦界面的机械剪切和摩擦热导致聚酰亚胺分子链的断裂，以及自由基和金属螯合反应。理论计算表明，Ni 基金属-有机化合物比 Fe 基化合物更稳定，因此与 NiCrBSi 摩擦时，转移膜与对偶的结合强度较高。

（3）常规聚酰亚胺复合材料中添加二氧化硅纳米粒子显著缓和了金属对偶的氧化。释放的纳米颗粒与聚合物磨屑以及摩擦氧化产物摩擦过程中发生机械混合，最后烧结成膜。纳米结构的转移膜改善了聚酰亚胺复合材料与 MCS35 和 NiCrBSi 摩擦学性能，降低了对偶的化学组成对复合材料摩擦行为的影响。

2.6 载荷速度对聚酰亚胺复合材料摩擦学性能的影响机理

2.6.1 引言

研究证实，纳米复合材料在高 PV 条件下形成的转移膜具有很好的承载性和润滑性，因此，复合材料的摩擦学性能较好。为了探索聚合物复合材料超低的摩擦磨损，本节选择了耐温性和力学性能最好、分子结构不同的聚酰亚胺和聚醚醚酮复合材料进行摩擦实验。近年来，超低摩擦，尤其是超润滑（摩擦系数低于 0.01）材料的研究受到了广大摩擦学学者们的重点关注。类金刚石薄膜（DLC）[76]、富勒烯二硫化钼（MoS$_2$）[77]薄膜以及石墨烯[78-80]在特定条件下的超低摩擦已经被证实。Hone 等[81]报道了石墨烯和纳米金刚石与 DLC 摩擦时的超低摩擦行为，作者提出石墨烯的超润滑归因于摩擦过程中纳米金刚石被寡层片状石墨烯的包裹行为，有效降低了接触面积，该研究在超润滑领域取得了重要进展。然而，实现聚合物复合材料宏观的超低摩擦磨损仍然是一个挑战。

研究证明，纳米颗粒如 SiO$_2$[82-83]，Si$_3$N$_4$[84-85]、Al$_2$O$_3$[86]和 CuO[87-89]加入纤维增强的聚合物基体中显著提高了复合材料的摩擦学性能。环氧树脂（EP）[90]、聚醚醚酮[91]、聚苯硫醚[92]填充碳纤维和陶瓷纳米颗粒后的纳米复合材料表现出较低的摩擦和磨损。Österle 等[93]报道 SiO$_2$/SCF/EP 纳米复合材料在 24 MPa×1 m/s时的摩擦系数降低到 0.06。

因此，本节工作将考察聚酰亚胺和聚醚醚酮常规复合材料和纳米复合材料在不同 PV 条件下的摩擦学性能，重点关注纳米复合材料超低的摩擦磨损；对转移膜的纳米结构和表面化学状态进行系统表征，深入分析相关的摩擦化学反应；探索高性能聚合物复合材料在苛刻的摩擦条件下宏观摩擦行为和微观转移膜结构之间的关系。

2.6.2 聚酰亚胺复合材料的制备及热力学性能

PI 和 PEEK 的复合材料采用热压成型工艺制备。首先，按照 PI 和 PEEK 材料的预设配比将粉末状原料（聚酰亚胺、聚醚醚酮、碳纤维、固体润滑剂、纳米二氧化硅）置于高速粉碎机中以 10000 r/min 转速混合 10 min。然后将混合均匀的粉料移入 50 mm×60 mm×60 mm 的模具中。PI 复合材料热压成型工艺：在200 min 内从室温升至 375 ℃，压力设置 8~14 MPa，375 ℃保压 120 min，每隔10 min 排气，然后关闭加热系统冷却至室温脱模。PEEK 复合材料成型工艺：将装有粉料的模具放置于加热炉中，在 120 min 内由室温升至 380 ℃环境中熔融结晶 200 min，然后关闭加热系统，让结晶料缓慢自然冷却，并在 8~9 MPa 条件下保压 45 min，继续冷却。当模具温度降至 170~180 ℃时，将 PEEK 复合材料板（PEEK composites 或 PEEK-Coms）脱模，然后在自然环境中缓慢冷却至室温。将上述两种复合材料切割成摩擦试验要求尺寸。复合材料缩写及体积分数组成如表 2-5 所示。

表 2-5　复合材料的缩写及组成（体积分数）　　　　　（%）

复合材料	PI	PEEK	SCF	石墨（Gr）	SiO₂
PI/SCF/Gr	82		10	8	
PEEK/SCF/Gr		82	10	8	
PI/SCF/Gr/SiO₂	80		10	8	2
PEEK/SCF/Gr/SiO₂		80	10	8	2

材料的热稳定性采用 STA449F3 热重分析仪（TGA，Netzsch，德国）表征。测试条件为：在空气中以 10 ℃/min 的加热速率从环境温度加热到 800 ℃。聚合物样品的动态机械热分析（DMA）使用 Netzsch DMA 242 C（Netzsch Instruments，德国）表征。测试过程中，用三点弯曲模式以 5 ℃/min 的加热速率和 1 Hz 的频率测量，并且每个样品测试 3 次。PEEK 和 PI 都是耐高温聚合物，两种聚合物的TGA 曲线如图 2-51（a）所示。PI 的质量损失开始于 535 ℃，该温度下 PI 发生了 C—O—C 断裂。随着温度的升高，质量损失速率增加，当温度达到 600 ℃左右时，PI 完全分解。对于 PEEK，从 TGA 曲线观察到两个降解平台，即 578 ℃ 和634 ℃。推测 578 ℃的平台对应于 C—O—C 的断裂温度，而 634 ℃的平台对应于 C—C=O（C）的断裂温度。当温度升高到 650 ℃左右时，PEEK 完全分解。两种聚合物的动态热机械曲线（损耗因子和储能模量）如图 2-51（b）和（c）所示，PI 分子的 α 松弛开始于 250 ℃左右，这归因于分子的链段运动。从损耗因子曲

线可以看出，PI 的次级松弛发生在 50~200 ℃范围内，而且损耗因子有大幅度的
降低，这与侧基的振动相对应。PEEK 呈现出与 PI 不同的热机械行为。PEEK 的
α 松弛发生在玻璃化转变温度 T_g 附近约 150 ℃（图 2-51（b））。并且储能模量在
150 ℃左右开始快速下降，对应较高的损耗因子。另外，从上述结果中还可以看
出：50~150 ℃的范围内，PEEK 表现出比 PI 更高的储能模量；然而，150~
200 ℃的温度范围内，PI 比 PEEK 储能模量大。

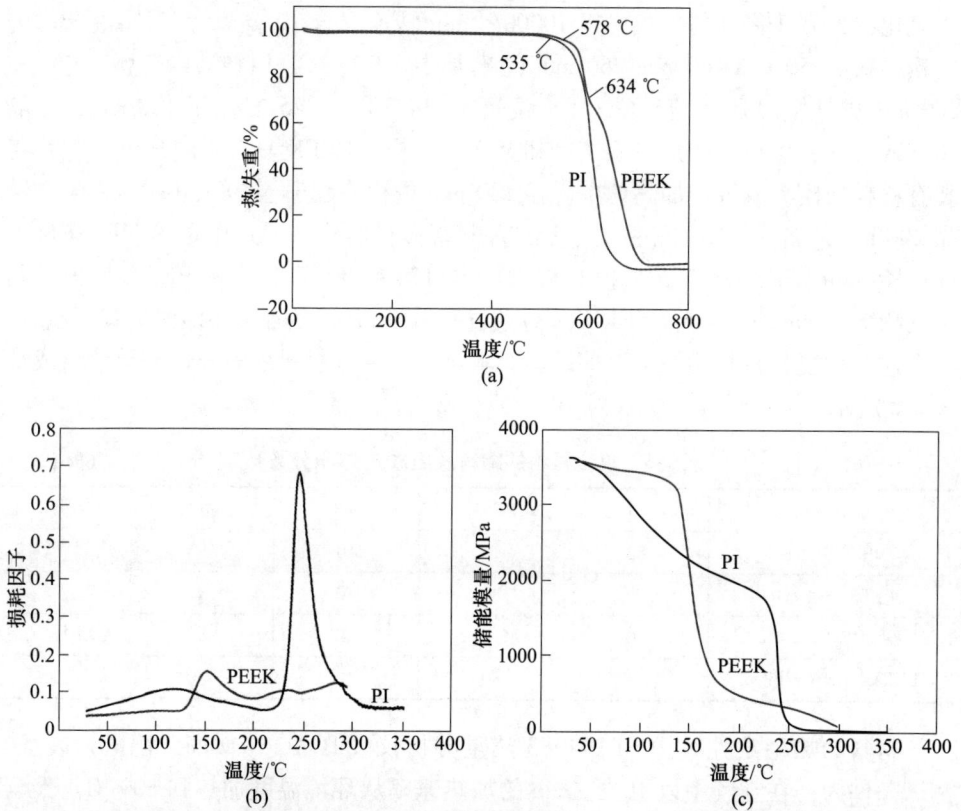

图 2-51　PI 和 PEEK 材料的热失重（a）、损耗因子（b）和储能模量（c）

2.6.3　不同 PV 条件下聚酰亚胺复合材料的摩擦学行为

复合材料的摩擦学性能使用 MW-6000 销盘式（Pin-On-Disc，POD，兰州华
汇仪器科技有限公司，中国）摩擦磨损实验机，测试时间为 5 h。POD 测试示意
结构如图 2-52 所示，圆柱形聚合物的尺寸为 $\phi4.75$ mm×15 mm，轴承钢
（GCr15，中国 GB/T 18254—2002）作为对偶，平均表面粗糙度约为 0.25 μm。
每次测试之前，用 SiC 金相砂纸打磨对偶以获得所需的起始粗糙度，用三维轮廓
仪（MicroXAM-3D Surface Profiler）检测其表面的平均线性粗糙度（R_a）。每次测

试之前将样品放在超声波浴中用丙酮彻底清洁 30 min。摩擦实验载荷的变化范围在 2~40 MPa，速度从 0.5~1 m/s，具体参数见表 2-6。

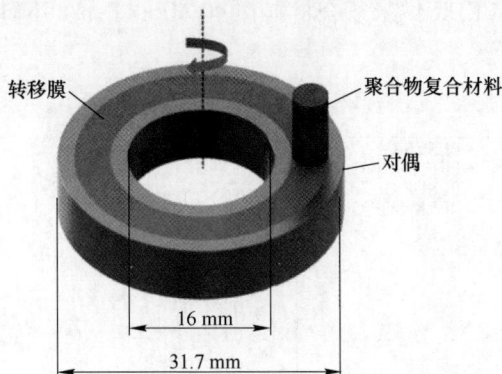

图 2-52　销盘式的摩擦接触方式

表 2-6　载荷和速度的具体数值

PV/MPa·m·s⁻¹	1	2	4	8	10	20	40
载荷/N	35.4	35.4	70.8	141.6	177	354	708
p/MPa	2	2	4	8	10	20	40
v/m·s⁻¹	0.5	1	1	1	1	1	1

图 2-53 提供了 PI 和 PEEK 常规复合材料与纳米复合材料的摩擦系数以及磨损率的结果。常规复合材料的摩擦过程持续到 20 MPa×1 m/s 就开始发生热变形；对于纳米复合材料，由于摩擦力量程的限制，最高加载为 40 MPa×1 m/s。而且尝试进一步增加载荷或速度，复合材料的摩擦学性能无明显改善。低 PV 时，即 2 MPa×0.5 m/s 时，PI 常规复合材料与纳米复合材料的摩擦系数分别 0.17 和 0.14，磨损率分别为 $0.90×10^{-6}$ mm³/(N·m) 和 $0.61×10^{-6}$ mm³/(N·m)。同样地，PEEK 的摩擦系数分别为 0.11 和 0.12，磨损率分别为 $1.40×10^{-6}$ mm³/(N·m) 和 $1.41×10^{-6}$ mm³/(N·m)。因此，低 PV 时，复合材料中引入二氧化硅纳米颗粒对摩擦系数和磨损率影响不大。4 MPa×1 m/s 时，聚酰亚胺常规复合材料的摩擦系数和磨损率达到最大值，而聚醚醚酮常规复合材料的变化趋势完全不同于聚酰亚胺。

随着 PV 值的提高，纳米复合材料的摩擦系数和磨损率持续下降。因此，SiO_2 的加入显著影响了复合材料的摩擦学性能，尤其是在高于 2 MPa×0.5 m/s 的条件下，摩擦系数和磨损率明显降低。当 PV 值从 2 MPa×0.5 m/s 增加到 40 MPa×1 m/s 时，PI/SCF/Gr/SiO₂ 摩擦系数从 0.14 降低到 0.03，磨损率从 $6.69×10^{-7}$ mm³/(N·m) 减小到 $1.25×10^{-7}$ mm³/(N·m)。同样，40 MPa×1 m/s

时，PEEK/SCF/Gr/SiO$_2$ 的摩擦系数和磨损率分别为 0.04 和 1.29 × 10^{-7} mm^3/(N·m)。该结果低于文献报道的碳纤维增强聚合物的干摩擦系数。因此，我们认为 PI 和 PEEK 纳米复合材料在 40 MPa×1 m/s 下具有超低的摩擦和磨损性能。

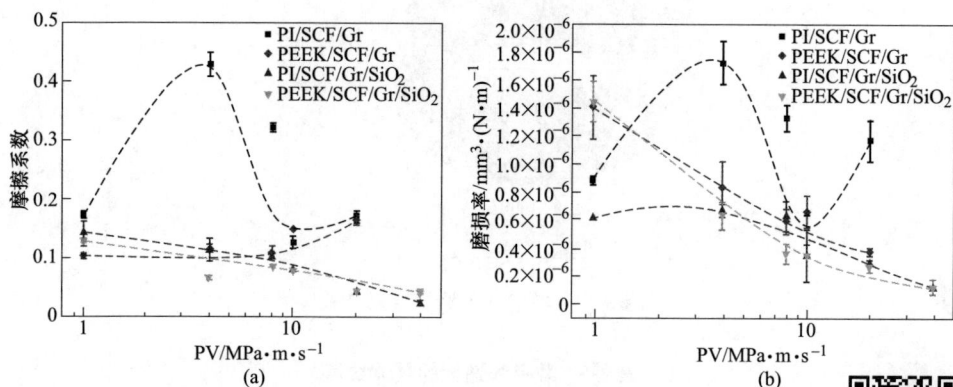

图 2-53　PI 和 PEEK 复合材料在不同 PV 的平均摩擦系数（a）和磨损率（b）

PI/SCF/Gr—聚酰亚胺/碳纤维/石墨烯；PEEK/SCF/Gr—聚醚醚酮/碳纤维/石墨烯；

PI/SCF/Gr/SiO$_2$—聚酰亚胺/碳纤维/石墨烯/二氧化硅；

PEEK/SCF/Gr/SiO$_2$—聚醚醚酮/碳纤维/石墨烯/二氧化硅

图 2-53 彩图

另外，图 2-54 分别比较了 40 MPa×1 m/s 空气环境（干摩擦）和聚 α-烯烃（PAO）油润滑条件下两种纳米复合材料的摩擦系数。结果表明，PAO 油润

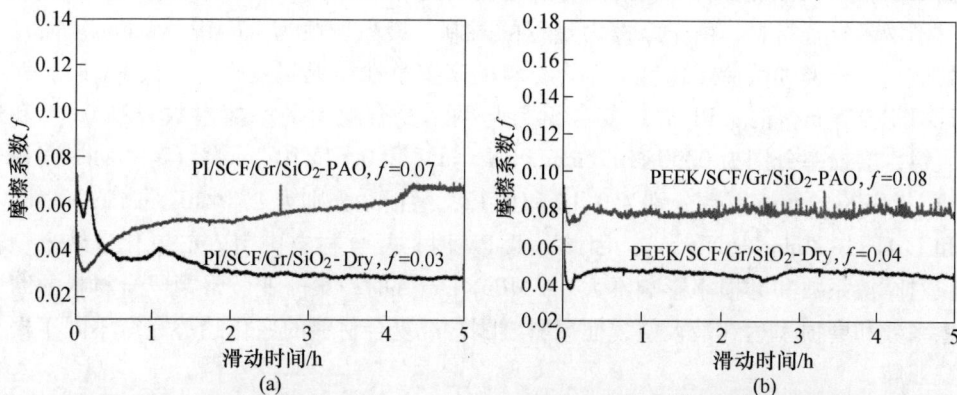

图 2-54　40 MPa×1 m/s 时 PI/SCF/Gr/SiO$_2$ 和 PEEK/SCF/Gr/SiO$_2$ 纳米复合材料

在干摩擦（a）和 PAO 润滑（b）条件下摩擦系数的变化趋势

PI/SCF/Gr/SiO$_2$-Dry—聚酰亚胺/碳纤维/石墨烯/二氧化硅-干摩擦；PI/SCF/Gr/SiO$_2$-PAO—聚酰

亚胺/碳纤维/石墨烯/二氧化硅-油润滑；PEEK/SCF/Gr/SiO$_2$-Dry—聚醚醚酮/碳纤维/

石墨烯/二氧化硅-干摩擦；PEEK/SCF/Gr/SiO$_2$-PAO—聚醚醚酮/碳纤维/石墨烯/二氧化硅-油润滑

滑条件下，PI/SCF/Gr/SiO$_2$ 和 PEEK/SCF/Gr/SiO$_2$ 的摩擦系数分别为 0.07 和 0.08，明显高于干摩擦条件下的摩擦系数。推测，纳米复合材料在干摩擦条件下超低摩擦和磨损归因于金属对偶表面形成的高承载性和高润滑性的转移膜。然而，油的存在阻碍了润滑转移膜的形成。另外，摩擦过程处于混合润滑状态，即油膜和固-固接触都有承载作用。

2.6.4 不同 PV 条件下聚酰亚胺复合材料的摩擦润滑机理

研究表明金属对偶表面形成的转移膜的结构和组成对复合材料的摩擦行为起重要作用，因此，重点分析了聚酰亚胺复合材料转移膜的结构和组成。如图 2-55（a）所示，EDS 分析表明，当 PI/SCF/Gr 与 GCr15 在 2 MPa×0.5 m/s 条件下摩擦时，主要形成了碳基的转移膜（箭头指示），转移的复合材料不仅填充在对偶的沟槽之间，并分布在沟槽之间突起的区域。因此，转移膜的形成主要以

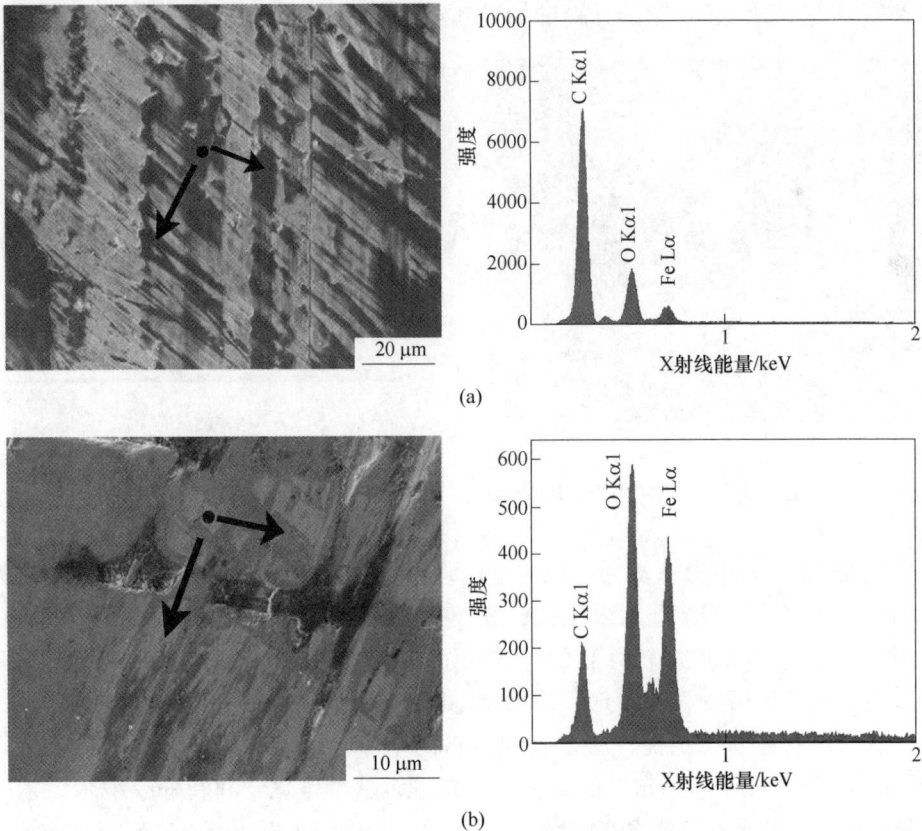

图 2-55 PI/SCF/Gr 复合材料在 2 MPa×0.5 m/s（a）和
4 MPa×1 m/s（b）时的 SEM 图和 EDS 分析

材料转移为主。如图 2-55（b）所示，当 PV 值提高到 4 MPa×1 m/s 时，形成的碳基转移膜不稳定，金属对偶表面比较光滑（箭头所示），没有转移材料的堆积。EDS 能谱表明，金属表面主要发生了氧化，导致摩擦界面的直接接触，摩擦界面间的黏着力增加，摩擦系数和磨损率也随之提高。原因在于摩擦过程中纤维端部与金属对偶的界面应力集中产生较高的闪温，促使摩擦氧化发生。

　　图 2-56 给出了 2 MPa×0.5 m/s 时 PI/SCF/Gr/SiO$_2$ 纳米复合材料在金属对偶表面形成的转移膜的形貌和元素。当 PI/SCF/Gr/SiO$_2$ 与 GCr15 摩擦时，得到的转移膜结构比较均匀，二氧化硅的加入缓和了摩擦氧化现象。EDS 分析表明覆盖在对偶突起部分的"灰色区域"主要由二氧化硅组成（图 2-56（b）），另外还有少量的碳材料和氧化铁。在对偶的沟槽中发现了转移的磨屑和少量的氧化铁，与之前对环氧纳米复合材料的研究结果一致。纳米复合材料转移膜的形成可总结为：摩擦过程中，在机械剪切力的反复作用下二氧化硅纳米颗粒从聚合物基体中释放出来，在金属对偶表面不断地堆积、压实，最后，与对偶表面的氧化层以及转移的复合材料烧结成具有复杂结构的纳米基转移膜。

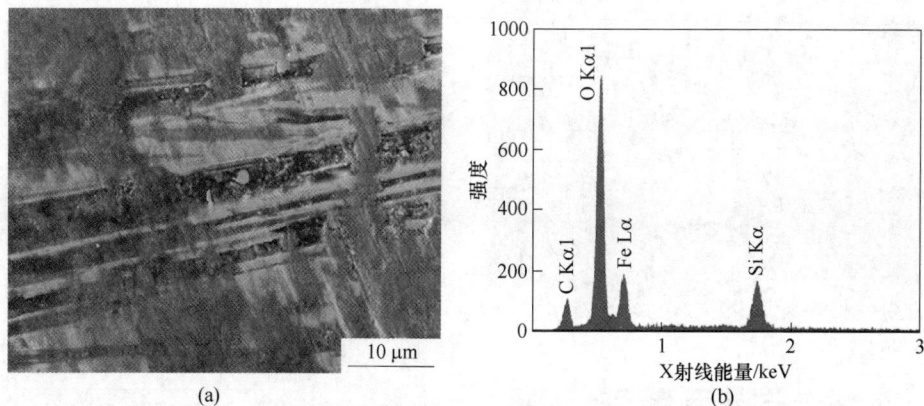

图 2-56　2 MPa×0.5 m/s 时 PI/SCF/Gr/SiO$_2$ 复合材料转移膜的 SEM（a）和 EDS 分析（b）

　　随着 PV 值的提高，界面作用明显增强，应力集中和界面闪温容易发生，因此，聚合物基体的降解、纳米颗粒的释放和摩擦氧化更加活跃。Österle 等报道，PV 值对环氧复合材料的转移膜的结构和组成有重要影响。研究结果表明，当摩擦发生在 4 MPa×1 m/s 以上时，PI 纳米复合材料形成了二氧化硅基转移膜，这种转移膜具有较高稳定性，所以复合材料的摩擦学性能较好。为了阐明极端高 PV 条件下纳米复合材料超低的摩擦磨损机理，从摩擦化学和转移膜纳米结构的角度进行了系统分析。图 2-57 给出了 40 MPa×1 m/s 时 PI/SCF/Gr/SiO$_2$ 与轴承钢对摩之后，复合材料及对偶的磨损形貌。如图 2-57（a）所示，纳米复合材料的转移膜中含有较高比例的二氧化硅覆盖在金属表面，而转移的复合材料主要填充在凹槽中。另外，纳米颗粒堆积在复合材料磨损表面的纤维附近（图2-57（b））。因此，可以得出结论：聚集在纤维周围的纳米颗粒在摩擦过程中可以不断地补充转移膜，从而维持二氧化硅基转移膜的稳定性。

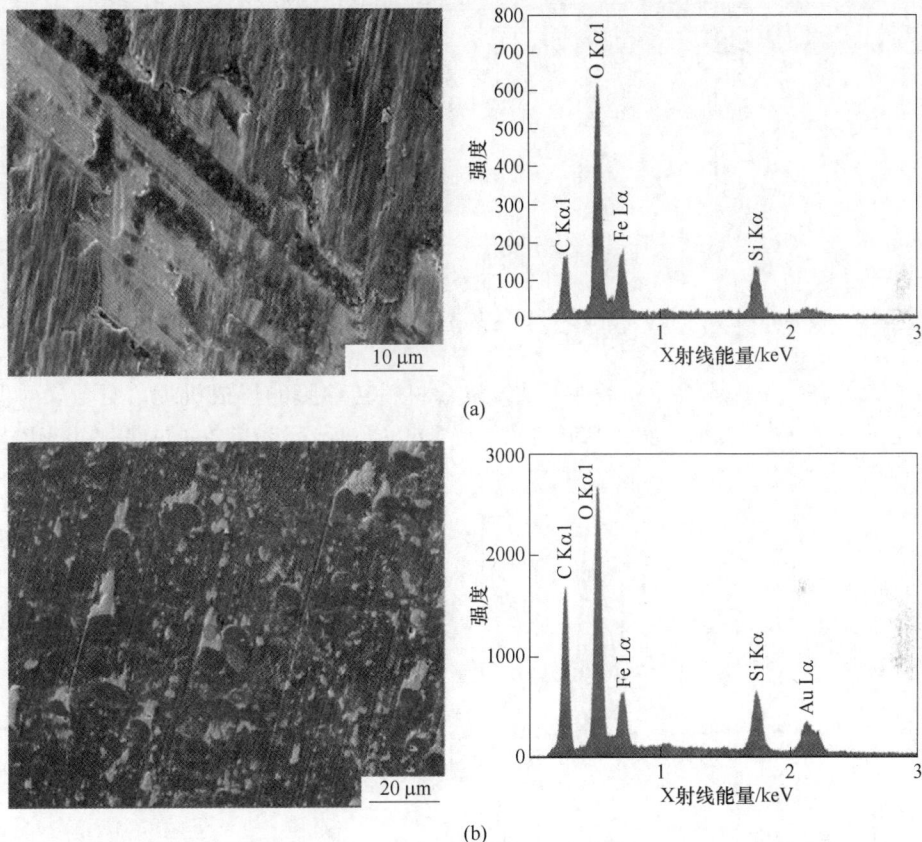

(a)

(b)

图 2-57 40 MPa×1 m/s 时 PI/SCF/Gr/SiO₂复合材料的转移膜（a）
及磨损面（b）的 SEM 和 EDS

图 2-58 给出了纳米复合材料及其在轴承钢表面形成的转移膜的 ATR-FTIR 光谱。基于对 PI/SCF/Gr/SiO₂ 转移膜的红外光谱研究，发现在 1714 cm^{-1}、1614 cm^{-1} 和 1375 cm^{-1} 处对应 PI 的 N—C=O（图 2-58 中 I），在 1230 cm^{-1} 处的吸收峰归因于聚酰亚胺中的 C=O。然而，聚酰亚胺的上述吸收峰在 40 MPa×1 m/s 时形成的转移膜中消失。在 1020 cm^{-1} 和 580 cm^{-1} 处的红外吸收峰分别对应转移膜中 SiO_2 的 Si—O—Si 和 Fe_2O_3 的 Fe—O（图 2-58 中 II），结果证明释放的纳米颗粒以及摩擦氧化产物在摩擦界面上发生机械混合。除此之外，在 1568 cm^{-1} 和 1404 cm^{-1} 处发现了新的化合物 Fe_2(R—COO)（羧酸盐）。

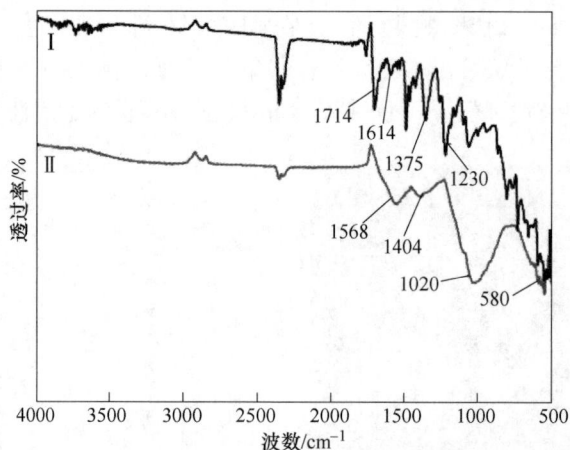

图 2-58　40 MPa×1 m/s 时 PI/SCF/Gr/SiO$_2$复合材（Ⅰ）和对应转移膜（Ⅱ）的 ATR-FTIR

为了进一步探索高 PV 条件下纳米复合材料转移膜的形成机理，对金属对偶表面进行了 XPS 分析。如图 2-59 所示，当 PI/SCF/Gr/SiO$_2$与金属对偶在 40 MPa×

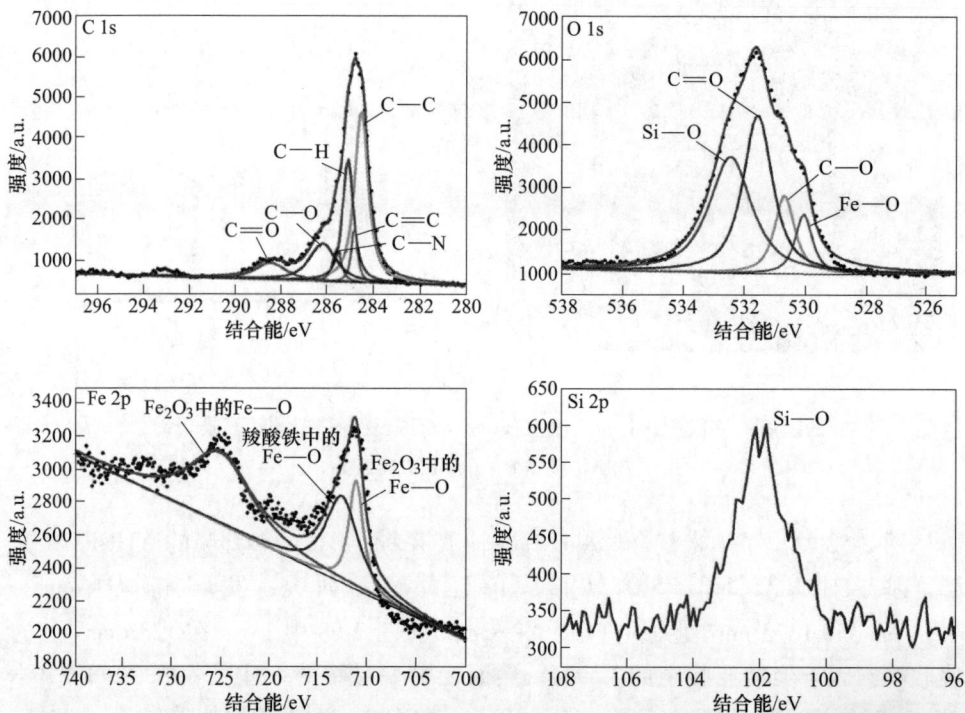

图 2-59　PI/SCF/Gr/SiO$_2$在 40 MPa×1 m/s 时轴承钢表面
形成转移膜的 C 1s、O 1s、Fe 2p、Si 2p 的 XPS 能谱　　　图 2-59 彩图

1 m/s 条件下摩擦时，XPS 谱图给出了转移膜中 C 1s、O 1s、Fe 2p 和 Si 2p 的结合能。从 C 1s 谱图可以看出，284.5 eV、284.9 eV、285.1 eV 和 285.5 eV 分别对应于 C—C、C≡C、C—H 和 C—N 能谱。而在 286.2 eV 和 288.4 eV 的能谱对应羧酸基团中的 C—O 和 C=O，结果证明聚酰亚胺的热分解及其分解产物能够与空气中 O_2 或 H_2O 发生反应。O 1s 能谱中 532.40 eV 和 Si 2p 能谱中的103.0 eV 证明了 SiO_2 中 Si—O 的存在。此外，O 1s 能谱中 531.50 eV 和 530.60 eV 处的峰归属于 C=O 和 C—O，而在 529.8 eV 处的峰对应 Fe_2O_3 中的晶格氧。

　　通过对转移膜表面结构和成分的分析，可以认为：高 PV 条件下摩擦界面发生了复杂的摩擦物理化学反应。当聚酰亚胺纳米复合材料与轴承钢摩擦时，由于机械剪切力和摩擦诱导热的作用，聚酰亚胺分子链中的 C—O 键被破坏，产生了碳自由基和氧自由基。如图 2-60 所示，不稳定的碳自由基可以与空气环境中的 O_2 或 H_2O 反应形成过氧自由基。另外，酰胺键断裂产生的羧酸，可以与金属反应生成金属有机化合物。通过氧自由基的氧化获得的过氧化物自由基可直接与金属结合，这与 Gao[51] 报道的聚四氟乙烯摩擦界面化学反应机理类似。聚醚醚酮纳米复合材料的摩擦界面，也发生了类似的自由基反应和螯合作用，由于分子结构的差异，分子链断裂位置不同。这种通过化学反应得到的转移膜的结构比较稳定，能够在极端的摩擦条件下起到减摩作用。

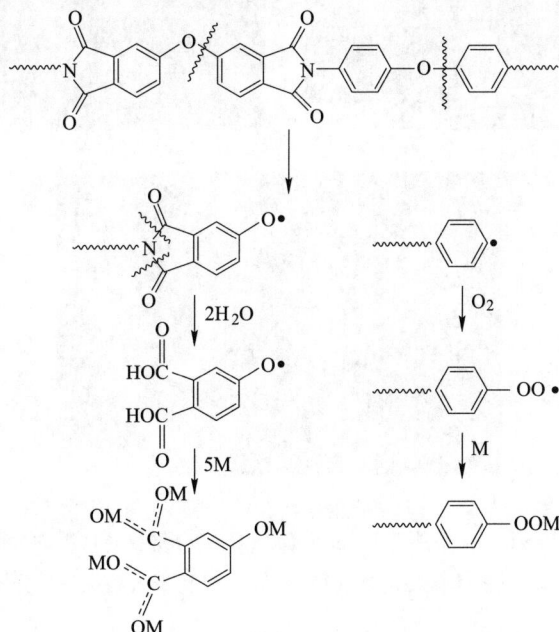

图 2-60　PI 在机械力和摩擦热作用下分子链的断裂示意图
（给出了碳自由基和氧自由基的生成及与水或氧的反应机理及相关的螯合反应）

　　为了深入了解转移膜的纳米结构，对转移膜的断面进行了 FIB-TEM 分析。图 2-61 提供了 40 MPa×1 m/s 时 PI/SCF/Gr/SiO$_2$ 与 GCr15 摩擦后得到的转移膜的截面。结果表明，转移膜均匀地覆盖在对偶表面，厚度大约为 300 nm。进一步分析发现转移膜内部结构不均匀，主要包括区域Ⅰ（Z-Ⅰ）和区域Ⅱ（Z-Ⅱ）两种不同的结构，如图 2-61（a）所示。另外，在转移膜中发现平行于滑动方向出现了带状区域，如图中箭头所示。

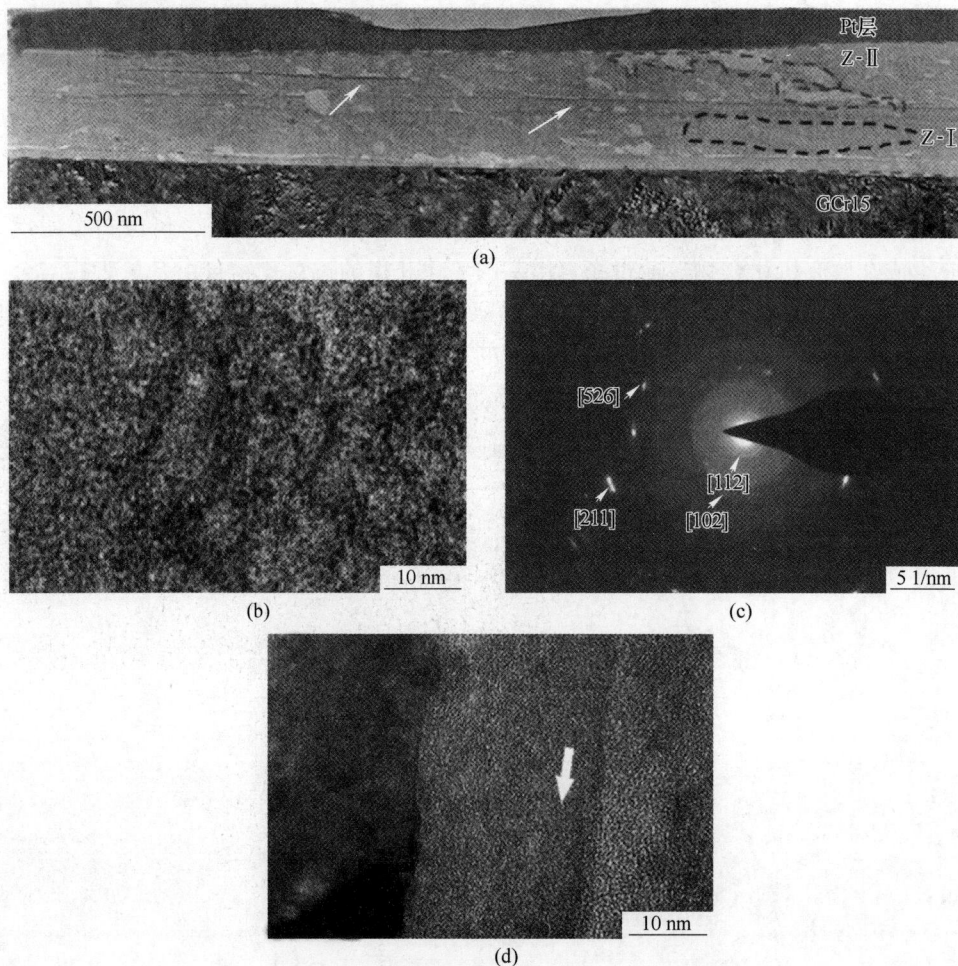

图 2-61　40 MPa×1 m/s 条件下 PI/SCF/Gr/SiO$_2$ 复合材料转移膜的截面 TEM（a）、
高分辨透射（b）、Z-Ⅰ区域的选区衍射（c）以及带状结构的高分辨透射（d）

　　基于上述摩擦化学反应和转移膜结构的分析，图 2-62 给出了在高 PV 条件下形成纳米复合材料转移膜结构的示意图。首先，聚合物基体与金属对偶的表面机械剪切力和摩擦热是引起界面物理化学反应的必要条件。此外，自由基的化学反应和螯合作用是提高转移膜与金属对偶表面之间结合强度的重要因素。由于聚合物基体在摩擦界面被反复剪切导致自身发生热降解，使得二氧化硅纳米颗粒从聚合物磨屑中释放出来。然后转移的磨屑如二氧化硅、氧化铁、石墨和残余聚合物被烧结成致密的转移膜。另外，由于摩擦界面上较高的温度，转移膜中的聚合物呈现出黏性流动行为，因此可提供流体润滑作用。聚合物的黏性流动以及二氧化硅基转移膜的易剪切性能赋予纳米复合材料较高的摩擦学性能。此外，转移膜中的硬质成分，即二氧化硅和氧化铁提高了转移膜的承载能力。因此，纳米复合材料超低摩擦和磨损主要归因于形成的高性能转移膜。

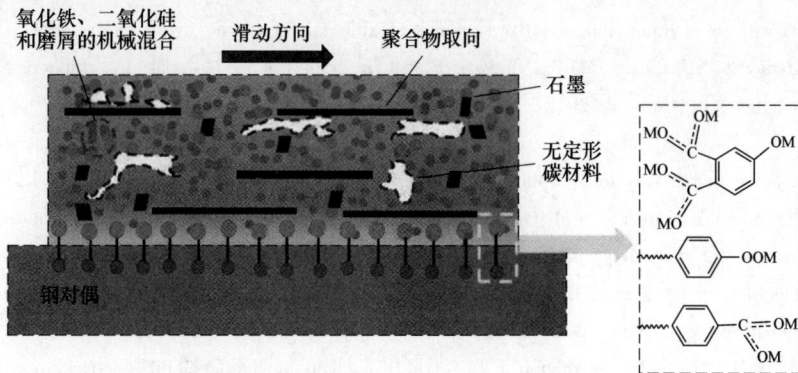

图 2-62　纳米复合材料在高 PV 条件下转移膜的形成机理

2.6.5　小结

本节研究了空气环境中聚酰亚胺常规复合材料和纳米复合材料在不同 PV 条件下的摩擦学行为。揭示了复合材料的摩擦学性能与聚合物分子结构及 PV 的依赖性。二氧化硅纳米粒子的加入降低了复合材料的摩擦和磨损。在极端高 PV 条件下（40 MPa×1 m/s），填充有纳米颗粒的 PI/SCF/Gr/SiO$_2$ 和 PEEK/SCF/Gr/SiO$_2$ 出现了超低摩擦系数和磨损率，摩擦系数为 0.03~0.04，低于同等条件下 PAO 润滑时得到的摩擦系数，并且低于文献报道的其他纤维增强聚合物复合材料。此外，通过对转移膜纳米结构的分析得出了以下减摩机理：

（1）摩擦界面的机械剪切作用和摩擦热导致了摩擦化学反应的发生，如聚合物分子链的断裂、自由基的氧化以及自由基和金属的螯合，有效地提高了转移膜和金属对偶之间的结合，有利于实现极端摩擦条件下稳定的润滑。

（2）FIB-TEM 分析证明，高 PV 条件下摩擦时，纳米复合材料摩擦界面发生了二氧化硅、氧化铁以及剩余磨屑的烧结，形成了二氧化硅基转移膜，赋予其较高的承载性和润滑性。

（3）从转移膜的断面结构中观察到了转移膜中的聚合物分子的高取向，推测在摩擦过程中发生了聚合物分子的黏性流动，这种黏性流动可以提高转移膜易剪切的特征，而且具有流体润滑的效果。

参 考 文 献

［1］ Feng X, Kwon S, Park J Y, et al. Superlubric sliding of graphene nanoflakes on graphene ［J］. ACS Nano, 2013, 7 (2): 1718.

［2］ Filleter T, Mcchesney J L, Bostwick A, et al. Friction and dissipation in epitaxial graphene films. ［J］. Physical Review Letters, 2009, 102 (8): 86102.

［3］ Zhao F, Zhang L, Li G, et al. Significantly enhancing tribological performance of epoxy by filling with ionic liquid functionalized graphene oxide ［J］. Carbon, 2018, 136: 309-319.

［4］ Kandanur S S, Rafiee M A, Yavari F, et al. Suppression of wear in graphene polymer composites ［J］. Carbon, 2012, 50 (9): 3178-3183.

［5］ Shen X, Pei X Q, Fu S Y, et al. Significantly modified tribological performance of epoxy nanocomposites at very low graphene oxide content ［J］. Polymer, 2013, 54 (3): 1234-1242.

［6］ Tai Z, Chen Y, An Y, et al. Tribological behavior of UHMWPE reinforced with graphene oxide nanosheets ［J］. Tribology Letters, 2012, 46 (1): 55-63.

［7］ Hummers W S, Offeman R E. Preparation of graphitic oxide ［J］. Journal of the American Chemical Society, 1958, 208: 1334-1339.

［8］ Luong N D, Hippi U, Korhonen J T, et al. Enhanced mechanical and electrical properties of polyimide film by graphene sheets via in situ polymerization ［J］. Polymer, 2011, 52 (23): 5237-5242.

［9］ 段春俭, 崔宇, 王超, 等. 高温条件下热固性聚酰亚胺摩擦学性能研究 ［J］. 摩擦学学报, 2017, 37 (6): 717-724.

［10］ Li J, Cheng X H. Evaluation of tribological performance of surface-treated carbon fiber-reinforced thermoplastic polyimide composite ［J］. Journal of Applied Polymer Science, 2008, 107 (2): 1147-1153.

［11］ Wu G, Cheng Y, Wang Z, et al. In situ polymerization of modified graphene/polyimide composite with improved mechanical and thermal properties ［J］. Journal of Materials Science: Materials in Electronics, 2017, 28 (1): 576-581.

［12］ Huang T, Xin Y, Li T, et al. Modified graphene/polyimide nanocomposites: reinforcing and tribological effects. ［J］. Acs Applied Materials & Interfaces, 2013, 5 (11): 4878-4891.

［13］ Qi H, Li G, Zhang G, et al. Impact of counterpart materials and nanoparticles on the transfer film structures of polyimide composites ［J］. Materials & Design, 2016, 109: 367-377.

［14］ Qi H, Zhang G, Chang L, et al. Ultralow friction and wear of polymer composites under extreme unlubricated sliding conditions ［J］. Advanced Materials Interfaces, 2017: 1601171.

［15］ Nie P, Min C, Song H J, et al. Preparation and tribological properties of polyimide/carboxyl-functionalized multi-walled carbon nanotube nanocomposite films under seawater lubrication ［J］. Tribology Letters, 2015, 58 (1): 7.

［16］ Qi H, Zhang L, Zhang G, et al. Comparative study of tribochemistry of ultrahigh molecular weight polyethylene, polyphenylene sulfide and polyetherimide in tribo-composites [J]. Journal of Colloid & Interface Science, 2018, 514: 615-624.

[17] 李玉芳, 伍小明. 聚酰亚胺树脂生产和应用进展 [J]. 国外塑料, 2009, 27 (9): 32-37.

[18] Hou K, Wang J, Yang Z, et al. One-pot synthesis of reduced graphene oxide/molybdenum disulfide heterostructures with intrinsic incommensurateness for enhanced lubricating properties [J]. Carbon, 2017, 115 (Complete): 83-94.

[19] 周杰, 吴进军, 杨友胜, 等. 海水润滑下几种聚酰亚胺材料高副摩擦学性能 [J]. 润滑与密封, 2017, 42 (12): 100-103.

[20] Hou K, Gong P, Wang J, et al. Structural and tribological characterization of fluorinated graphene with various fluorine contents prepared by liquid-phase exfoliation [J]. Rsc Advances, 2014, 4 (100): 56543-56551.

[21] Theiler G, Gradt T. Tribological characteristics of polyimide composites in hydrogen environment [J]. Tribology International, 2015, 92: 162-171.

[22] Rideout D C, Breslow R. Hydrophobic acceleration of diels-alder reactions [J]. Journal of the American Chemical Society, 1980, 102: 7816-7817.

[23] Ding M. Isomeric polyimides [J]. Progress in Polymer Science, 2007, 32 (6): 623-668.

[24] Berman D, Erdemir A. Approaches for achieving superlubricity in two-dimensional materials [J]. ACS Nano, 2018, 12 (3): 2122-2137.

[25] Cai C, Lien A, Andry P, et al. Dry vertical alignment method for multi-domain homeotropic thin-film-transistor liquid crystal displays [J]. Japanese Journal of Applied Physics, 2001, 40: 6913-6917.

[26] Stern S A, Mi Y, Yamamoto H, et al. Structure/permeability relationships of polyimide membranes. Applications to the separation of gas mixtures [J]. Journal of Polymer Science Part B Polymer Physics, 1989, 27 (9): 1887-1909.

[27] Yang Z, Wang Q, Wang T. Engineering hyperbranched polyimide membrane for shape memory and CO_2 capture [J]. J. Mater. Chem. A, 2017, 26 (5): 10. 1039.

[28] Ning W, Wang Z H, Liu P, et al. Multifunctional super-aligned carbon nanotube/polyimide composite film heaters and actuators [J]. Carbon, 2018, 139: 1136-1143.

[29] Zhao M, Meng L, Ma L, et al. Layer-by-layer grafting CNTs onto carbon fibers surface for enhancing the interfacial properties of epoxy resin composites [J]. Composites Science and Technology, 2018, 154: 28-36.

[30] Hu C, Qi H, Yu J, et al. Significant improvement on tribological performance of polyimide composites by tuning the tribofilm nanostructures [J]. Journal of Materials Processing Technology, 2020, 281: 116602.

[31] Zhang G, Häusler I, Österle W, et al. Formation and function mechanisms of nanostructured tribofilms of epoxy-based hybrid nanocomposites [J]. Wear, 2015, 342: 181-188.

[32] Liu G, Zhang L, Li G, et al. Tuning the tribofilm nanostructures of polymer-on-metal joint replacements for simultaneously enhancing anti-wear performance and corrosion resistance

［J］. Acta Biomaterialia, 2019, 87: 285-295.

［33］ Che Q L, Zhang G, Zhang L G, et al. Switching brake materials to extremely wear-resistant self-lubrication materials via tuning interface nanostructures ［J］. ACS Applied Materials & Interfaces, 2018, 10 (22): 19173-19181.

［34］ Chen B, Jia Y, Zhang M, et al. Tribological properties of epoxy lubricating composite coatings reinforced with core-shell structure of CNF/MoS$_2$ hybrid ［J］. Composites Part A: Applied Science and Manufacturing, 2019, 122: 85-95.

［35］ Padenko E, Van Rooyen L J, Karger-Kocsis J. Transfer film formation in PTFE/oxyfluorinated graphene nanocomposites during dry sliding ［J］. Tribology Letters, 2017, 65 (2): 36.

［36］ Huai Y, Plackowski C, Peng Y. The effect of gold coupling on the surface properties of pyrite in the presence of ferric ions ［J］. Applied Surface Science, 2019, 488: 277-283.

［37］ Dong X, Shao Y, Zhang X, et al. Synthesis and properties of magnetically separable Fe$_3$O$_4$/TiO$_2$/Bi$_2$O$_3$ photocatalysts ［J］. Research on Chemical Intermediates, 2014, 40 (8): 2953-2961.

［38］ Xu M D. Mechanistic studies of the thermal decomposition of metal carbonyls on Ni (100) surfaces in connection with chemical vapor deposition processes ［J］. Journal of Vacuum Science & Technology A Vacuum Surfaces & Films, 1996, 14 (2): 415-424.

［39］ Srivastava S, Badrinarayanan S. X-ray photoelectron spectra of metal complexes of substituted 2, 4-pentanediones ［J］. Polyhedron, 1985, 4 (3): 409-414.

［40］ Pitenis A A, Harris K L, Junk C P, et al. Ultralow wear PTFE and alumina composites: it is all about tribochemistry ［J］. Tribology Letters, 2015, 57 (2): 4.

［41］ Ding Z Y, Li F, Wen J, et al. Gram-scale synthesis of single-crystalline graphene quantum dots derived from lignin biomass ［J］. Green Chem, 2018, 20 (6): 1383-1390.

［42］ Gong Z, Shi J, Zhang B, et al. Graphene nano scrolls responding to superlow friction of amorphous carbon ［J］. Carbon, 2017, 116: 310-317.

［43］ Cirone J, Ahmed S R, Wood P C, et al. Green synthesis and electrochemical study of cobalt/graphene quantum dots for efficient water splitting ［J］. The Journal of Physical Chemistry C, 2019, 123 (14): 9183-9191.

［44］ Guo Y, Guo L, Li G, et al. Solvent-free ionic nanofluids based on graphene oxide-silica hybrid as high-performance lubricating additive ［J］. Applied Surface Science, 2019, 471: 482-493.

［45］ Zhang L, Pu J, Wang L, et al. Synergistic effect of hybrid carbon nanotube-graphene oxide as nanoadditive enhancing the frictional properties of ionic liquids in high vacuum ［J］. ACS Appl Mater Interfaces, 2015, 7 (16): 8592.

［46］ Qi H, Hu C, Zhang G, et al. Comparative study of tribological properties of carbon fibers and aramid particles reinforced polyimide composites under dry and sea water lubricated conditions ［J］. Wear, 2019, 436-437: 203001.

［47］ Salih O S, Ou H, Sun W, et al. A review of friction stir welding of aluminium matrix composites ［J］. Materials & Design, 2015, 86: 61-71.

［48］ Khorrami M S, Samadi S, Janghorban Z, et al. In-situ aluminum matrix composite produced by friction stir processing using FE particles [J]. Materials Science and Engineering A, 2015, 641: 380-390.

[49] Zhang L, Qi H, Li G, et al. Impact of reinforcing fillers' properties on transfer film structure and tribological performance of POM-based materials [J]. Tribology International, 2017, 109: 58-68.

[50] 邵鑫, 薛群基. 纳米和微米 SiO_2 颗粒对 PPESK 复合材料摩擦学性能的影响 [J]. 机械工程材料, 2004 (6): 39-42.

[51] Gao J. Tribochemical effects in formation of polymer transfer film [J]. Wear, 2000, 245 (1/2): 100-106.

[52] Li W, Li X, Chen M, et al. AlF_3 modification to suppress the gas generation of $Li_4Ti_5O_{12}$ anode battery [J]. Electrochimica Acta, 2014, 139 (26): 104-110.

[53] Chen M, Wang X, Yu Y H, et al. X-ray photoelectron spectroscopy and auger electron spectroscopy studies of Al-doped ZnO films [J]. Applied Surface Science, 2000, 158 (1/2): 134-140.

[54] Espinós J P, Morales J, Barranco A, et al. Interface effects for Cu, CuO, and Cu_2O deposited on SiO_2 and ZrO_2. XPS determination of the valence state of copper in Cu/SiO_2 and Cu/ZrO_2 catalysts [J]. The Journal of Physical Chemistry B, 2002, 106 (27): 6921-6929.

[55] Gao C, Guoa G, Zhang G, et al. Formation mechanisms and functionality of boundary films derived from water lubricated polyoxymethylene/hexagonal boron nitride nanocomposites [J]. Materials & Design, 2017, 115: 276-286.

[56] Gong D, Xue Q, Wang H. ESCA study on tribochemical characteristics of filled PTFE [J]. Wear, 1991, 148 (1): 161-169.

[57] Bahadur S, Sunkara C. Effect of transfer film structure, composition and bonding on the tribological behavior of polyphenylene sulfide filled with nano particles of TiO_2, ZnO, CuO and SiC [J]. Wear, 2005, 258 (9): 1411-1421.

[58] Zhang G, Wetzel B, Wang Q. Tribological behavior of PEEK-based materials under mixed and boundary lubrication conditions [J]. Tribology International, 2015, 88: 153-161.

[59] Bahadur S. The Development of transfer layers and their role in polymer tribology [J]. Wear, 2000, 245 (1/2): 92-99.

[60] Österle W, Dmitriev A I, Kloß H. Assessment of sliding friction of a nanostructured solid lubricant film by numerical simulation with the method of movable cellular automata (MCA) [J]. Tribology Letters, 2014, 54 (3): 257-262.

[61] Cong P, Xiang F, Liu X, et al. Morphology and microstructure of polyamide 46 wear debris and transfer film: In relation to wear mechanisms [J]. Wear, 2008, 265 (7/8): 1100-1105.

[62] Li H L, Yin Z W, Jiang D, et al. A study of the tribological behavior of transfer films of PTFE composites formed under different loads, speeds and morphologies of the counterface [J]. Wear, 2015, 328-329: 17-27.

[63] Nuruzzaman D M, Chowdhury M A, Rahman M M, et al. Experimental investigation on friction

coefficient of composite materials sliding against SS 201 and SS 301 Counterfaces [J]. Procedia Engineering, 2015, 105: 858-864.

[64] Samad M A, Sinha S K. Effects of counterface material and UV radiation on the tribological performance of a UHMWPE/CNT nanocomposite coating on steel substrates [J]. Wear, 2011, 271 (11/12): 2759-2765.

[65] Mimaroglu A, Unal H, Arda T. Friction and wear performance of pure and glass fibre reinforced poly-ether-imide on polymer and steel counterface materials [J]. Wear, 2007, 262 (11/12): 1407-1413.

[66] Battez A H, Viesca J L, González R, et al. Friction reduction properties of a CuO nanolubricant used as lubricant for a NiCrBSi coating [J]. Wear, 2010, 268 (1): 325-328.

[67] Rodr Guez J, Mart N A, Fernández R, et al. An experimental study of the wear performance of NiCrBSi thermal spray coatings [J]. Wear, 2003, 255 (7/8/9/10/11/12): 950-955.

[68] Guo C, Zhou J, Chen J, et al. High temperature wear resistance of laser cladding NiCrBSi and NiCrBSi/WC-Ni composite coatings [J]. Wear, 2011, 270 (7): 492-498.

[69] Fernández J E, Vijande R. Sliding wear behaviour of plasma sprayed WC-NiCrBSi coatings at different temperatures [J]. Wear, 2001, 251: 1017-1022.

[70] Chang L, Friedrich K. Enhancement effect of nanoparticles on the sliding wear of short fiber-reinforced polymer composites: A critical discussion of wear mechanisms [J]. Tribology International, 2010, 43 (12): 2355-2364.

[71] Harris K L, Pitenis A A, Sawyer W G, et al. PTFE tribology and the role of mechanochemistry in the development of protective surface films [J]. Macromolecules, 2015, 48 (11): 3739-3745.

[72] Harris K, Curry J, Pitenis A, et al. Wear debris mobility, aligned surface roughness, and the low wear behavior of filled polytetrafluoroethylene [J]. Tribology Letters, 2015, 60 (1): 20.

[73] Antony J, Rendell A P, Yang R, et al. Modelling the runtime of the gaussian computational chemistry application and assessing the impacts of microarchitectural variations [C]// International Conference on Conceptual Structures, 2011.

[74] Liu J, Meng X, Duan H, et al. Two Schiff-base fluorescence probes based on triazole and benzotriazole for selective detection of Zn^{2+} [J]. Sensors & Actuators B Chemical, 2016, 227: 296-303.

[75] Kato H, Komai K. Tribofilm formation and mild wear by tribo-sintering of nanometer-sized oxide particles on rubbing steel surfaces [J]. Wear, 2007, 262 (1/2): 36-41.

[76] Berman D, Deshmukh S A, Sankaranarayanan S, et al. Macroscale superlubricity enabled by graphene nanoscroll formation [J]. Science, 2015, 348 (6239): 1118-1122.

[77] Scharf T W, Goeke R S, Kotula P G, et al. Synthesis of Au-MoS_2 nanocomposites: Thermal and friction-induced changes to the structure [J]. ACS Applied Materials & Interfaces, 2013, 5 (22): 11762-11767.

[78] Li S, Li Q, Carpick R W, et al. The evolving quality of frictional contact with graphene [J]. Nature, 2016, 539 (7630): 541-545.

[79] Kawai S, Benassi A, Gnecco E, et al. Superlubricity of graphene nanoribbons on gold surfaces [J]. Science, 2016, 351 (6276): 957.

[80] Zhao J, Mao J, Li Y, et al. Friction-induced nano-structural evolution of graphene as a lubrication additive [J]. Applied Surface Science, 2018, 434: 21-27.

[81] Hone J, Carpick R W. Friction, slippery when dry [J]. Science, 2015, 348 (6239): 1087-1088.

[82] Wang Q, Zhang X, Pei X. Study on the friction and wear behavior of basalt fabric composites filled with graphite and nano-SiO$_2$ [J]. Materials & Design, 2010, 31: 1403-1409.

[83] Wang Q, Xue Q, Liu H, et al. The effect of particle size of nanometer ZrO$_2$ on the tribological behaviour of PEEK [J]. Wear, 1996, 198 (1/2): 216-219.

[84] Wang Q, Xu, J, Shen W, et al. An investigation of the friction and wear properties of nanometer Si$_3$N$_4$ filled PEEK [J]. Wear, 1996, 196: 82-86.

[85] Wang Q H, Xue Q J, Liu W M, et al. The friction and wear characteristics of nanometer SiC and polytetrafluoroethylene filled polyetheretherketone [J]. Wear, 2000, 243 (1/2): 140-146.

[86] Schwartz C J, Bahadur S. The role of filler deformability, filler-polymer bonding, and counterface material on the tribological behavior of polyphenylene sulfide (PPS) [J]. Wear, 2001, 251 (1): 1532-1540.

[87] Voort J V, Bahadur S. The growth and bonding of transfer film and the role of CuS and PTFE in the tribological behavior of PEEK [J]. Wear, 1995, 181-183: 212-221.

[88] Song J, Valefi M, Rooij M D, et al. The effect of an alumina counterface on friction reduction of CuO/3Y-TZP composite at room temperature [J]. Wear, 2012, 274-275: 75-83.

[89] Suh M S, Chae Y H, Kim S S. Friction and wear behavior of structural ceramics sliding against zirconia [J]. Wear, 2008, 264 (9): 800-806.

[90] Chang L, Zhang Z. Tribological properties of epoxy nanocomposites. Part II. A combinative effect of short carbon fibre with nano-TiO$_2$ [J]. Wear, 2006, 260 (7/8): 869-878.

[91] Guo L, Zhang G, Wang D, et al. Significance of combined functional nanoparticles for enhancing tribological performance of PEEK reinforced with carbon fibers [J]. Composites Part A: Applied Science and Manufacturing, 2017, 102: 400-413.

[92] Sebastian R, Noll A, Zhang G, et al. Friction and wear of PPS/CNT nanocomposites with formation of electrically isolating transfer films [J]. Tribology International, 2013, 64: 187-195.

[93] Österle W, Dmitriev A I, Wetzel B, et al. The role of carbon fibers and silica nanoparticles on friction and wear reduction of an advanced polymer matrix composite [J]. Materials & Design, 2016, 93: 474-484.

3 水/油润滑条件下聚酰亚胺的
摩擦学性能

‹‹‹

3.1 海水环境下聚酰亚胺复合材料的摩擦学行为及机理

3.1.1 引言

随着我国海洋装备和工程的快速发展，现代海洋船舶和装备中越来越多的运动机构直接采用海水润滑[1-3]，这样不仅能够简化润滑与密封设计，降低制造成本，还可避免因润滑油泄漏而造成的海水污染。然而，由于海水黏度较低，水膜承载能力较差，海水润滑下的运动机构常处于混合和边界润滑状态，摩擦副固-固接触承担绝大部分载荷，因此容易发生较大的摩擦磨损。此外，海水是具有复杂成分的润滑体系，金属在海水中会发生电化学腐蚀，摩擦副间的刮擦作用会破坏金属表面具有保护作用的钝化膜，新鲜暴露的金属表面更易于被海水腐蚀，而金属腐蚀又会降低其表面的耐磨性，导致腐蚀与磨损交互促进[4-5]。所以，我国海洋装备技术的迅猛发展，对海水润滑摩擦副的使用寿命和可靠性提出了越来越高的要求，使用聚合物运动摩擦副也受到越来越多的关注。

因此，本节工作主要研究芳纶颗粒（AF）、碳纤维（SCF）和聚四氟乙烯（PTFE）填充的常规聚酰亚胺复合材料 PI/AP/PTFE 和 PI/SCF/PTFE 与铜合金在海水润滑及干摩擦条件下的摩擦学性能，其中，芳纶颗粒的体积分数为 8%，聚四氟乙烯的体积分数为 20%，其余聚酰亚胺进行平衡。通过对比聚酰亚胺在海水及干摩擦条件下的摩擦行为，深入分析摩擦界面物理化学作用，揭示转移膜的形成和作用机理。

3.1.2 软硬纤维增强聚酰亚胺复合材料的制备

聚酰亚胺复合材料采用热压成型的制备工艺，碳纤维和芳纶纤维的结构形貌如图 3-1 所示。首先，按照 PI 材料的预设配比（见表 3-1）将粉末状原料置于高速粉碎机中以 10000 r/min 的转速混合 10 min。将混合均匀的粉料移入 50 mm×60 mm×60 mm 的模具中。PI 复合材料热压成型工艺：在 200 min 内从室温升至375 ℃，压力设置 8~14 MPa，375 ℃保压 120 min，每隔 10 min 排气，然后关闭加热系统冷却至室温脱模。

图 3-1 芳纶纤维（a）及碳纤维（b）的扫描电镜图

表 3-1 聚酰亚胺复合材料的组成（体积分数） （%）

聚酰亚胺组成	PI	AP	SCF	PTFE
PI/AP/PTFE	72	8		20
PI/SCF/PTFE	72		8	20

3.1.3 干摩擦/海水环境下聚酰亚胺复合材料摩擦学行为的区别

采用多功能摩擦磨损试验机（POD，Retc，MFT3000，USA）考察样品在海水润滑和干摩擦条件下的摩擦学行为。使用直径为 42 mm 的铜棒（QSn6.5-0.4Cu，GB/T 13808—1992）为对摩副，摩擦实验的接触形式如图 3-2（a）所示。聚合物销与金属对偶铜的接触表面为 4 mm×4 mm。在 1 MPa×0.5 m/s、3 MPa×1 m/s 和 6 MPa×1 mm/s 三个 PV（压力×速度）条件下对其摩擦学性能进行评价，每次试验持续 2 h，在摩擦测试之前，通过 W20 SiC 金相抛光控制 Cu 对偶的粗糙度在 0.2~0.25 μm 范围内，Cu 对偶的形貌表面如图 3-2（b）所示。在每次摩擦实验之前，金属对偶和聚合物样品在丙酮中超声清洗 30 min 以除去表面的杂质。

PI/SCF/PTFE 和 PI/AP/PTFE 在干摩擦和海水润滑条件下与 Cu 摩擦后的平均摩擦系数和磨损率如图 3-3 所示。对于 PI/SCF/PTFE，1 MPa×0.5 m/s、3 MPa×1 m/s 和 6 MPa×1 mm/s 时海水润滑的摩擦系数从干摩擦的 0.29、0.27 和 0.31 降低到 0.14、0.05 和 0.04，如图 3-3（a）所示。当 PI/SCF/PTFE 在 Cu 表面相对滑动时，在干摩擦条件下形成的摩擦膜不像在海水润滑条件下那样均匀，这是由于碳纤维在干摩擦条件下的强烈刮擦，破坏了转移膜的结构，增加了材料的摩擦系数。Gebhard 等[6]报道，在润滑条件下，海水可以减少界面相互作用，在这种情况下，摩擦膜保持均匀结构，导致在海水润滑条件下摩擦系数较低。对

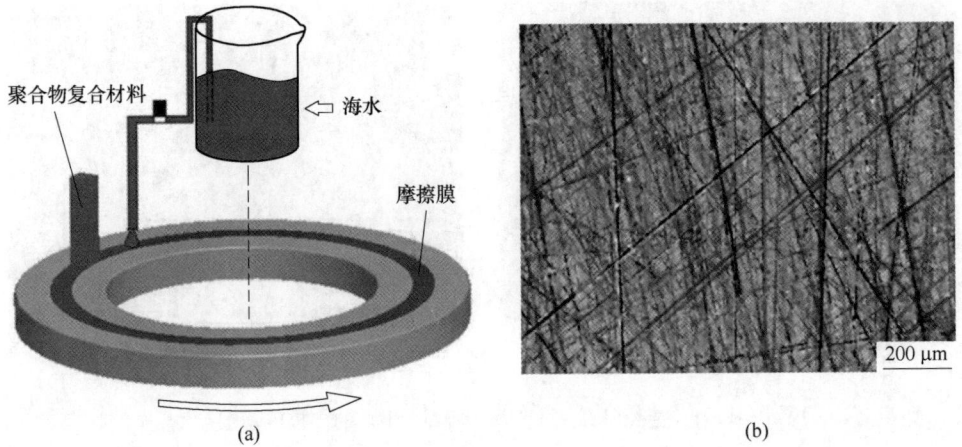

图 3-2　摩擦实验接触示意图（a）及对偶的表面形貌（b）

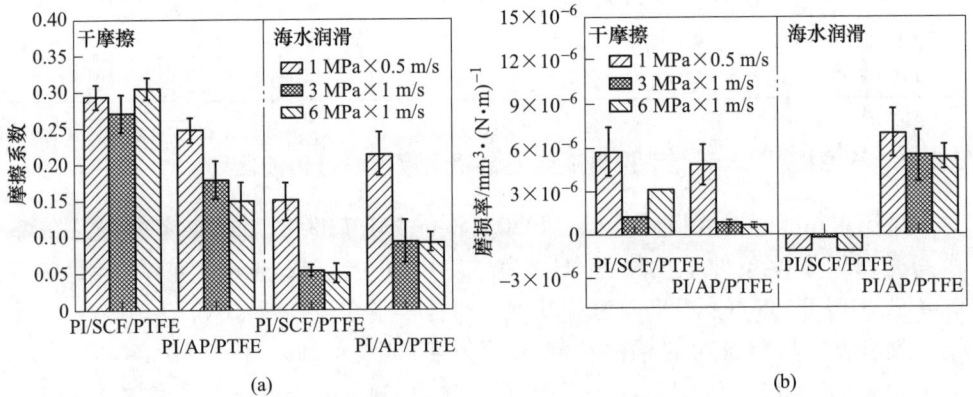

图 3-3　PI 复合材料在 1 MPa×0.5 m/s、3 MPa×1 m/s、6 MPa×1 m/s
时的平均摩擦系数（a）和磨损率（b）

于 PI/AP/PTFE，摩擦系数的变化与 PI/SCF/PTFE 一致，进一步证实了界面相互作用对复合材料摩擦学性能的影响。

此外，在干摩擦条件下，PI/SCF/PTFE 的摩擦系数高于 PI/AP/PTFE，尤其是在 3 MPa×1 m/s 和 6 MPa×1 mm/s 条件下发生相对运动时，摩擦系数分别增加了约 37.0% 和 51.6%。相反，PI/AP/PTFE 在海水中的摩擦系数高于 PI/SCF/PTFE。基于上述结果，作者认为 SCF 比 AP 的高硬度和模量使得在干摩擦条件下滑动界面的强烈相互作用，更容易破坏 PI/SCF/PTFE 摩擦膜的结构[7]。然而，海水削弱了界面相互作用，SCF 增强的 PI 在润滑条件下可以形成稳定的边界膜；但对于 AP 增强的 PI[8]，由于界面作用较弱导致 AP 增强的 PI 的摩擦系数高于

SCF 增强的 PI。就 PI 复合材料的耐磨性而言，与摩擦系数的变化几乎一致，在干摩擦条件下，PI/SCF/PTFE 的磨损率高于在海水润滑条件下的磨损率。然而，PI/SCF/PTFE 在海水中与 Cu 滑动后的磨损率为负值 [-1.23×10^{-6} mm^3/(N · m)、-0.20×10^{-6} mm/(N · m)、-1.25×10^{-6} mm^3/(N · m)]，这是由于海水润滑条件下由于磨损而剥落的碳纤维嵌入了 PI/SCF/PTFE 中所致。PI/AP/PTFE 在海水润滑条件下的磨损率在 3 MPa×1 m/s 和 6 MPa×1 m/s 时分别比在干摩擦条件下增加了 525.3% 和 585.7%。这是由于在聚酰亚胺复合材料中加入芳纶颗粒使得材料的力学性能相对较弱，很容易被铜刮擦除去，导致 PI/AP/PTFE 的磨损率较高。

为了研究复合材料摩擦系数的变化趋势，给出了在 3 MPa×1 m/s 时的摩擦系数曲线随滑动时间的变化趋势图。如图 3-4 所示，结果表明，PI 复合材料在两种工况下的摩擦系数曲线存在显著差异。特别是当 PI/SCF/PTFE 与铜对摩时，在干摩擦条件下摩擦系数的磨合时间比在海水润滑条件下的磨合时间长。在干摩擦条件下，滑动过程开始时摩擦系数的上升可归因于 SCF 与对偶铜之间较强的界面相互作用导致的摩擦膜的破坏。相比之下，海水润滑条件下由于形成了稳定的边界润滑膜，摩擦系数显著降低，滑动约 1000 s 后摩擦系数达到稳定最低值 0.05[8]。然而，对于 AP 增强 PI 复合材料样品，在干摩擦条件下，与 PI/SCF/PTFE 相比，摩擦系数显示出轻微的波动，然后在整个摩擦过程中该值保持在 0.17 左右[9]。此外，可以看出，PI/AP/PTFE 在海水润滑条件下的磨合时间比在干摩擦条件下更长，这可能是因为海水的存在抑制了坚固摩擦膜的形成。

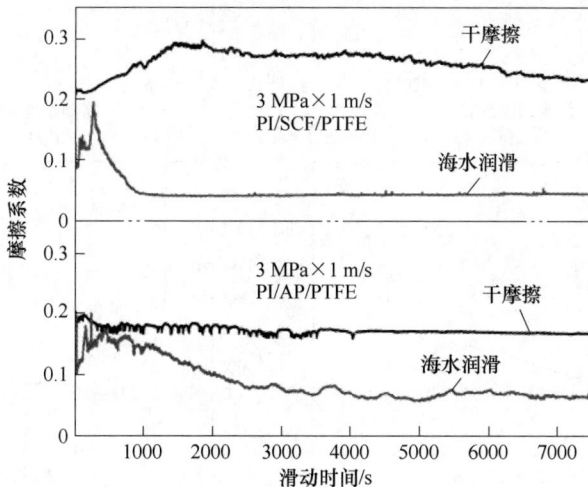

图 3-4　3 MPa×1 m/s 时 PI/SCF/PTFE 和 PI/AP/PTFE PI 复合材料在海水润滑及干摩擦条件下的摩擦系数变化趋势

PI/SCF/PTFE—聚酰亚胺/碳纤维/聚四氟乙烯；PI/AP/PTFE—聚酰亚胺/芳纶纤维/聚四氟乙烯

3.1.4　干摩擦/海水环境下聚酰亚胺复合材料摩擦磨损机理

为了探索 SCF 和 AP 对聚酰亚胺复合材料宏观摩擦磨损的影响机制，在 PI/SCF/PTFE 中的 SCF 和 PI/AP/PTFE 中的 AP 的光滑表面上进行了微观摩擦试验，即纳米划痕，其粗糙度在 20～50 nm 范围内。在恒定的施加载荷（1.0 mN，图 3-5（a）和（b））和速度（4.0 μm/s）下，划痕长度约 20 μm。摩擦试验结果

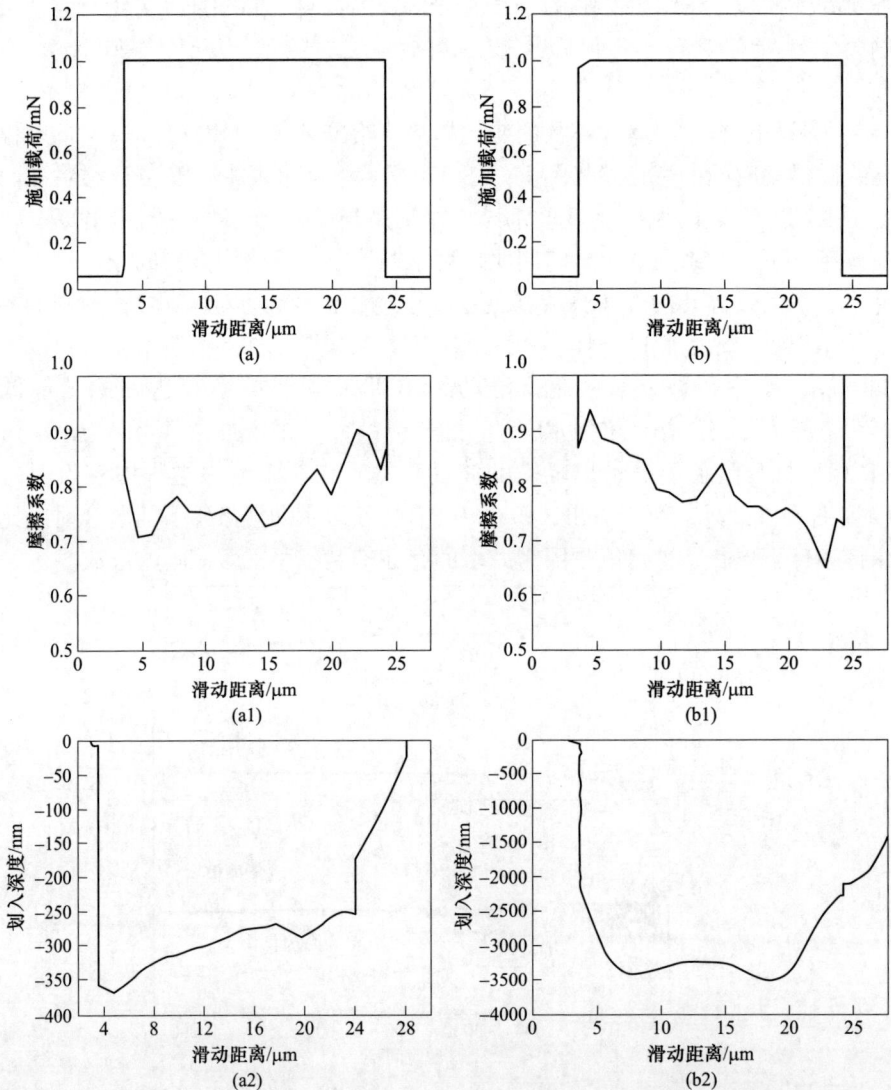

图 3-5　PI/SCF/PTFE 中 SCF 和 PI/AP/PTFE 中 AP 的滑动距离与施加载荷曲线（a）（b）、摩擦系数曲线（a1）（b1）、划入深度曲线（a2）（b2）

如图 3-5 所示，发现 SCF 的摩擦系数比 AP 的摩擦系数更稳定，如图 3-5（a1）和（b1）所示。当针尖刮擦 SCF 时，摩擦系数约为 0.7，并且在整个过程中几乎没有变化。然而，AP 的摩擦系数从约 0.9 开始，然后降低到 0.7 左右。AP 的摩擦系数较高是由于 AP 与针尖之间的黏附力造成的。此外，凹槽的深度表明，SCF 在划完之后划痕的深度（300～400 nm，图 3-5（a2））明显小于 AP 的深度（2000～3000 nm，图 3-5（b2）），表明 SCF 的硬度更高，AP 的犁耕阻力更低。因此，SCF 作为补强材料时，其承载能力强于 AP。

基于上述微观摩擦结果，可以为理解宏观摩擦行为提供指导。AP 的黏附性有助于 PI/AP/PTFE 转移到 Cu 表面，因此在干摩擦条件下，PI/AP/PTFE 更容易形成摩擦膜，使得 PI/AP/PTFE 的摩擦系数低于 PI/SCF/PTFE。此外，SCF 的高硬度引起的犁削会导致摩擦膜的破坏，使得金属基体和纤维末端之间发生直接接触[10]。接触区产生较高的界面闪温，导致复合材料发生热变形，从而降低 PI/SCF/PTFE 的耐磨性[11-13]。对于 AP 增强的 PI，界面相互作用的减弱有利于提高 PI/AP/PTFE 在干摩擦条件下的承载能力。

纳米压痕给出了 SCF 和 AP 在聚酰亚胺基体中纳米力学性能结果。如图 3-6（a）和（b）所示，在 PI 基体中添加 AP 和 SCF 的纳米压痕试验的力-位移曲线存在显著差异。结果表明，碳纤维的模量和硬度（10.2 GPa±3.25 GPa，2.49 GPa±0.87 GPa）均远高于芳纶颗粒（3.95 GPa±0.49 GPa，0.1 GPa±0 GPa），表明碳纤维变形小，硬度高。从纳米压痕结果还发现，碳纤维在卸载后的位移几乎恢复到零，但 AP 卸载后的位移变化不大，这表明 SCF 增强的 PI 的承载能力高于 AP 增强的 PI。

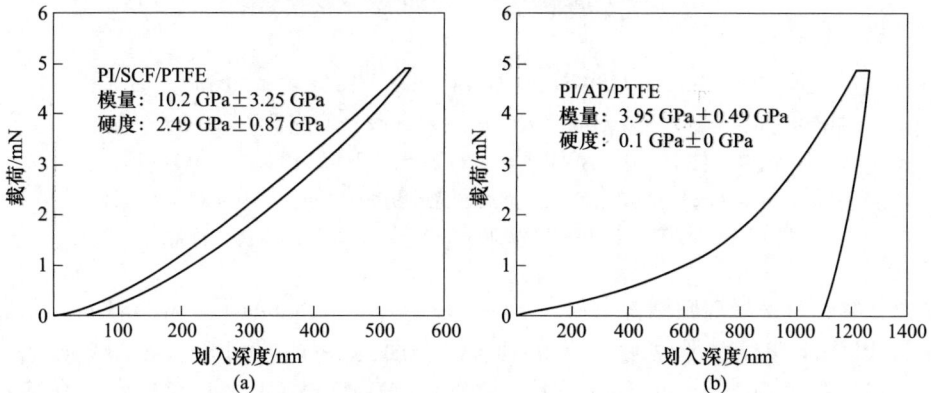

图 3-6 PI/SCF/PTFE 中 SCF 表面纳米压痕得到的力-位移曲线（a）和
PI/AP/PTFE 中 AP 表面纳米压痕试验得到的力-位移曲线（b）

图 3-7 给出了不同 PV 条件下，Cu 对偶与 PI/SCF/PTFE 和 PI/AP/PTFE 摩擦后对偶表面的磨损形貌。研究发现，在干摩擦条件下，SCF 增强和 AP 增强的聚

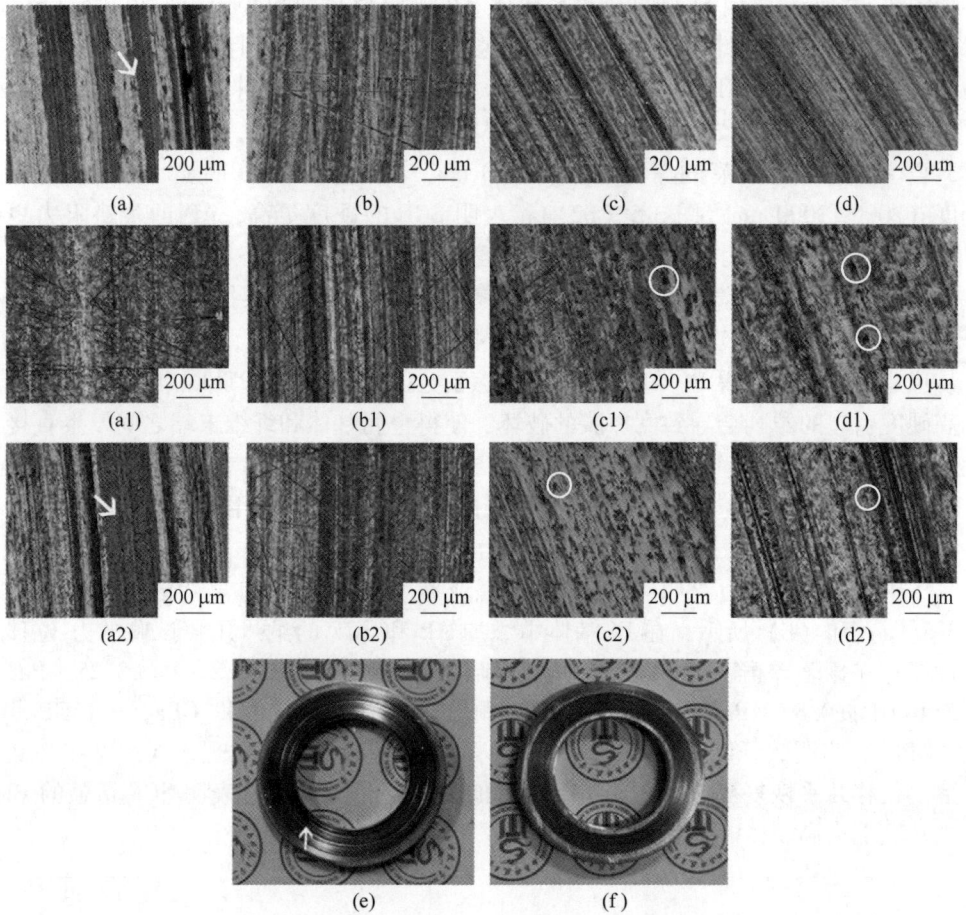

图 3-7　干摩擦条件下，Cu 与 PI/SCF/PTFE 和 PI/AP/PTFE 在 1 MPa×0.5 m/s(a)(b)、
3 MPa×1 m/s（a1）(b1)、6 MPa×1 m/s（a2）(b2) 条件下摩擦后的光学形貌；
海水润滑条件下，在 1 MPa×1 m/s（c）(d)、3 MPa×1 m/s（c1）(d1)、
6 MPa×1 m/s（c2）(d2) 条件下摩擦后的光学形貌；Cu 在 6 MPa×1 m/s 条件下
与 PI/SCF/PTFE 和 PI/AP/PTFE（e）(f) 滑动后的磨损表面照片

酰亚胺复合材料摩擦膜结构有很大不同。在 1 MPa×0.5 m/s 和 6 MPa×1 m/s 条件下与 PI/SCF/PTFE 滑动后，观察到 Cu 表面有明显的划痕，如图 3-7（a）和（a2）中的箭头所示。结果表明，PI/SCF/PTFE 与 Cu 之间存在直接摩擦接触，导致 PI/SCF/PTFE 的摩擦学性能较差。对于 PI/AP/PTFE，在干摩擦条件下，Cu 表面形成了均匀的摩擦膜，因此 PI/AP/PTFE 呈现出比 PI/SCF/PTFE 更好的摩擦学性能。此外，在 6 MPa×1 m/s 条件下，从对偶的照片中也观察到 PI/SCF/PTFE 的摩擦膜严重受损，而 PI/AP/PTFE 的摩擦膜相对均匀，如图 3-7（e）

和 (f) 所示。

在海水润滑时，由于在滑动过程中形成了边界润滑膜，Cu 对偶表面的破坏得到了缓解，特别是对于 SCF 增强的 PI 复合材料[8]。因此，PI 复合材料在海水润滑条件下的摩擦学性能优于在干摩擦条件下的摩擦学性能。然而，图 3-7 (c1)、(d1)、(c2) 和 (d2) 中用圆圈标示的凹坑说明，当 Cu 与 PI/AP/PTFE 滑动时，Cu 的腐蚀似乎很严重，尤其是在没有转移膜覆盖的区域[8, 14-15]。

PI/SCF/PTFE 和 PI/AP/PTFE 在 1 MPa×0.5 m/s、3 MPa×1 m/s 和 6 MPa×1 mm/s 条件下的磨损表面如图 3-8 所示。在干摩擦条件下，SCF 增强 PI 复合材料的磨损性能主要由纤维变薄、断裂和脱出决定，如图 3-8 (a)、(a1) 和 (a2) 所示[16]。当在 1 MPa×0.5 m/s 和 6 MPa×1 m/s 条件下发生滑动时，PI/SCF/PTFE 发生严重的划痕（图 3-8 (a) 和 (a2)，导致 SCF 增强 PI 复合材料较高的磨损率。对于 PI/AP/PTFE，由于释放的芳纶颗粒的研磨作用，AP 增强的 PI 在 1 MPa×0.5 m/s 时发生轻微划痕，并且当 PV 值增加到 3 MPa×1 m/s 和 6 MPa×1 mm/s 时观察到黏着磨损，如图 3-8 (b1) 和 (b2) 所示。当在海水润滑条件

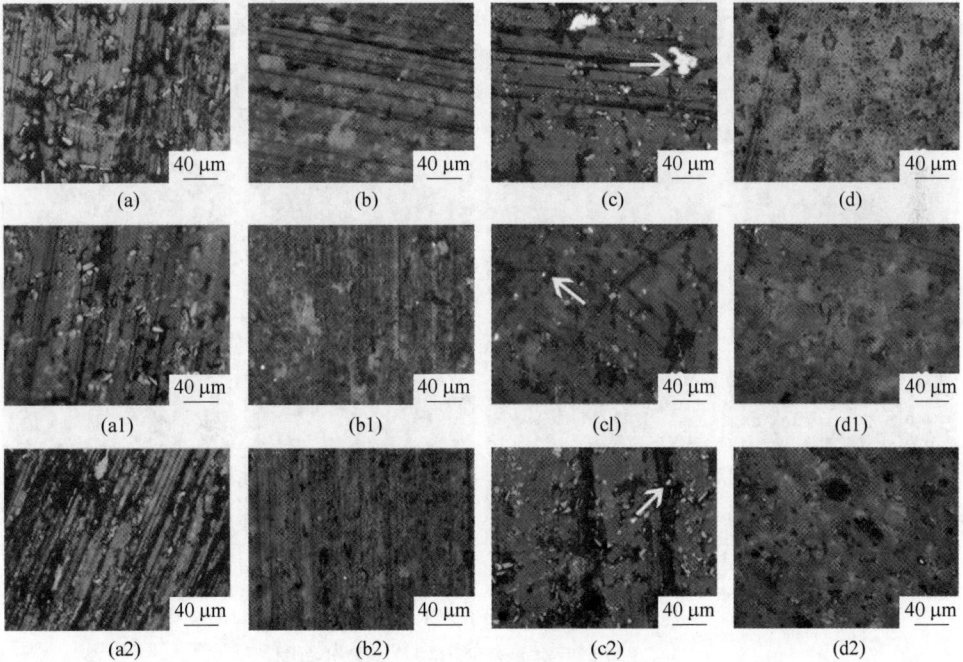

图 3-8 PI/SCF/PTFE 和 PI/AP/PTFE 在干摩擦条件下，1 MPa×0.5 m/s (a)(b)、3 MPa×1 m/s (a1)(b1)、6 MPa×1 m/s (a2)(b2) 时与 Cu 对摩后得到的光学形貌，以及在 1 MPa×0.5 m/s (c)(d)、3 MPa×1 m/s (c1)(d1)、6 MPa×1 m/s (c2)(d2) 时与 Cu 在海水润滑情况下得到的光学形貌

下发生滑动时，观察到 Cu 向复合材料的转移，如图 3-8（c）、（c1）和（c2）中箭头所示，从而获得 PI/SCF/PTFE 的负磨损率。然而对于 PI/AP/PTFE，如图 3-8（d）、（d1）和（d2）所示，磨损表面出现了芳纶纤维的剥落，降低了 PI/AP/PTFE 承载性，因此磨损率高。

为了深入了解由 PI/SCF/PTFE 和 PI/AP/PTFE 在 Cu 表面上形成的摩擦膜的不同结构，图 3-9 给出了在 3 MPa×1 m/s、干摩擦条件下与 PI 复合材料滑动后对偶表面的元素组成和分布。除 Cu 外，PI 复合材料中的 C、F 和 O 元素在磨损表面均匀分布。通过对比图 3-9（a）和（b）中 Cu 和 O 的元素图谱可以证实，与 SCF 增强的 PI 相比，AP 增强的 PI 摩擦后 Cu 的摩擦氧化严重。这是由于较强的界面作用使得 SCF 可以刮擦 Cu 对偶表面的氧化层，主要形成了碳基润滑膜。然而，对于 PI/AP/PTFE，材料转移和摩擦氧化共同主导了摩擦膜的形成。碳基材料与氧化铜的混合改善了 PI/AP/PTFE 的润滑性能和承载能力，使其在干摩擦条件下的摩擦学性能优于 PI/SCF/PTFE。

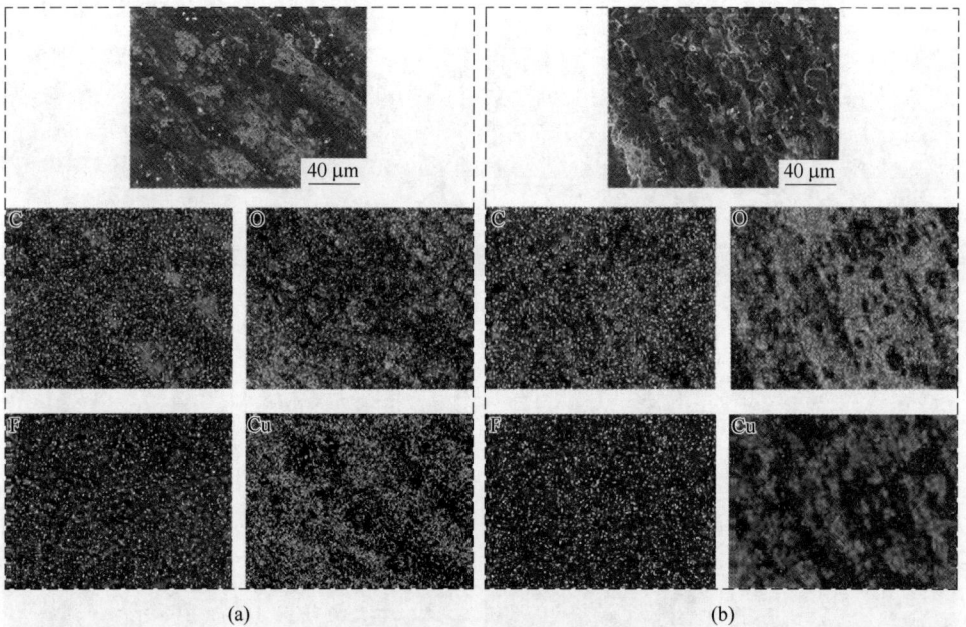

图 3-9　3 MPa×1 m/s、干摩擦条件下 PI/SCF/PTFE（a）和 PI/AP/PTFE（b）
与 Cu 对摩后对偶表面形貌及元素分布图

图 3-10 给出了 3 MPa×1 m/s、海水润滑条件下，Cu 对偶的表面形貌及元素分布图。与 PI/SCF/PTFE 和 PI/AP/PTFE 摩擦后在 Cu 表面形成的摩擦膜有显著差异。当与 PI/SCF/PTFE 摩擦后，碳基材料均匀分布在 Cu 表面（图 3-10（a）），结构均匀的转移膜提高了复合材料的摩擦学性能和对偶的抗摩擦腐蚀能

力[8, 17]。如 Sathishkumar 等[8]所述，对偶表面覆盖转移膜可使摩擦表面发生钝化现象，提高了材料的抗腐蚀性能。然而，对于 PI/AP/PTFE，摩擦之后 Cu 对偶表面发生了腐蚀（图 3-10（a））。尤其是转移膜没有覆盖到的区域发生的腐蚀现象比较严重，在 Cu 的磨损表面观察到一些凹坑，如图 3-10（b）中的圆圈所示。

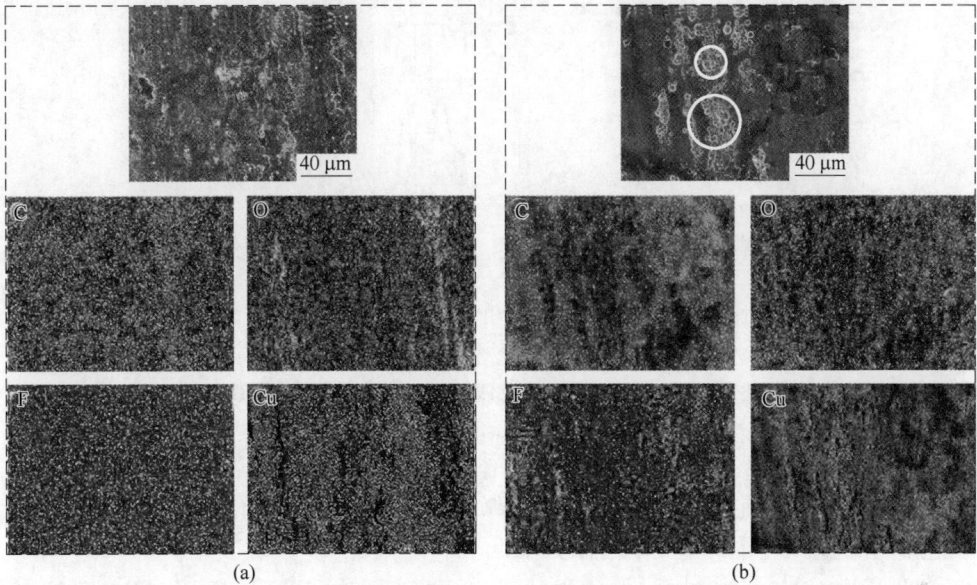

图 3-10　3 MPa×1 m/s、海水润滑条件下 PI/SCF/PTFE（a）和 PI/AP/PTFE（b）
与 Cu 对摩后对偶表面形貌及元素分布图

　　为了阐明 PI/SCF/PTFE 和 PI/AP/PTFE 在干摩擦和海水润滑条件下的摩擦磨损机制，采用 ATR-FTIR 对聚酰亚胺复合材料在 3 MPa×1 m/s 条件下滑动后的 Cu 的摩擦表面进行了表征分析。如图 3-11 所示，在干摩擦和海水润滑条件下，聚酰亚胺复合材料摩擦膜的红外光谱特征峰的差异并不显著，尤其是与 PI/SCF/PTFE 摩擦后产生的摩擦膜。从光谱结果（Ⅰ）、（Ⅱ）、（Ⅲ）和（Ⅳ）中可以看到均在 1160 cm⁻¹ 处出现了聚四氟乙烯中典型的 C—F 峰，而且在 1253 cm⁻¹ 处还发现了一个新的吸收峰[7]。据 Junk 报道，该峰的出现归因于聚合物分子链的拉伸，其强度与 PTFE 链的排列有关[18]。此外，1000～1100 cm⁻¹ 处的宽吸附峰对应聚酰亚胺中的 C—O 键，证明材料在摩擦过程中发生了转移[11]。

　　此外，在干摩擦和海水润滑条件下，与 PI/SCF/PTFE 和 PI/AP/PTFE 摩擦后，红外光谱 1775 cm⁻¹ 处出现了 RF—COOH 酸对应的吸收峰，表明 PTFE 分子链发生了断裂，随后与氧气和水发生反应[7, 19-20]。此外，在 1568 cm⁻¹ 和 1404 cm⁻¹ 处发现了对偶表面形成的全氟酸螯合物的吸附峰，证实 PTFE 和 Cu 对偶之间发生了摩擦化学反应，这是由摩擦界面剪切力和界面闪温引起的[21-23]。然

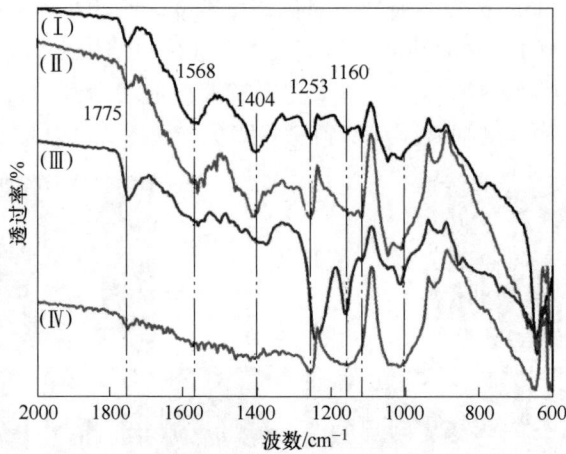

图 3-11　3 MPa×1 m/s 干摩擦条件下 PI/SCF/PTFE（Ⅰ）和 PI/AP/PTFE（Ⅱ）与 Cu
摩擦后对偶表面形成摩擦膜的 ATR-FTIR 光谱；海水润滑条件下 PI/SCF/PTFE（Ⅲ）和
PI/AP/PTFE（Ⅳ）与 Cu 摩擦后对偶表面形成摩擦膜的 ATR-FTIR 光谱

而，当 PI/AP/PTFE 在海水润滑条件下摩擦时，与红外光谱（Ⅰ）、（Ⅱ）和（Ⅲ）
相比，光谱（Ⅳ）中 1568 cm^{-1} 和 1404 cm^{-1} 处的峰变得较弱，因此由于较弱的界面
相互作用，摩擦化学反应发生的程度降低。

　　为了进一步阐明摩擦膜的化学状态，证实 PI/SCF/PTFE 和 PI/AP/PTFE 在
干摩擦和海水润滑条件下的摩擦机理，对 Cu 表面进行了 XPS 分析。如图
3-12（a）中转移膜的 XPS 全谱所示，其中 C 和 O 元素的结合能峰比较明显，表
明聚合物基复合材料转移到了铜对偶表面。然而，只有在海水润滑条件下 PI/
AP/PTFE 与 Cu 滑动时，才能明显观察到 F 元素。从 F 1s 的精细谱中也能发现，
在海水润滑条件下，PI/AP/PTFE 相对于 Cu 滑动后，在 689.3 eV 处出现了明显
的 C—F 的结合能。从图 3-12（b）中（Ⅰ）、（Ⅱ）和（Ⅲ）的光谱发现除了存
在 C—F 的结合能，在 684.8 eV 处出现了 CuF_2 中的 Cu—F 的结合能峰，表明在
摩擦过程中 PTFE 分子链断裂后与 Cu 之间发生了摩擦化学反应。正如 Qi 等[24] 报
道，PTFE 被摩擦机械剪切力和摩擦热破坏后，与金属对偶发生了螯合反应。

　　图 3-12（c）给出了 Cu 对偶表面形成摩擦膜的 C 1s 的结合能峰。当 PI 复合
材料在干摩擦和海水润滑条件下滑动时，证实了 PI 分子中 C＝O、C—O 和 C—
C 在 289.2 eV、286.5 eV 和 284.8 eV 处的结合能峰。当 PI/AP/PTFE 在海水润
滑条件下与 Cu 对摩时，在 292.2 eV 处的 C 1s 光谱中观察到微弱的 C—F 键，但
在其他摩擦条件下摩擦时，该峰几乎观测不到。由此推测，当 PI/AP/PTFE 在海
水润滑条件下与 Cu 摩擦时，PTFE 可能通过物理作用吸附在 Cu 对偶表面，而在
其他条件下，由于较强的界面作用，PTFE 与 Cu 对偶之间发生了摩擦化学结合。

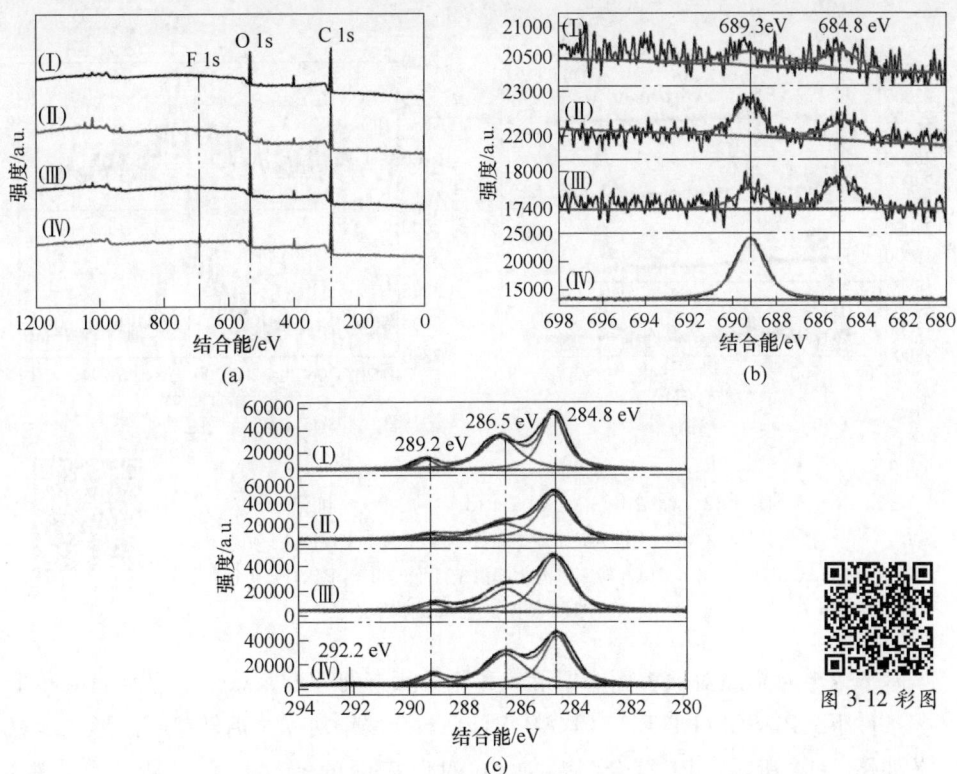

图 3-12 XPS 全谱（a）以及 F 1s（b）和 C 1s（c）的精细谱

（滑动条件：3 MPa×1 m/s 时干摩擦条件下，PI/SCF/PTFE（Ⅰ）和 PI/AP/PTFE（Ⅱ）与 Cu 对摩；
海水润滑条件下，PI/SCF/PTFE（Ⅲ）和 PI/AP/PTFE（Ⅳ）与 Cu 对摩）

为了系统研究 Cu 对偶表面发生的摩擦化学反应，图 3-13 给出了 PI 复合材料与 Cu 对摩后转移膜中 Cu 2p 和 Cl 2p 的 XPS 的精细谱。从 Cu 2p 的精细谱中发现，在 952.6 eV 和 953.7 eV 处出现了 Cu 和 Cu—O 的结合能峰[25]。在海水润滑条件下，当 PI/AP/PTFE 与 Cu 相对运动时，出现的 Cu—O 结合能峰非常弱，但也表明 Cu 对偶表面发生了摩擦氧化（图 3-13（b））。此外，当 PI/SCF/PTFE 和 PI/AP/PTFE 在海水润滑条件下与 Cu 摩擦时，在 Cu 2p 精细谱 934.8 eV 处出现了 Cu—Cl 的峰以及在 Cl 2p 中 199.2 eV 处出现了 Cl—Cu 的结合能峰，证实了 $CuCl_2$ 的存在[26]，表明 Cu 对偶被腐蚀并形成 $CuCl_2$。此外，当 PI 复合材料在干摩擦和海水润滑条件下与 Cu 摩擦时，在 936.0 eV 处产生了 Cu—F 的结合能[27]，证明产生了 CuF_2 摩擦化学产物。因此，PTFE 与 Cu 对偶之间的摩擦化学反应，促进了摩擦膜的形成，抑制了 Cu 对偶在海水润滑条件下摩擦腐蚀行为的发生。

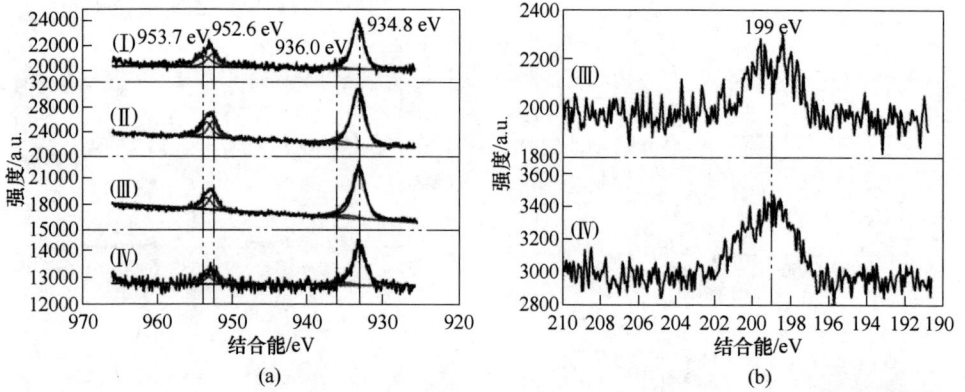

图 3-13　Cu 2p（a）、Cl 2p（b）的 XPS 精细谱
（滑动条件：3 MPa×1 m/s 时干摩擦条件下，PI/SCF/PTFE（Ⅰ）和
PI/AP/PTFE（Ⅱ）与 Cu 对摩；海水润滑条件下，PI/SCF/PTFE（Ⅲ）
和 PI/AP/PTFE（Ⅳ）与 Cu 对摩）

图 3-13 彩图

　　基于以上对金属对偶表面磨损形貌和化学状态的分析，总结了海水润滑和干摩擦条件下，PI/SCF/PTFE 和 PI/AP/PTFE 与金属铜对摩之后转移膜的形成示意图，如图 3-14 所示。PI 复合材料向 Cu 对偶表面的转移过程包括三个步骤：（Ⅰ）磨屑的初始转移；（Ⅱ）磨屑的累积和去除；（Ⅲ）磨屑压实。在转移膜形成的初始过程中，具有低表面能的聚合物复合材料容易转移到具有高表面能的金属铜对偶上[19]。初始转移磨屑与对偶铜通过范德华力结合在一起。在磨屑的积累和去除过程中，较强的界面作用可促进摩擦界面转移膜的形成。在干摩擦条件下，当 PI/SCF/PTFE 与 Cu 对摩时，如图 3-14（a）所示，部分转移的磨屑通过较强的界面作用可吸附在摩擦表面，在界面应力集中和闪温作用下，部分磨屑可与金属对偶发生摩擦化学反应，形成了结构不均匀的转移膜。当 PI/AP/PTFE 与 Cu 对摩时，由于芳纶颗粒与金属对偶之间的相互作用较弱，吸附在对偶表面的磨屑不容易被去除，因此形成了结构均匀的转移膜并赋予材料较好的摩擦学性能。在海水润滑条件下，较强的界面作用可使转移的磨屑不易被冲走。因此，当 PI/SCF/PTFE 与 Cu 对摩时，在摩擦界面可产生结构相对均匀的转移膜（图 3-14（b））。而对于 PI/AP/PTFE，由于海水冲蚀作用，转移膜的结构不均匀且结合强度不如 PI/SCF/PTFE 摩擦得到的结合强度。因此，海水润滑条件下，PI/SCF/PTFE 的摩擦学性能优于 PI/AP/PTFE。

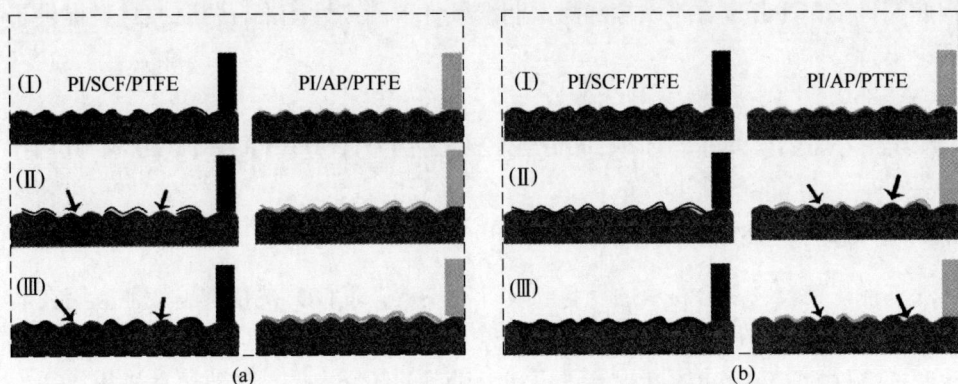

图 3-14 PI/SCF/PTFE 和 PI/AP/PTFE 在 Cu 对偶上滑动时在干摩擦 (a)
和海水润滑 (b) 条件下形成摩擦膜的示意图

PI/SCF/PTFE—聚酰亚胺/碳纤维/聚四氟乙烯；PI/AP/PTFE—聚酰亚胺/芳纶纤维/聚四氟乙烯

3.1.5 小结

基于微观和宏观摩擦行为，对比研究了 PI/SCF/PTFE 和 PI/AP/PTFE 在干摩擦和海水润滑条件下与 Cu 对偶的摩擦学性能。采用原位纳米力学测试系统对碳纤维和芳纶颗粒的微观摩擦行为和力学性能进行了测试。为了深入了解 SCF 和 AP 增强聚酰亚胺复合材料在不同工作条件下的摩擦磨损机理，对转移膜的表面形貌和结构组成进行了系统分析。可以得出以下结论：

（1）在干摩擦条件下，PI/SCF/PTFE 的摩擦系数和磨损率均高于 PI/AP/PTFE。海水润滑条件下，两种复合材料的摩擦系数均有所降低，这是由于摩擦过程中形成了稳定的边界膜，起到了润滑作用。

（2）增强材料的微观摩擦和纳米力学性能表明，SCF 比 AP 具有更高的模量和硬度。因此，当 PI/SCF/PTFE 在干摩擦条件下进行滑动时，SCF 与 Cu 对偶较强界面相互作用更容易破坏对偶表面形成的转移膜。对于 PI/AP/PTFE，在干摩擦条件下对偶表面形成了含有氧化铜的碳基摩擦膜，使得 PI/AP/PTFE 的摩擦学性能优于 PI/SCF/PTFE。然而，海水的存在削弱了界面相互作用，促进了 PI/SCF/PTFE 形成坚韧的摩擦膜，但对于 PI/AP/PTFE，转移膜未压实，结构容易被破坏。

（3）转移膜的结构和化学组成是由摩擦界面复杂的物理化学作用决定的。当 SCF 增强聚酰亚胺复合材料与铜对偶进行摩擦时，在机械摩擦剪切力和界面闪温的作用下 PTFE 更容易与金属对偶表面发生摩擦化学反应。形成的转移膜覆盖在金属对偶表面，阻止金属对偶进一步发生氧化磨损。另外，在海水润滑条件下，滑动界面上形成的边界膜提高了聚合物-金属摩擦系统的耐磨性和耐腐蚀性。

因此，该工作为开发在干摩擦和海水润滑条件下的高性能聚合物摩擦材料提供了理论支持。

3.2　水润滑条件下聚酰亚胺复合材料的摩擦学行为及机理

3.2.1　引言

高性能聚合物复合材料的制备和设计的发展，促使其被越来越多地应用在润滑条件下的滑动部件，比如轮船、潜艇以及家用洗衣机等。但是，现代工业对运动摩擦部件的工况要求不断提高，再加上设备的频繁启停，导致运动机构往往处于边界润滑或混合润滑状态。因此，聚合物摩擦材料引起了摩擦学专家的广泛关注。另外，鉴于对环保要求的提高，利用天然水代替矿物油或合成油作为润滑剂是减少泄油对水体污染行之有效的方案。然而，由于水的黏度较低，化学惰性强，很难在对偶表面形成保护性转移膜。而且，摩擦界面上水的存在阻碍了聚合物复合材料的转移。因此，聚合物复合材料在水润滑条件下的摩擦学性能甚至可能比干摩擦条件下的摩擦学性能差。为了设计润滑条件下高性能聚合物复合材料-金属摩擦副，通过使用环境友好的润滑添加剂构筑高性能转移膜是提高复合材料摩擦学性能的有效手段之一。

离子液体（ILs）由阴离子和阳离子组成，被认为是"绿色"润滑添加剂[28-38]。乔旦[39]揭示具有双电极结构的 ILs 可以吸附到摩擦表面上形成保护膜，提高摩擦学性能。低能量的电子从摩擦界面释放出来，产生微小的正电荷，从而强化阴离子的吸附[28, 40-41]。之后，阴阳离子组装形成双电层，提高了转移膜与对偶之间的结合强度。在苛刻的条件下摩擦时，ILs 中的活性元素可以与金属对偶发生反应，形成化学反应性的转移膜。球形陶瓷纳米粒子（NPs）作为水润滑添加剂时，由于纳米粒子在摩擦表面上的"滚动轴承"作用可显著降低摩擦副的摩擦磨损。结合离子液体和纳米材料的优势，近年来功能化的纳米材料在润滑领域研究较多[42-46]，例如，离子液体接枝的碳纳米管和石墨烯[28, 30]，将上述两种有机-纳米材料用作添加剂具有很好的润滑效果。

在本节中，采用亲核取代反应合成亲水的 1-甲基-3-(4-乙烯基苄基) 咪唑氯盐（VBIM-Cl）离子液体和 Stöber[47-48] 法制备多孔 SiO_2。VBIM-Cl 通过原子转移自由基聚合（ATRP）接枝到 SiO_2 的表面[49]，多孔二氧化硅具有较高的比表面积，可以提高离子液体表面的接枝率。通过热压烧结获得填充体积分数为 10%纤维和 8%石墨的聚酰亚胺复合材料（PI/SCF/Gr）。考察聚酰亚胺复合材料与不锈钢（SUS316）水润滑条件下的界面物理化学行为，分析转移膜的形成和作用机理，评价多孔 SiO_2-ILs 作为水润滑添加剂的润滑性能。

3.2.2 离子液体改性纳米 SiO₂ 润滑添加剂的制备及结构、性能分析

3.2.2.1 二氧化硅的制备

按照 Stöber 合成方法，通过正硅酸乙酯（TEOS）的水解和缩聚，在碱性乙醇/水溶液中制备 SiO_2 纳米颗粒，合成原理如图 3-15 所示。首先，将 2.86 g 十六烷基三甲基溴化铵（CTAB）溶于 8.6 mL 去离子水中，然后加入 0.90 g 乙醇和 6.4 mL 去离子水，室温下搅拌。将 0.28 g TEA（三乙胺）和 10.0 mL NaOH（0.2 mL/mol）加入上述溶液中。随后，将 7.3 mL TEOS 滴加到溶液中，反应温度 70 ℃，搅拌 2 h 后，离心收集产物，去离子水和乙醇交替洗涤。最后，将所收集的样品在 HCl（12 mL/mol 30.0 mL）和乙醇（120.0 mL）的混合溶液中 50 ℃回流 8 h，除去 CTAB 模板。离心收集二氧化硅 NPs，然后用乙醇和去离子水交替洗涤 3 次，最后真空干燥过夜。

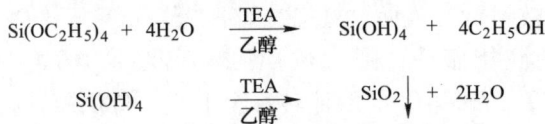

$$Si(OC_2H_5)_4 + 4H_2O \xrightarrow[\text{乙醇}]{\text{TEA}} Si(OH)_4 + 4C_2H_5OH$$

$$Si(OH)_4 \xrightarrow[\text{乙醇}]{\text{TEA}} SiO_2 \downarrow + 2H_2O$$

图 3-15 二氧化硅纳米离子的制备原理

3.2.2.2 离子液体的制备

根据亲核取代反应合成 1-甲基-3-(4-乙烯基苄基) 咪唑氯盐（VBMI-Cl）[50]。在氮气氛围下，将 4-(氯甲基)苯乙烯（3.05 g，20.0 mmol）和 N-甲基咪唑（1.64 g，20.0 mmol）混合，45 ℃下搅拌 24 h，合成路线如图 3-16 所示。然后，将反应混合物冷却至室温，用乙酸乙酯和去离子水混合溶液提取目标产物，60 ℃下干燥

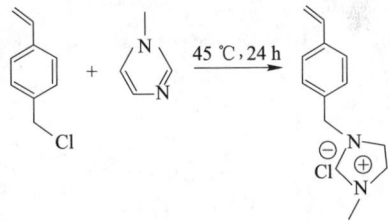

图 3-16 VBMI-Cl 的合成路线

过夜。核磁共振（Bruker Avance 400）检测最终产品，得到离子液体的 1HNMR 和 13CNMR。1HNMR(D2O, 400 MHz)：δH = 8.72(1H, s, —N—CH—N—)、7.31～7.40(6H, m, —N—CH—)、6.63 (1H, d, CH_2 = CH—)、5.77 (1H, d, s, —N—CH₃)；13CNMR：δC = 35.8、52.5、138.0、115.0、122.0、123.0、127.0、135.0、37.0 和 115.0，详细的 NMR 数据如图 3-17 所示。

3.2.2.3 离子液体接枝二氧化硅

制备过程如图 3-18 所示，首先，将氯丙基三甲氧基硅烷（CPTMO）固定在 SiO_2 表面。氮气气氛下，将含有 0.50 g 联吡啶（BiPy）和 0.50 g CPTMO 的 20.0 mL 甲苯溶液与 1.00 g SiO_2 混合，45 ℃下回流 24 h。然后用丙酮和水洗涤

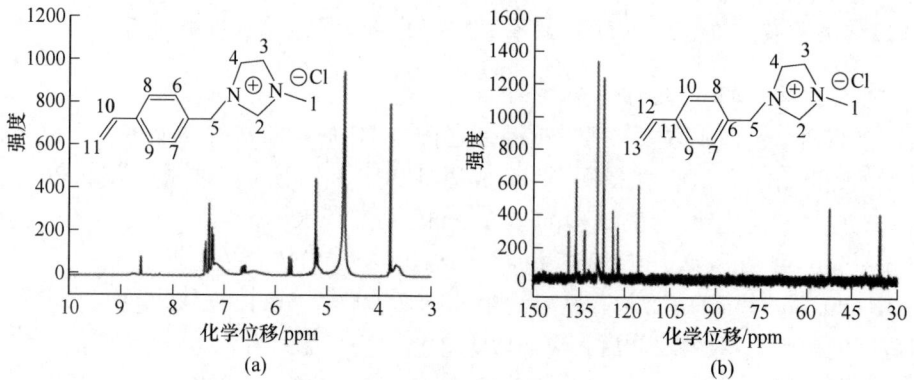

图 3-17　VBMI-Cl 的核磁氢谱（a）和碳谱（b）

（1 ppm = 10^{-6}）

以除去未反应的溶剂。最后，将固体产物在 100 ℃下真空干燥过夜。按照 ATRP 制备方法将 ILs 接枝到 SiO₂ 表面。氮气气氛下，将 3.5 mg CuCl 和 7.8 mg Bipy 加入 100 mL 三口圆底烧瓶中，磁力搅拌，然后将 40.0 mL N,N-二甲基甲酰胺（DMF）与 1.00 g VBMI-Cl 的溶液转移至上述三口烧瓶中。之后，将 1.00 g CPTMO 接枝的多孔 SiO₂ 加入烧瓶中，将混合物充分搅拌并用油浴加热至 50 ℃。反应 12 h 后，得到 SiO₂-IL 纳米材料。将固体产物从烧瓶中取出，用 DMF 和大量的水洗涤，然后在 100 ℃下真空干燥过夜。最后，分别将 2.0%（质量分数）的 SiO₂-IL 和 SiO₂ 分散在纯水中，用作润滑添加剂。

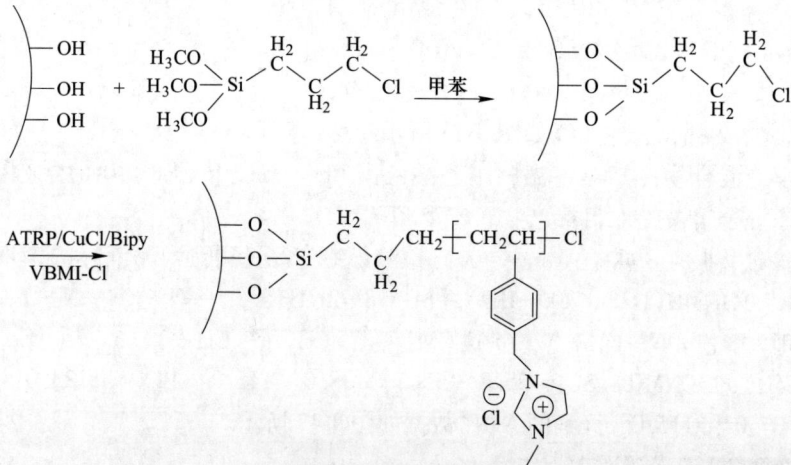

图 3-18　SiO₂-IL 合成路线

ATRP—原子转移自由基聚合；CuCl—氯化亚铜；Bipy—联吡啶；
VBMI-Cl—1-甲基-3-(4-乙烯基苄基) 咪唑氯盐

图 3-19（a）给出了合成多孔 SiO_2 纳米颗粒的 SEM 图，从图中判断纳米颗粒的平均直径约为 50 nm 且粒径比较均匀。另外，根据高分辨率 SEM 分析多孔 SiO_2 的表面粗糙而且存在多孔结构。透射电镜分析证明，二氧化硅纳米粒子呈现非晶态结构。SiO_2-IL 的高分辨透射电子显微镜图中可以看到表面的壳结构，厚度大概为 4 nm，如图 3-19（b）中箭头所示。推测，该壳层结构对应二氧化硅表面接枝的离子液体。

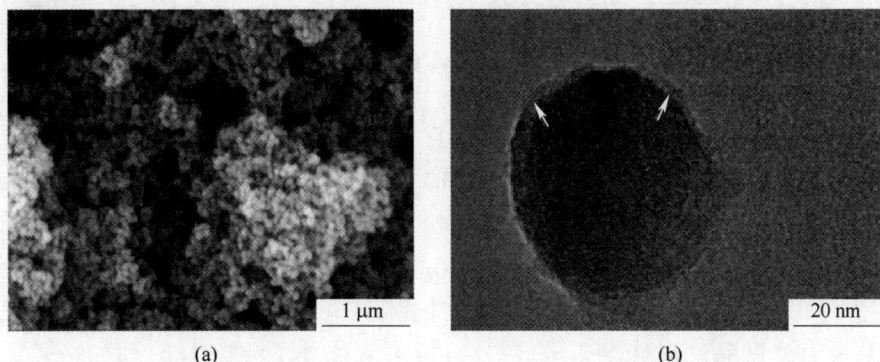

(a)　　　　　　　　　　　　　　(b)

图 3-19　多孔 SiO_2 的 SEM（a）和 SiO_2-IL 的 TEM（b）

为了进一步验证二氧化硅表面的接枝状态，采用红外光谱和热失重分析进行表征。图 3-20（a）提供了二氧化硅改性前后的红外光谱图，可以看出，两种纳米材料的红外光谱不同。改性前后的二氧化硅都在 $1300\sim1000$ cm^{-1} 处出现了 Si—O—Si 的伸缩吸收峰[51-52]。对于 SiO_2-IL，在 2973 cm^{-1} 和 2941 cm^{-1} 处的振动峰归属于 IL 中—CH_2 的伸缩振动。1408 cm^{-1}、1447 cm^{-1} 和 1497 cm^{-1} 处的吸收峰

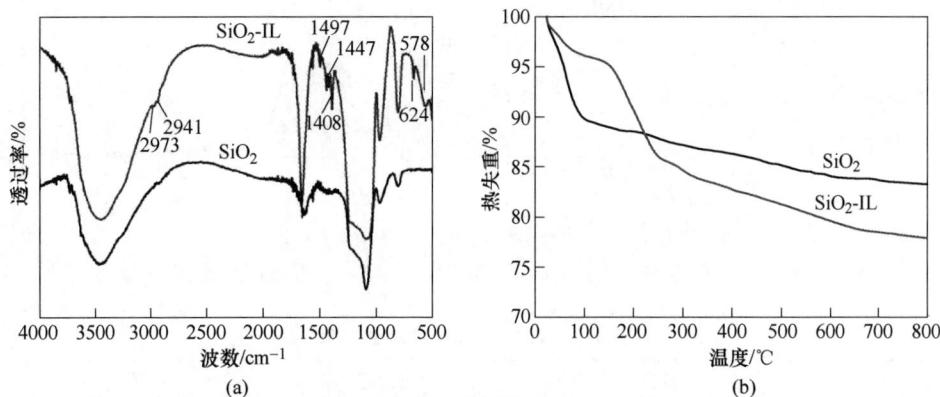

(a)　　　　　　　　　　　　　　(b)

图 3-20　SiO_2 和 SiO_2-IL 的 FTIR 光谱（a）和热失重分析（b）

是由接枝层中苯环的振动引起的。另外，从 SiO_2-IL 谱图中可以看出，在 624 cm^{-1} 和578 cm^{-1} 处出现了新峰，这些峰归属于 C—Cl 的振动。FTIR 结果表明，IL 成功接枝到 SiO_2 纳米粒子的表面。图 3-20（b）给出了多孔 SiO_2 和 SiO_2-IL 的热重结果，从热重曲线中能够看出，两种纳米材料在 100~200 ℃ 的损失较为明显。100 ℃ 左右的重量损失是由物理吸附水解吸引起的。随着温度从 100 ℃ 升高到 800 ℃，由于多孔 SiO_2 骨架中存在的结合水的解吸，多孔 SiO_2 的重量损失约为 5.3%。对于 SiO_2-IL，在 150~240 ℃ 发生的重量损失约 10.0%，主要是由于苄基氯官能团的分解引起的[53]。因此，从热稳定性的角度考虑，多孔 SiO_2 和 SiO_2-IL 在室温下可作为水润滑添加剂。

　　氮气吸附-脱附等温线研究了多孔 SiO_2 和 SiO_2-IL 纳米粒子的比表面积和孔径分布。从图 3-21（a）可以看出，多孔 SiO_2 和 SiO_2-IL 的氮气吸脱附表现出Ⅳ型吸附-解吸等温线，对应 2~50 nm 之间的介孔材料[51]。通过 Barrett-Joyner-Halenda（BJH）方法获得多孔 SiO_2 和 SiO_2-IL 的孔径分布（图 3-21（b））[54-55]，分别为约 3.1 nm 和约 2.7 nm。二氧化硅在 2.0~3.0 nm 处有尖锐的峰，表明 CTAB 模板被去除，多孔 SiO_2 孔径分布均匀。此外，SiO_2-IL 的孔径略微低于 SiO_2，主要是由于接枝的离子液体覆盖在二氧化硅表面，导致孔径下降。另外，表 3-2 给出了 SiO_2 和 SiO_2-IL 的物理结构参数。结果表明，多孔 SiO_2 纳米粒子具有较高的比表面积 1041.3 m^2/g，孔体积 1.02 cm^3/g，因此，可以提高离子液体的接枝率。另外，SiO_2-IL 的比表面积和总孔体积相对于 SiO_2 也有所降低，因此，以上结果证明离子液体被成功地接枝在二氧化硅表面。

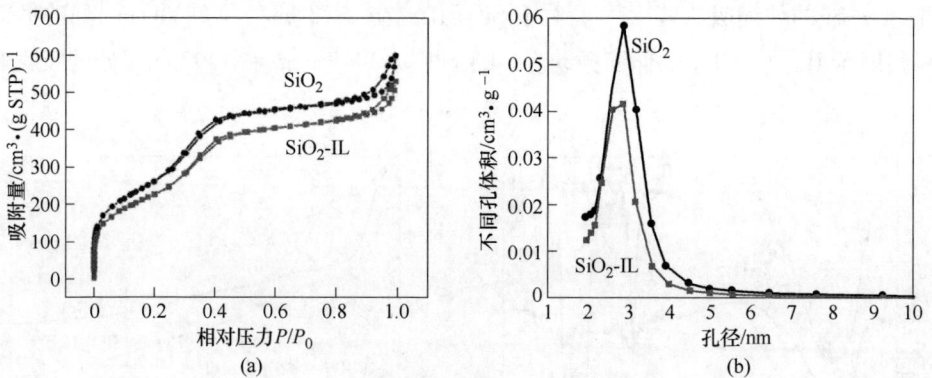

图 3-21　SiO_2 和 SiO_2-IL 的氮气吸脱附曲线（a）以及孔径分布图（b）

表 3-2　氮气吸脱附的分析结果

样品	BET 表面积/$m^2 \cdot g^{-1}$	孔体积/$cm^3 \cdot g^{-1}$	孔径/nm
多孔 SiO_2	1041.3	1.02	3.7
多孔 SiO_2-IL	878.2	0.92	3.5

3.2.3　水润滑环境下聚酰亚胺复合材料的摩擦学行为

摩擦实验采用球-盘点接触、往复运动的 UMT-2 型微摩擦磨损试验机进行评价。实验测试条件：载荷 1 N、2 N 和 5 N，对应于 70 MPa、90 MPa 和 120 MPa 的赫兹接触压力，频率 15 Hz，振幅 5 mm，时间 20 min，所用上试样为直径 3 mm 的市售不锈钢球（SUS316，GB 9944—1988），下试样为聚合物试样 PI/SCF/Gr。

图 3-22 给出了水润滑下，2%（质量分数，下同）SiO_2 和 SiO_2-IL 作为添加剂时，PI/SCF/Gr 与 SUS316 摩擦系数的变化趋势。1 N 和 2 N 条件下，2% 的 SiO_2 作为润滑添加剂，摩擦系数的跑合时间比纯水和含 2% SiO_2-IL 添加剂的时间要长，而且，摩擦系数波动较大。2 N 时，SiO_2-IL 作为润滑添加剂获得的摩擦系数很快达到稳定，摩擦系数约为 0.10，明显低于纯水和含 2% SiO_2 润滑剂的摩擦系数。特别是纯水润滑条件下，摩擦系数在前 1000 s 内不断增加，然后逐渐达到稳定。2% SiO_2 作为润滑剂和水润滑条件下稳定的摩擦系数分别为 0.14 和 0.17。5 N 时，三种润滑剂所得到的摩擦系数有类似的趋势，波动都比较大，稳定后摩擦系数在 0.10 左右。

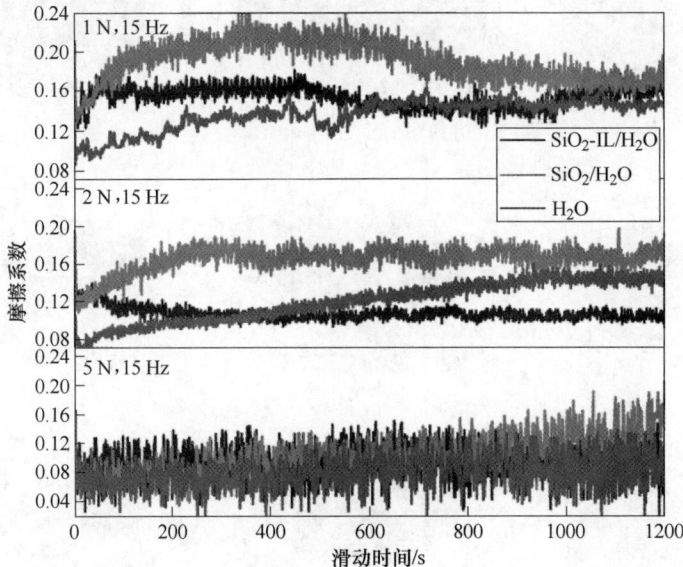

图 3-22　水润滑条件下，SiO_2 和 SiO_2-IL 作为润滑添加剂时，
PI/SCF/Gr 与 SUS316 摩擦系数的变化

3.2.4　水润滑环境下聚酰亚胺复合材料的摩擦磨损机理

图 3-23 提供了三种润滑条件下，PI/SCF/Gr 磨损的三维轮廓图。SiO_2 的加

入导致聚合物的磨损比较严重，平行于摩擦方向有较深的犁沟。据推测，将合成的多孔 SiO_2 纳米颗粒加入水中引起了摩擦界面的三体磨损，划伤比较严重。而当使用 SiO_2-IL 作为润滑剂添加剂时，聚合物刮擦缓和，犁沟也没之前明显。磨损样品的 SEM 图也提供了相关的证据（图 3-24）。从图 3-23 和图 3-24 可以看出，用纯水和含有 SiO_2-IL 添加剂得到的聚合物的磨损较低，而二氧化硅导致了较严重的划伤。图 3-25 比较了聚合物样品的特征磨损率。1 N 和 2 N 的载荷条件下，添加二氧化硅，PI/SCF/Gr 表现出较高的磨损率。相反，将 IL 接枝的 SiO_2 纳米材料加入水中作为添加剂，可以降低磨损率。2 N 时，与纯水润滑相比，SiO_2-IL 用作添加剂，磨损率下降了 28.8%。5 N 时，SiO_2-IL 作为润滑添加剂，PI/SCF/Gr 的磨损率低于纯水和含有 SiO_2 得到的磨损率。因此，以 SiO_2-IL 为润滑添加剂时，提高了聚合物复合材料的摩擦学性能。这与之前得到的聚合物磨损的三维轮廓基本一致。

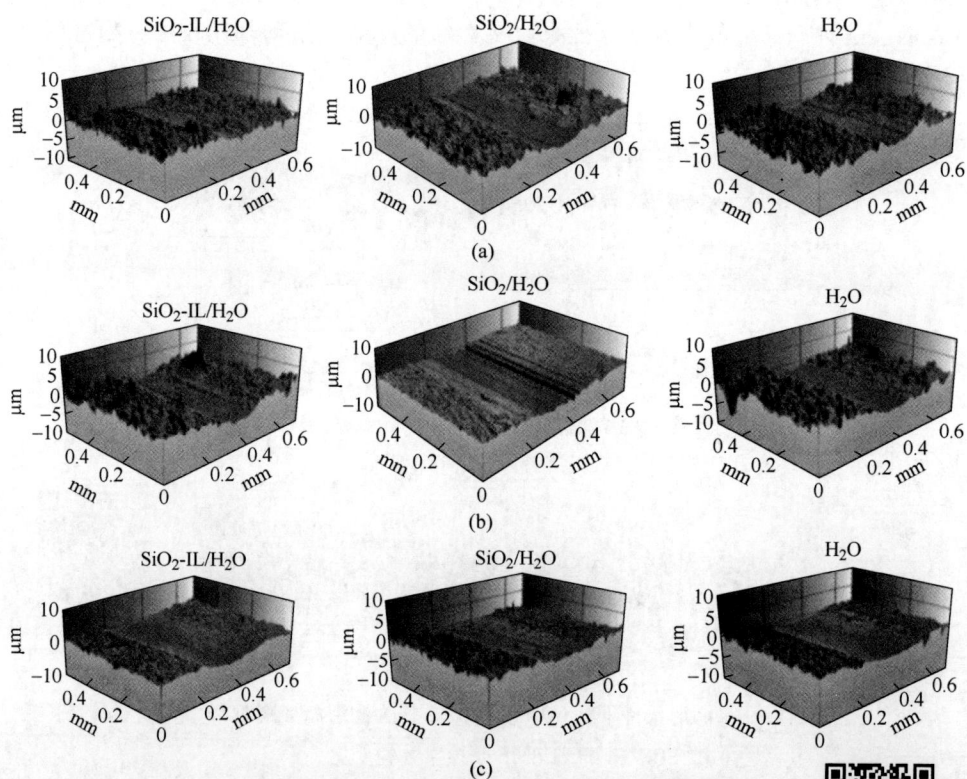

图 3-23　SiO_2-IL 作为添加剂、SiO_2 作为添加剂以及水润滑条件下，
PI/SCF/Gr 在 1 N（a）、2 N（b）和 5 N（c）时的三维磨损轮廓

图 3-23 彩图

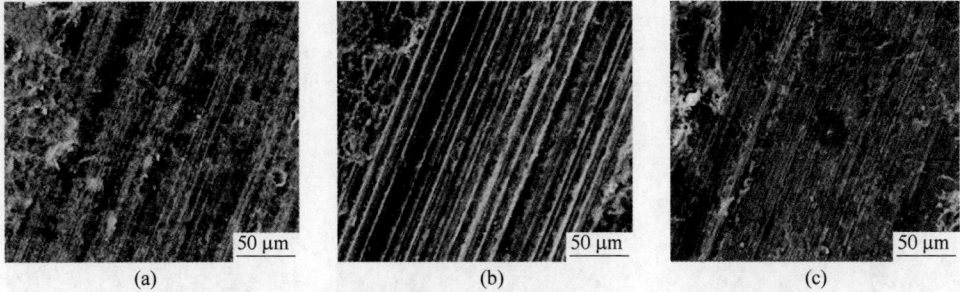

图 3-24　2 N 时 PI/SCF/Gr 在三种润滑状态下的磨损率
（a）SiO$_2$-IL；（b）SiO$_2$ 添加剂；（c）水

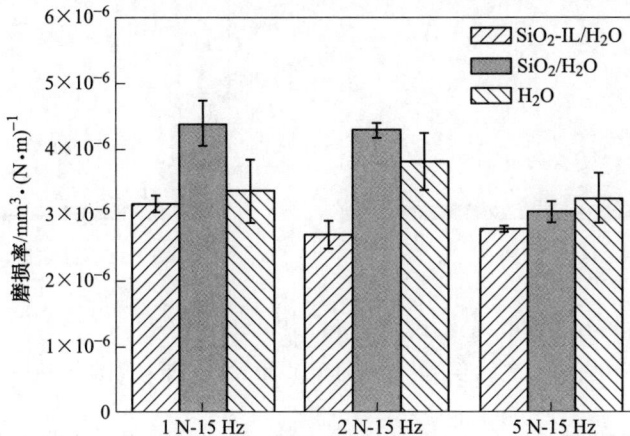

图 3-25　PI/SCF/Gr 在 SiO$_2$-IL、SiO$_2$、水润滑条件下的磨损率
SiO$_2$-IL/H$_2$O—离子液体改性二氧化硅水润滑；SiO$_2$/H$_2$O—二氧化硅水润滑；H$_2$O—水润滑

　　图 3-26 比较了三种润滑条件下，PI/SCF/Gr 与 SUS316 摩擦后钢球表面的 SEM 图片。如图 3-26（a）所示，SiO$_2$-IL 润滑条件下，对偶表面的转移膜比较均匀，避免了摩擦副的直接接触。EDS 分析证实，除不锈钢中的元素外，转移膜主要由碳、硅、氧和氯元素组成（图 3-26（a1））。氯元素的存在表明 SiO$_2$-IL 的壳层材料转移到了对偶表面。碳质材料来自 SiO$_2$-IL 的壳层和 PI/SCF/Gr 的转移。如图 3-26（b）和图 3-26（b1）所示，当合成的 SiO$_2$ 纳米颗粒直接作为添加剂使用时，会形成厚而不均匀的转移膜。SiO$_2$ 的存在导致 PI/SCF/Gr 明显的划伤（图 3-23 和图 3-24（b））。对于无润滑添加剂的水润滑条件，不锈钢对偶表面由于聚合物中硬质纤维的存在也被划伤（图 3-26（c）），而且摩擦副之间没有承载作用的转移膜形成，因此，摩擦磨损比较严重。推测，水分子的存在降低了聚

酰亚胺和不锈钢对偶之间的结合，而 SiO_2-IL 添加剂通过促进转移膜的形成能够改善水润滑摩擦的弊端。

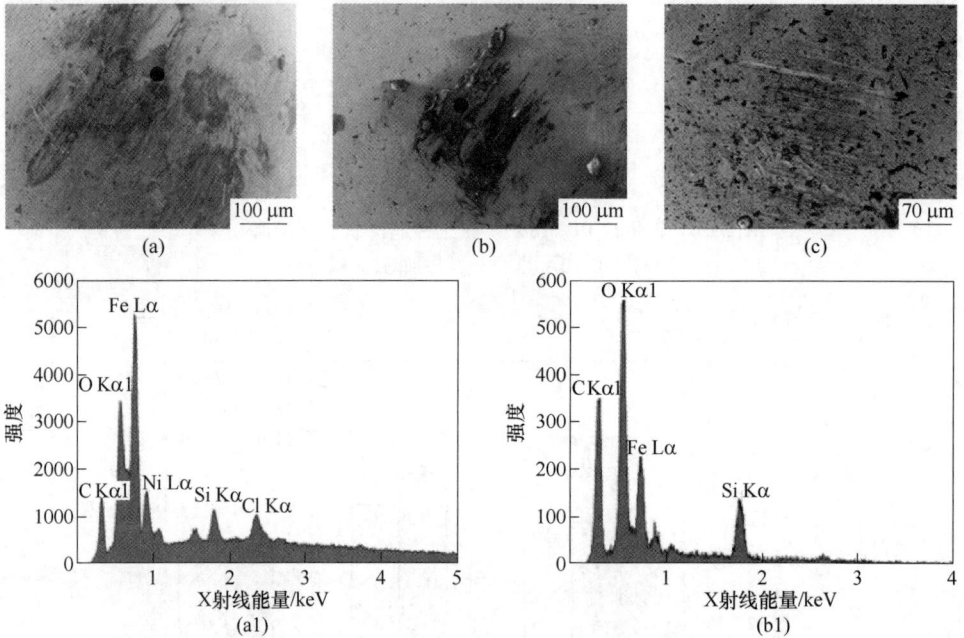

图 3-26　2N 时添加 SiO_2-IL(a)(a1)、SiO_2(b)(b1) 以及纯水（c）条件下 PI/SCF/Gr 与 SUS316 摩擦后在不锈钢表面形成转移膜的 SEM 和 EDS 结果（圆点代表 EDS 表征区域）

XPS 分析结果表明，SiO_2-IL 用作添加剂时，对偶表面形成的保护膜主要由碳、氧、硅和氯元素组成。C 1s 能谱图中 284.5 eV、285.5 eV、286.7 eV 和 288.4 eV 处的峰对应于 C—C、C—N、C—O 和 C＝O 结合能，证明聚酰亚胺转移到对偶表面。O 1s 能谱图中 531.8 eV 和 531.2 eV 处的峰归因于聚酰亚胺的 C＝O 和 C—O 结合能。O 1s 能谱图中 532.4 eV 处的峰和 Si 2p 谱中 103.0 eV 处的峰对应于多孔 SiO_2 中的 Si—O。从图 3-27 中的 Fe 2p 能谱中未发现 Fe_2O_3 的结合能，然而，当使用 SiO_2 作为添加剂时，Fe 2p 中 725.0 eV 和 710.8 eV 处的峰和 O 1s 中 530.0 eV 处的峰（图 3-28）确定了氧化铁的存在。因此，SiO_2-IL 用作添加剂时，转移的材料覆盖在对偶表面降低了不锈钢的表面氧化。而 SiO_2 纳米颗粒作为添加剂使用时，对偶有部分氧化。另外，Si 2p 能谱中 Si—C 的结合能，证明 SiO_2-IL 转移到了对偶上。除 C—Cl 之外，Cl 2p 的能谱中还提供了 Fe—Cl 在 198.2 eV 处的能谱峰，证实接枝层的阴离子被吸附在对偶表面上，然后与对偶发生了反应，提高了转移膜与对偶之间的结合。

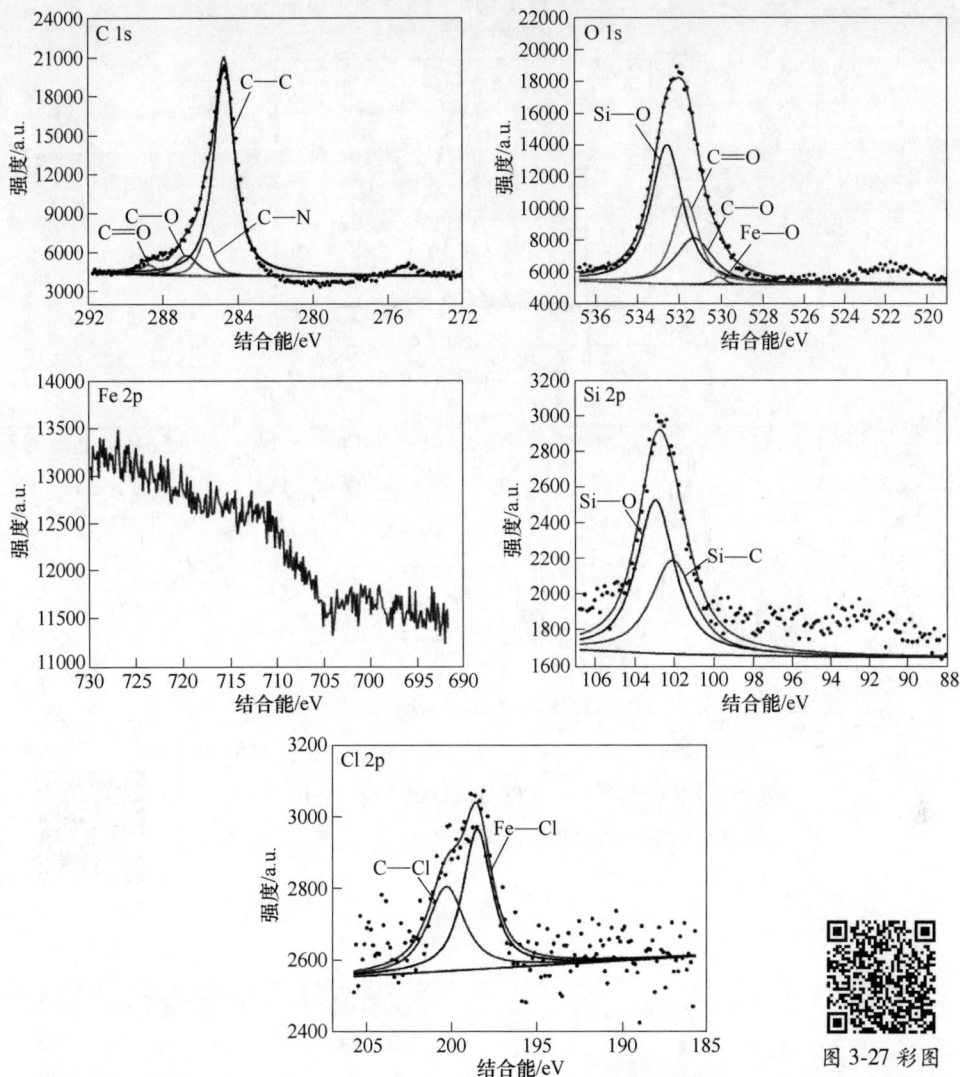

图 3-27 2 N 时添加 SiO₂-IL 情况下 PI/SCF/Gr 与 SUS316 摩擦后在不锈钢
表面形成转移膜的 XPS 能谱 C 1s、O 1s、Fe 2p、Si 2p 和 Cl 2p

由于离子液体的电子层结构，阴离子可以很容易地吸附到不锈钢对偶表面的正电荷区域，在纳米粒子上的反阴离子可以依次组装。如图 3-29 所示，摩擦界面形成强化吸收层，可以提高界面的耐极压性[46]。另外，接枝的离子液体层中的活性元素能够与钢表面的金属发生摩擦化学反应[56-58]。因此，对偶表面形成了含有二氧化硅的保护性转移膜，从而改善边界润滑性能，提高转移膜与对偶之间的结合。所以，SiO₂-IL 用作水润滑添加剂，可以明显改善聚合物复合材料-金属配副的摩擦行为。

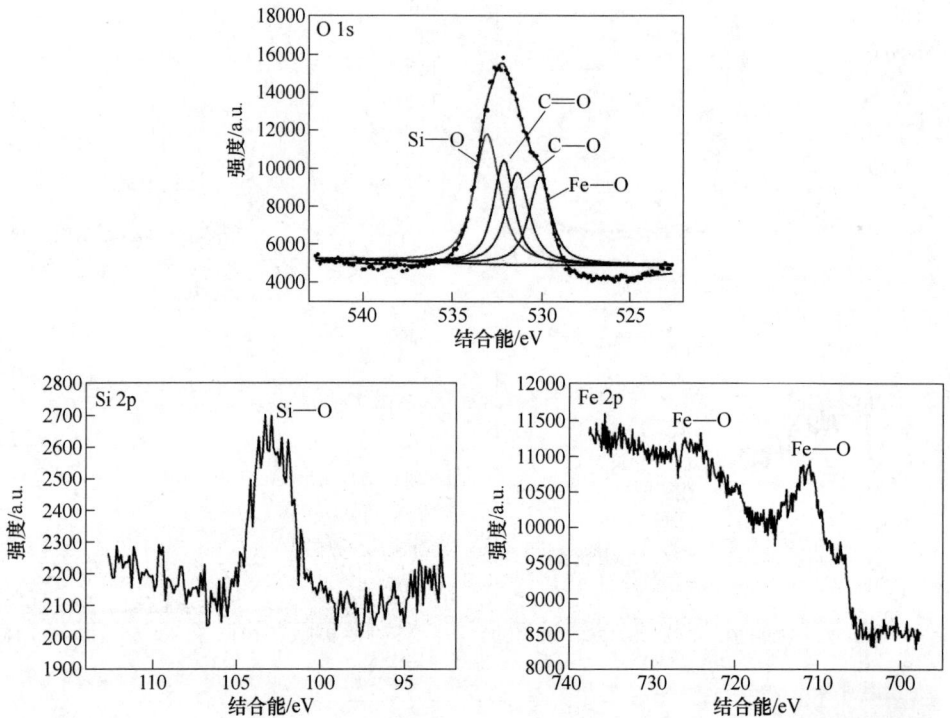

图 3-28　2 N 时添加 SiO_2 情况下 PI/SCF/Gr 与 SUS316 对摩后
在不锈钢表面形成转移膜的 XPS 能谱 O 1s、Si 2p 和 Fe 2p

图 3-28 彩图

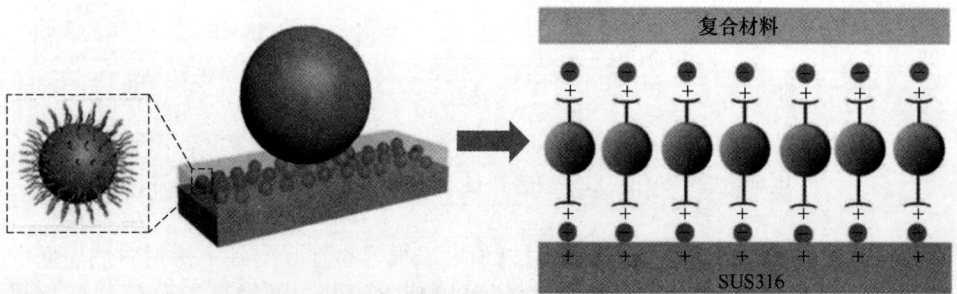

图 3-29　金属对偶表面形成吸附层的示意图

3.2.5　小结

在本节工作中，合成了新型的亲水性离子液体，即 1-甲基-3-(4-乙烯基苄基)咪唑氯盐离子液体（VBIM-Cl），通过原子转移自由基聚合方法将其成功接枝在 SiO_2 表面得到 SiO_2-IL，用来调控边界膜的形成。通过 Stöber 法制备的 SiO_2，具有较高的比表面积（1041.3 m^2/g），可以提高其接枝效率，促进 SiO_2-IL 与对偶之间的吸附。本节主要研究了离子液体表面改性多孔纳米颗粒对水润滑条件下聚酰亚胺复合材料-不锈钢配副界面作用的影响，得出以下结论：

（1）SiO_2-IL 作为水润滑添加剂能够显著降低聚合物复合材料的摩擦系数和磨损率。不锈钢对偶表面形成均匀的保护性转移膜，避免了摩擦副之间的直接接触，提高了系统的边界润滑效果。与未功能化的多孔 SiO_2 纳米颗粒相比，SiO_2-IL 作为添加剂的润滑性能更好。

（2）SiO_2-IL 用作添加剂实现了固-液复合润滑。离子液体可促使摩擦表面双电子层的形成以及摩擦化学反应发生，SiO_2 纳米核的嵌入可提高转移膜的承载能力。

3.3 油润滑条件下金属镍增强聚酰亚胺复合材料摩擦学性能研究

3.3.1 引言

良好的润滑状态是摩擦系统正常运行的前提，也是影响复杂工况下轴承摩擦、振动、温升等服役性能的重要因素。研究表明，在聚合物复合材料中加入功能性填料能够显著改善材料的摩擦学性能，摩擦过程中功能性填料被释放到界面生成高承载和稳定性的转移膜，大幅提升聚合物复合材料的抗磨性[59-62]。另外，具有催化活性的过渡金属及其化合物加入润滑油中在摩擦过程中使油分子脱氢裂解，降低了摩擦配副的磨损。Ren 等[63]研究证实，溶质银原子在滑动界面上促使基础油分子原位形成了自润滑洋葱状碳结构（OLCs），说明活性银原子具有有效的化学催化效果。此外，滑动表面上的基础油（PAO）油分子在铜或镍（Ni）存在时发生裂解形成其他碳同素异形体，也证实过渡金属的催化效应可以将聚乙烯醇分子转化为碳基转移膜[64]。另有研究表明，亲铁的元素 Ni 与轴承钢之间良好的相容性和附着力可以提高原位形成的碳基转移膜的承载能力[65-66]。

本小节以聚酰亚胺作为基体材料，对比研究了常规碳纤维（CF）增强、过渡金属 Ni 增强及两者协同增强的 PI 复合材料在边界润滑条件下的摩擦学性能，系统分析了界面转移膜纳米结构及化学组成，阐明转移膜构筑的机理。预计本项工作将为过渡金属在边界润滑条件下协同制造高性能自润滑聚合物基复合材料提供思路。

3.3.2 金属镍增强聚酰亚胺复合材料的制备及性能表征

为了衡量材料的力学性能，对制备的一系列聚酰亚胺复合材料进行了硬度、拉伸强度、压缩强度测试，结果如表 3-3 所示。

表 3-3　PI、5CF/PI、10CF/PI、15CF/PI、3.5Ni/PI、5Ni/PI、10Ni/PI
和 5Ni/10CF/PI 的硬度、拉伸强度和压缩强度

材料	邵氏硬度	拉伸强度/MPa	压缩强度/MPa
PI	88	121	163
5CF/PI	90	130	188
10CF/PI	90	140	190
15CF/PI	91	158	211
3.5Ni/PI	89	111	216
5Ni/PI	90	112	184
10Ni/PI	92	96	203
5Ni/10CF/PI	91	121	209

如表 3-3 所示，当在聚酰亚胺基体中加入 10%（体积分数）的 CF 时复合材料的邵氏硬度从 88HD 提高到 90HD；与加入 CF 相比，当加入 10%（体积分数）Ni 颗粒时 PI 复合材料的邵氏硬度提高到 92HD。纯 PI 的拉伸强度和压缩强度分别为 121 MPa 和 163 MPa，而 CF 和 Ni 颗粒作为增强相的加入显著提高了 PI 的压缩强度，10%（体积分数）CF 的加入使复合材料的拉伸强度提高了 15.7%，但 Ni 颗粒的加入略微降低了拉伸强度，对复合材料的整体性能影响不大。图 3-30

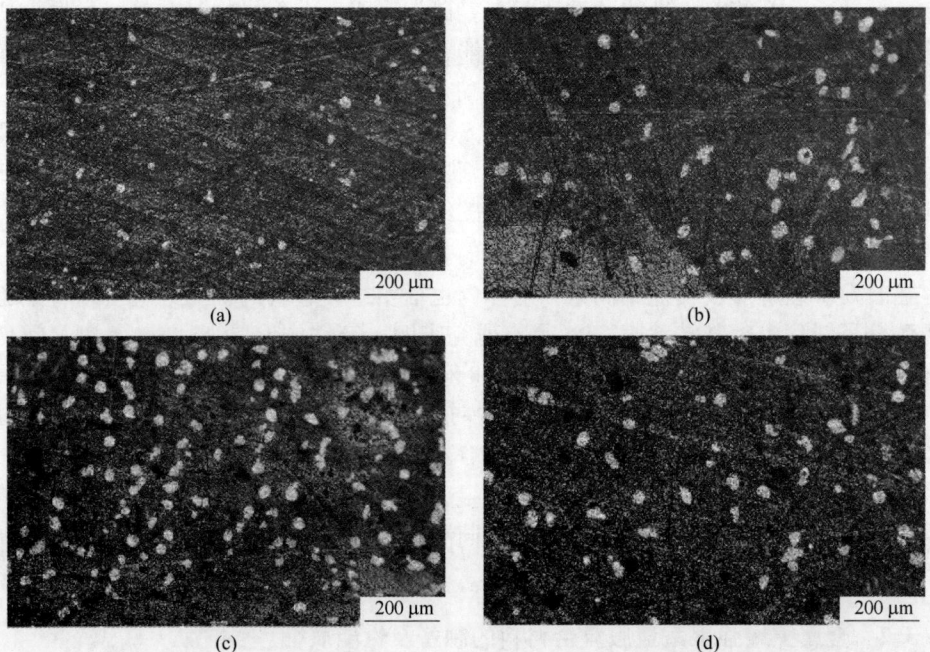

图 3-30　3.5Ni/PI（a）、5Ni/PI（b）、10Ni/PI（c）和 5Ni/10CF/PI（d）的光镜照片

显示 Ni 颗粒均匀地分散在 PI 基体中，图 3-31 结果显示 Ni 颗粒的填入并不会对 PAO 油与 PI 复合材料的接触角造成负面影响，复合材料表现出亲油性。

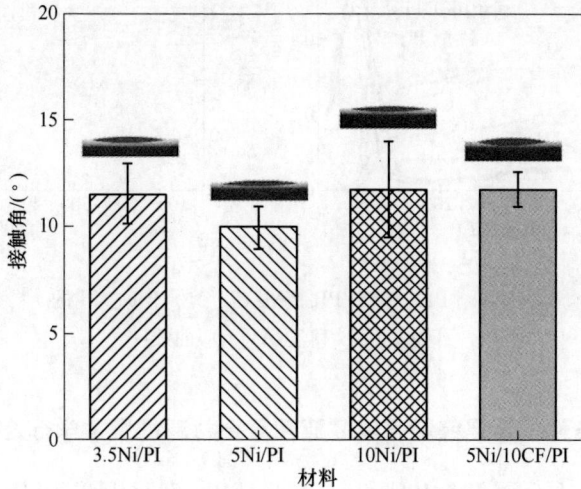

图 3-31 PAO 油与 3.5Ni/PI、5Ni/PI、10Ni/PI 和 5Ni/10CF/PI 的接触角

聚酰亚胺因其优异的耐高温性可以作为高性能聚合物自润滑复合材料的理想基体。图 3-32（a）显示了 PI、10CF/PI、5Ni/PI、5Ni/10CF/PI 的储能模量和损耗因子随温度的变化规律，PI 复合材料的储能模量显著高于纯 PI，与之前的研究结果一致，向聚合物基体中添加增强颗粒会增加其储能模量[67]。与 10CF/PI 相比，5Ni/10CF/PI 在 40~225 ℃ 的温度范围内表现出更高的储能模量。材料的储能模量通常与其刚度相关联，随着材料刚性的增加，聚合物材料的储能模量也随之增加。众所周知，较高的模量有助于减小摩擦力下的附着力，从而减轻摩擦层的黏滑运动[68-70]。比较制备 PI 复合材料的 tanδ（损耗因子）峰值，表明 CF 和 Ni 的引入对 PI 玻璃化转变温度（T_g）的影响可忽略不计；同时 tanδ 曲线证明分别单独引入 CF 和 Ni 能够改善 PI 的阻尼特性和减振性能[71-72]，对 PI 的玻璃化转变温度的影响可忽略不计。5Ni/10CF/PI 显示出比其他材料稍宽的峰值宽度，并且在更宽的温度范围内具有更好的材料设计能力[73]。图 3-32（b）显示了 PI 基材料的 TGA 曲线，在空气气氛下对于纯聚酰亚胺和复合材料做了 TGA 分析，由于氧化作用材料自测试开始时至分解阶段有缓慢的质量上升，聚酰亚胺基材料分解起始温度为 545 ℃，填料对聚酰亚胺基体的耐热性没有显著影响。

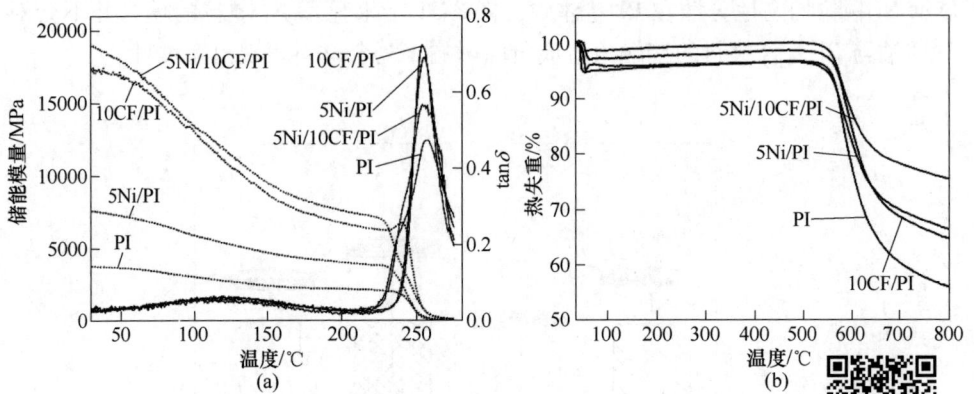

图 3-32   PI、10CF/PI、5Ni/PI、5Ni/10CF/PI 的
DMA（a）和 TGA（b）曲线

图 3-32 彩图

3.3.3   油润滑条件下金属镍增强聚酰亚胺复合材料的摩擦学行为

图 3-33（a）显示了 PI、10CF/PI、10Ni/PI 和 5Ni/10CF/PI 随滑动时间和滑动速度变化的摩擦系数演变。摩擦试验在室温下进行，试验期间通过热电偶监测油槽中润滑油的温度，滑动速度范围为 0.03～0.3 m/s。从图中可以看出，在整个滑动过程中，纯聚酰亚胺的摩擦演变显示出较大的波动，当速度从 0.1 m/s 提高到 0.2 m/s 时，材料摩擦系数显著降低。与纯 PI 相比，CF 增强聚酰亚胺在每个阶段的摩擦系数都显著更低。含 Ni 的 PI 基材料（即 10Ni/PI 和 5Ni/10CF/PI）的摩擦系数低于纯 PI 和 10CF/PI，尤其是在速度高于 0.05 m/s 时。

此外，含 Ni 的聚酰亚胺基材料的摩擦系数更平滑，这可以归因于稳定摩擦膜的生长。图 3-33（b）显示了聚酰亚胺基材料的平均摩擦系数作为滑动速度的函数。对于含 Ni 的聚酰亚胺基材料的滑动，随着速度从 0.03 m/s 增加到 0.10 m/s，摩擦系数比纯 PI 和 10CF/PI 的摩擦系数下降更明显。我们推测，摩擦系数的快速降低可能与界面处的摩擦膜生长有关，从而增强了滑动副在边界条件下的润滑效果。

图 3-34 比较了纯 PI、10CF/PI、5Ni/PI 和 5Ni/10CF/PI 的摩擦演变曲线，这些摩擦演变曲线分别在 100 N 和 200 N 下以 0.20 m/s 的恒定速度获得，使用 PAO 基础油作为润滑剂。λ 是最小膜厚度与组合粗糙度的比值[74]。根据 Hamrock Dowson 方程计算，当 100 N 和 200 N 下的滑动速度为 0.20 m/s 时，λ 分别为 0.44 和 0.40，证明该条件下滑动处于边界润滑状态。

在 100 N 下，PI 的摩擦系数在最初的 1 h 内逐步增加，并稳定在 0.13 左右。相反，10CF/PI 的摩擦因数在最初的 1.5 h 内下降，有趣的是，5Ni/PI 的滑动摩擦系数在磨合过程中大大降低，即从高于 0.1 降至低于 0.02。也就是说，在磨合

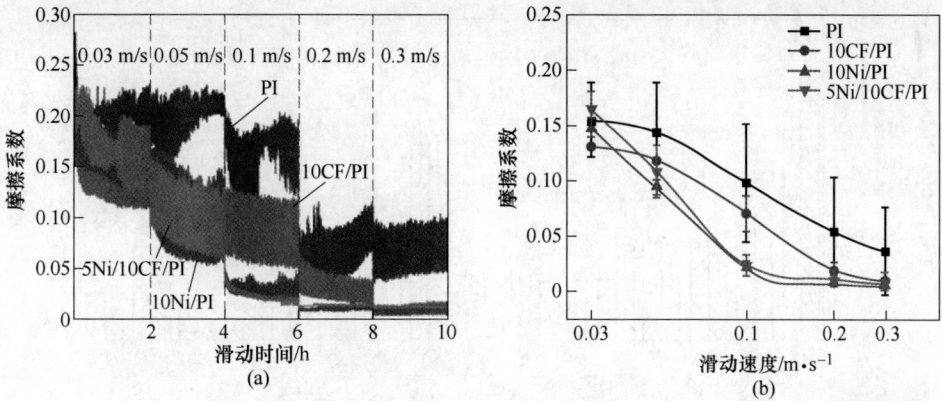

图 3-33 PI、10CF/PI、10Ni/PI 和 5Ni/10CF/PI 的摩擦演变随滑动
时间和滑动速度变化（从 0.03 逐步增加到 0.3 m/s）（a）；
每个滑动速度最后 1 h 平均摩擦系数得出的 Stribeck 曲线（b）

（负载：100 N；润滑剂：PAO 基础油）

图 3-33 彩图

阶段之后，5Ni/PI 表现出超低的摩擦系数，这很可能与摩擦膜生长有关，如下章节所述。与 5Ni/PI 相比，5Ni/10CF/PI 的滑动磨合时间缩短。类似地，200 N 时，含 Ni 材料显示出比纯 PI 低得多的摩擦系数，如图 3-34（b）所示。

图 3-34（c）显示了 100 N、200 N 条件下 PI 基复合材料的磨损率和平均摩擦系数。CF 的引入降低了 PI 基体的摩擦系数和磨损率，并且 CF 体积分数从 10% 增加到 15% 并不显著影响磨损率。特别是，5Ni/PI 的摩擦系数和磨损率显著低于仅填充有常规 CF 增强材料的复合材料。在 CF 和 Ni 颗粒增强的三种 PI 复合材料中，5Ni/PI 的摩擦系数最低。在所研究的材料中，5Ni/10CF/PI 表现出最高的耐磨性。由此推断，在边界润滑条件下，CF 和 Ni 在提高 PI 的耐磨性方面发挥出协同作用。

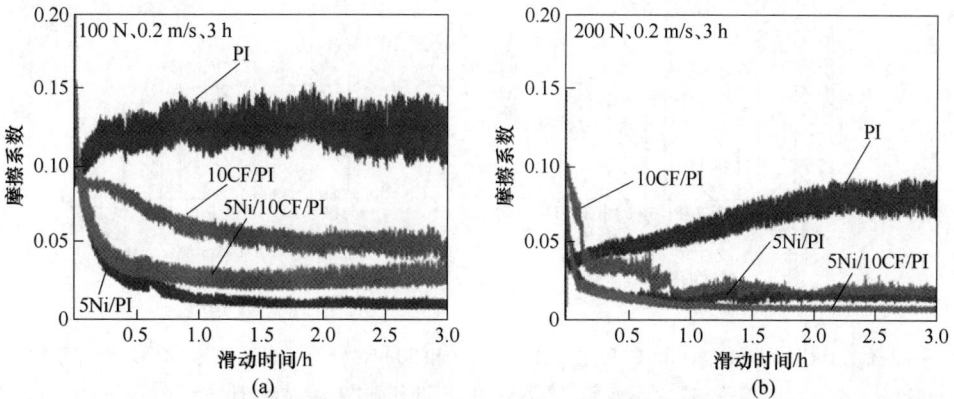

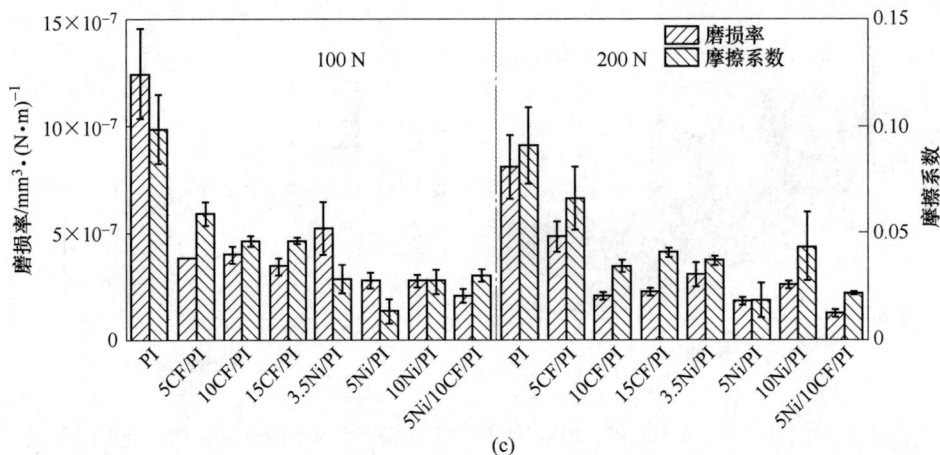

图 3-34　分别在 100 N（a）和 200 N（b）下，纯 PI、10CF/PI、

5Ni/PI、10Ni/PI 的摩擦演变随滑动时间的变化；

PI 基材料的磨损率和平均摩擦系数（c）

（滑动速度：0.2 m/s；润滑剂：PAO 基础油）

图 3-34 彩图

　　如图 3-35（a）所示，由于 ZDDP 的存在，10CF/PI 复合材料显示出比用 PAO 基础油在 100 N、0.2 m/s 下滑动更好的减摩和抗磨性能。如下所示，ZDDP 在油中的存在促进了摩擦化学层的形成，这对于降低摩擦和磨损至关重要。CF 末端与钢表面摩擦的高闪温可引发 ZDDP 的化学反应[75-77]。令人印象深刻的是，即使 5Ni/10CF/PI 用 PAO 基础油润滑，其摩擦系数也相当，但耐磨性明显高于用 ZDDP 油润滑的 10CF/PI。此外，即使使用 PAO 基础油润滑，5Ni/10CF/PI 也显示出比使用 ZDDP 油润滑的 10CF/PI 更高的耐磨性。然而，ZDDP 在 200 N 时也起到了减摩作

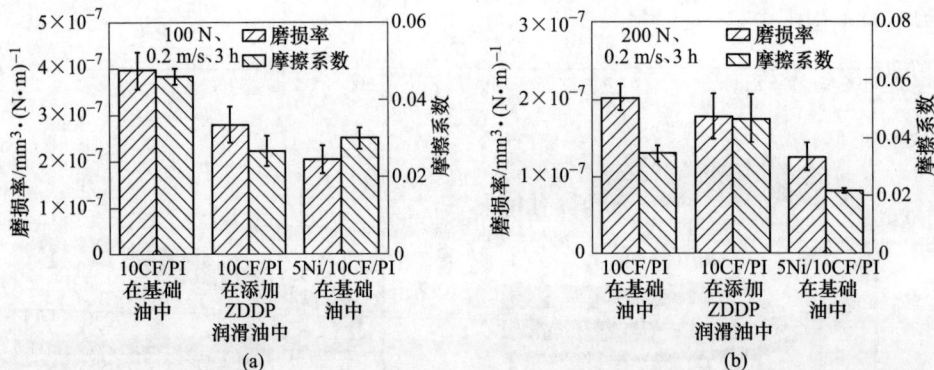

图 3-35　10CF/PI 和 5Ni/10CF/PI 在 100 N（a）和 200 N（b）下的磨损率和平均摩擦系数

（滑动速度：0.2 m/s；润滑剂：10CF/PI 分别用 PAO 基础油和 1%

（质量分数）ZDDP 添加油润滑；5Ni/10CF/PI 使用 PAO 基础油润滑）

用，其代价是引入了更高的摩擦系数（图 3-35（b））。高负荷下钢表面 ZDDP 的厚膜是高摩擦的原因[77-79]。有趣的是，在 200 N 下，用基础油润滑的 5Ni/10CF/PI 表现出比用 ZDDP 油润滑的 10CF 更低的摩擦系数和磨损率。结果表明，通过以 Ni 为增强剂制备新型复合材料来降低 ZDDP 的利用率是可行的。

3.3.4 油润滑条件下金属镍增强聚酰亚胺复合材料的润滑机理

图 3-36 显示了纯 PI 和 10CF/PI 的磨损表面以及在 PAO 基础油和 ZDDP 油的润滑下滑动后钢表面的 SEM 图。图 3-36（a）中，PI 的磨损表面可以看到平行于滑动方向的深沟。据推测，这些凹槽是由于硬质钢对偶件施加的磨损而产生的。在边界润滑条件下，黏附磨损和两体磨损是纯 PI 的主要磨损机制[80-82]。关于 10CF/PI 的滑动，CF 承受大部分载荷，因此显著减少了摩擦界面处的实际接触面积，并提高了 PI 基体的耐磨性[83-84]。磨损表面变得更光滑，预示磨损减轻（参见图 3-36（b）和（c））。此外，粉碎的 CF 颗粒可以转移到钢的表面并填充钢表面的凹槽，从而起到润滑作用[84-85]。在这种情况下，纤维变薄成为一种重要的磨损机制。

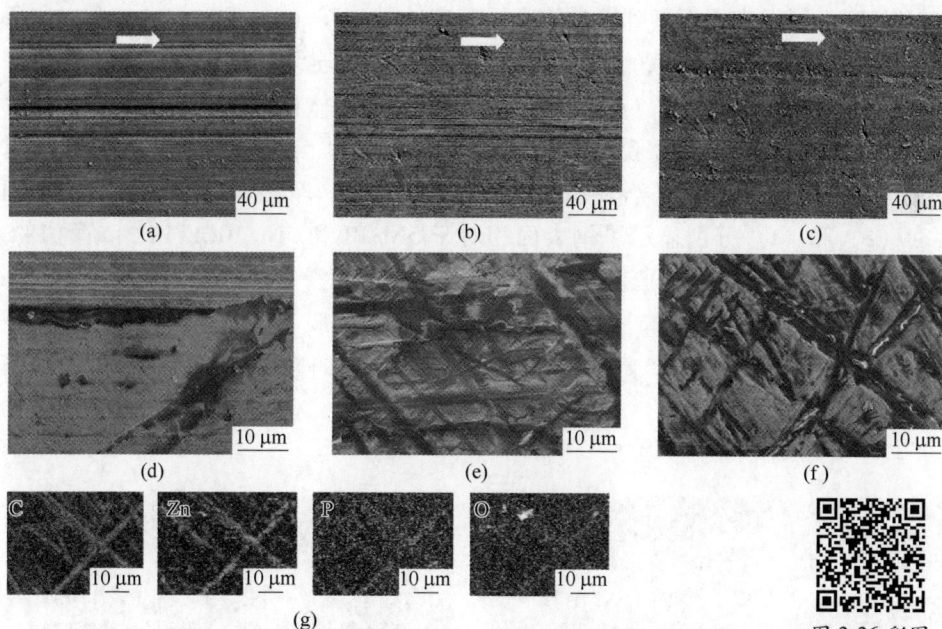

图 3-36　PI（a）和用 PAO 基础油润滑的 10CF/PI（b）的磨损表面 SEM 图；
ZDDP 添加油润滑 10CF/PI 的 SEM 图（c）；纯 PI（d）、10CF/PI（PAO 基础油作为润滑剂）
（e）和 10CF/PI（ZDDP 添加油）（f）摩擦钢背面的 SEM 图；在 ZDDP 添加油的润滑下，
与 10CF/PI 材料滑动的钢表面 C、Zn、P 和 O 元素的 EDS（g）

（箭头显示滑动方向；滑动速度：0.20 m/s；负载：200 N）

图 3-36（b）显示了在 PAO 基础油中用纯 PI 摩擦后钢表面的 SEM 图。钢表面被磨损划伤，原始粗糙度消失，观察到来自粉碎的聚合物颗粒或/和摩擦化学产物的 C 基材料。正如在 PAO 基础油中用 10CF/PI 摩擦的钢表面所注意到的（图 3-36（e）），没有发生严重磨损，大部分原始粗糙度凹槽填充有转移的材料，这与之前的工作结果一致[86-87]，破碎的 CF 转移到钢表面可以减少材料的摩擦和磨损。

值得注意的是，在滑动过程中，CF 尖端与钢摩擦时会出现高闪温，因此钢表面会发生摩擦氧化，该结果通过后面 XPS 的相关分析也能证实。在 ZDDP 油润滑下，在与 10CF/PI 滑动后，钢表面的材料转移也很明显，尤其是在粗糙的凹槽中（图 3-36（f））。此外，从钢表面（包括平台区域）识别出 P 和 Zn 元素（图 3-36（g））。在此假设 CF 端部与钢表面摩擦的高闪温会引发 ZDDP 的摩擦化学反应[77]。

图 3-37 显示了 5Ni/PI 和 5Ni/10CF/PI 磨损表面的 SEM 图，以及在 0.20 m/s 和 200 N 条件下在 PAO 基础油润滑下滑动后的钢表面 SEM 图。从 5Ni/PI 和 5Ni/100CF/PI 的磨损表面观察到轻微的磨损痕迹（图 3-37（a）和（b））。令人印象深刻的是，与 5Ni/PI 摩擦的原始钢表面覆盖了一层连续的摩擦膜，几乎填满了所有的粗糙凹槽（图 3-37（c））。对于 5Ni/10CF/PI 材料，钢表面的摩擦膜似乎比 5Ni/PI 材料产生的摩擦膜薄，但它覆盖了大部分平台区域，并且比 5Ni/PI 材料的摩擦膜更均匀。似乎当硬质 CF 刮擦钢表面时，摩擦膜厚度可以减小。图 3-38（e）和（f）分别显示了钢表面相对于 5Ni/PI 和 5Ni/10CF/PI 滑动的 EDS 图。经验证，C 基摩擦膜覆盖了两个钢表面，除 C 元素外，还从钢表面识别出 Ni 元素的存在，证实 PI 基体中的 Ni 颗粒也参与了摩擦膜的生长。摩擦膜可以避免 PI 基复合材料与滑动副直接接触，从而改善滑动副的边界润滑效果，弥补油膜的润滑不足。

40 μm

(a)

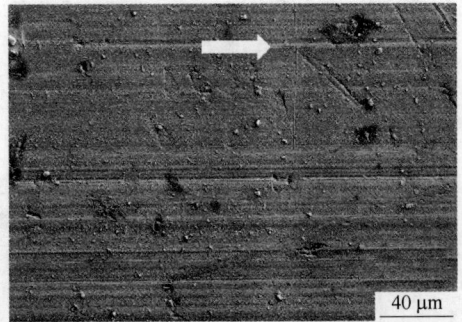

40 μm

(b)

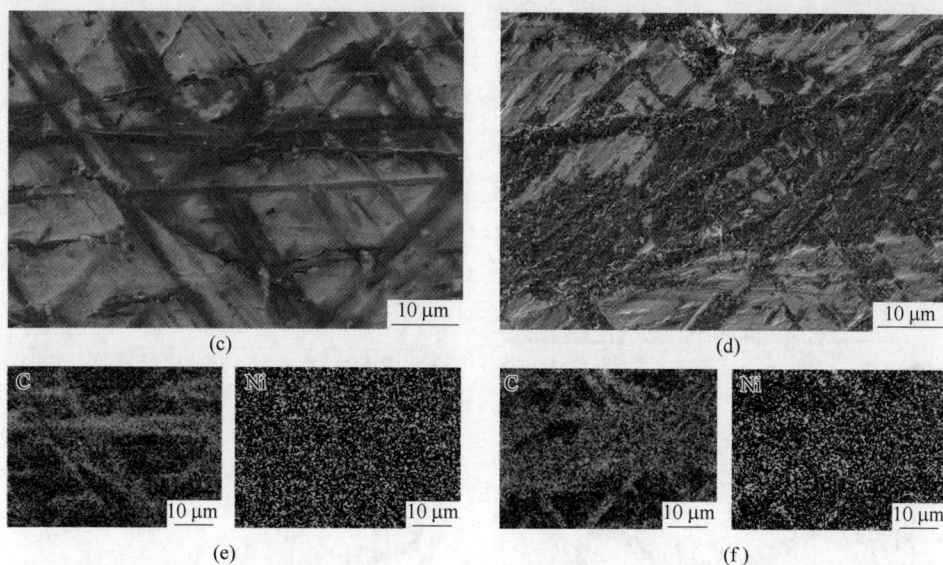

图 3-37　5Ni/PI（a）和 5Ni/10CF/PI（b）的磨损表面以及与 5Ni/PI（c）
和与 5Ni/10CF/PI（d）滑动的钢表面的 SEM 图；与 5Ni/PI（e）
和 5Ni/10CF/PI（f）滑动的钢表面上 C 和 Ni 元素的 EDS 图谱
（箭头显示滑动方向；滑动速度：0.20 m/s；
载荷：200 N；润滑剂：PAO 基础油）

图 3-37 彩图

　　从以上分析中可以看出，将 Ni 颗粒添加到纯 PI 和 CF 增强 PI 中，促进了钢环表面上的摩擦膜生长（参见图 3-36 和图 3-37），从而分离了摩擦副的直接摩擦。我们认为这是填充 Ni 的 PI 复合材料在边界润滑条件下表现出更高摩擦学性能的重要因素。

　　为了研究界面摩擦化学反应，对在 100 N、0.20 m/s 条件下与 10CF/PI 和 5Ni/10CF/PI 材料滑动的钢表面进行了 XPS 分析。图 3-38 中两个 C 1s 光谱中 284.8 eV、286.2 eV 和 288.6 eV 处的特征峰一一对应于 C—C 键、C—O 键、C—N 键和 N—C＝O 基团[88-89]。结果表明，10CF/PI 和 5Ni/10CF/PI 中的 CF 和 PI 转移到了钢的表面。531.5 eV 和 533.2 eV 处的特征峰对应于 C（C—O，C＝O）[88-89] 的氧化物基团，529.7 eV 处的特征峰对应于铁氧化物[90-91]，这些特征峰是从 10CF/PI 摩擦的钢表面的 O 1s 光谱中识别的。钢表面相对于 5Ni/10CF/PI 滑动的 O 1s 光谱中 530.3 eV 处的峰值归因于 Ni 氧化物[92-93]。

　　与 10CF/PI 材料滑动的钢表面上，零价 Fe 的特征峰不明显，而在 709.6 eV、711.6 eV 和 723.5 eV 处，氧化铁的特征峰清晰可见。由此推断，在与 10CF/PI 的滑动过程中钢表面发生了明显的摩擦氧化。从与 5Ni/10CF/PI 摩擦的钢表面的 Fe 2p 光谱（709.6 eV、711.6 eV 和 723.5 eV）中也鉴定出氧化铁。然而，与

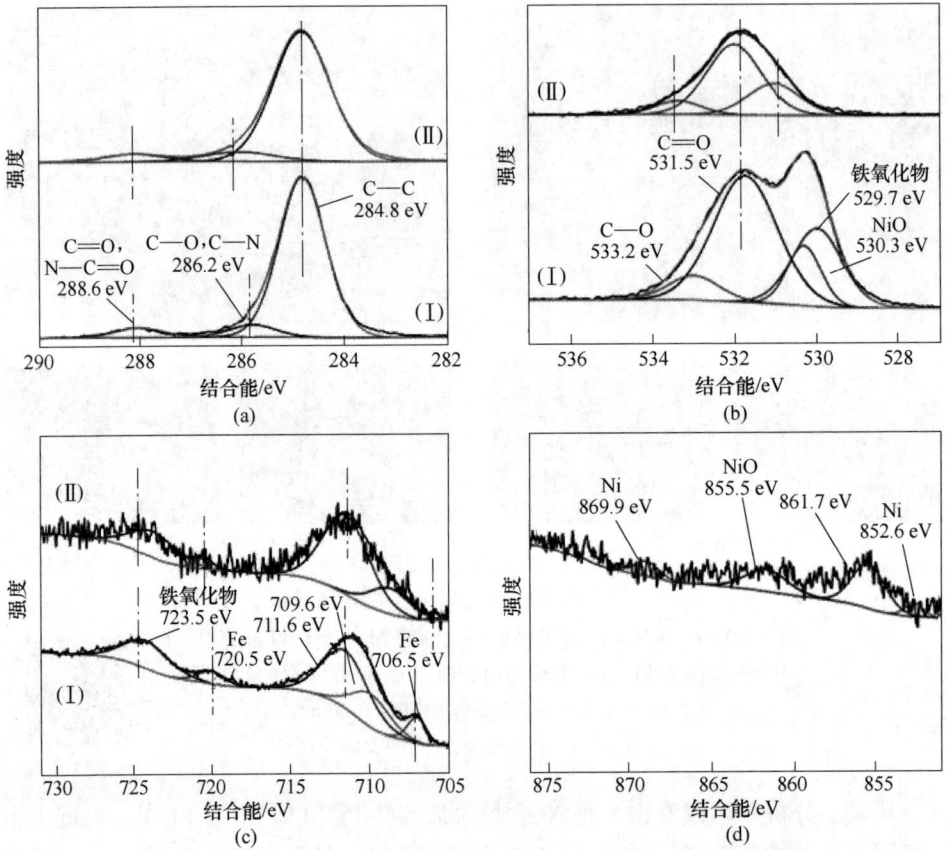

图 3-38   与 5Ni/10CF/PI（Ⅰ）和 10CF/PI（Ⅱ）材料滑动的钢表面摩擦膜的 C 1s（a）、

O 1s（b）、Fe 2p（c）、Ni 2p（d）XPS 光谱

（滑动速度：0.20 m/s；载荷：100 N；润滑剂：PAO 基础油）

10CF/PI 的滑动不同，从与 5Ni/10CF/PI 对摩的钢表面的 Fe 2p 光谱中可以清楚地注意到零价 Fe（706.5 eV 和 720.5 eV）的特征峰（图 3-38（c）），这暗示暴露于摩擦界面的 Ni 颗粒可以减轻钢表面摩擦氧化。图 3-38（d）中，与 5Ni/10CF/PI 滑动的钢表面的 Ni 2p 光谱在 855.5 eV 和 861.7 eV 处的特征峰对应于 Ni 氧化物（NiO）。此外，零价 Ni 在 852.6 eV 和 869.9 eV[92-95] 处的特征峰表明 Ni 从 5Ni/10CF/PI 转移到钢表面。

图 3-39 显示了用 PI（Ⅰ）、10CF/PI（Ⅱ）和 5Ni/10CF/PI（Ⅲ）在 PAO 基础油条件下摩擦后的钢表面拉曼光谱。明显的 G 峰（1580 cm^{-1}）和 D 峰（1350 cm^{-1}）在拉曼光谱中观察到。通过比较与纯 PI 和 10CF/PI 滑动的钢环表面碳元素 I_G/I_D 比，分别为 0.681 和 1.092。5Ni/10CF/PI 的摩擦膜的 I_G/I_D 比为 1.315，表明存在石墨化结构。由于存在重复应力和高闪蒸温度，石墨结构可以

在干摩擦和存在润滑的聚合物-钢界面处产生，正如最近的工作中观察到的[64, 96-97]。尽管尚未发现控制石墨结构形成的阻碍机制，但摩擦界面处的重复剪切力和闪蒸温度被认为对有机分子的石墨化很重要[64, 98-99]。

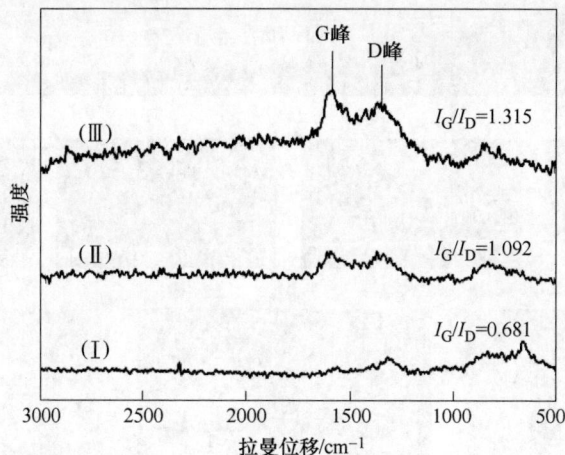

图 3-39 与 PI（Ⅰ）、10CF/PI（Ⅱ）和 5Ni/10CF/PI（Ⅲ）摩擦之后的钢表面的拉曼光谱
（滑动速度：0.20 m/s；载荷：100 N；润滑剂：PAO 基础油）

为了深入了解摩擦膜的纳米结构，对摩损界面进行了 FIB-TEM 分析。图 3-40 给出了与 5Ni/10CF/PI 材料滑动的钢表面横截面切片的 TEM 分析。图 3-40（a）中的 TEM 图提供了厚度约为 150 nm 的连续摩擦膜覆盖钢表面的直接证据。据推测，保护性摩擦膜改善了滑动副的边界润滑[96]。

根据图 3-40（b）得出的结论是，摩擦膜主要由非晶碳基基体组成，其中包含石墨晶体、Ni、NiO 和相当低比例的铁氧化物。从图 3-40（b）中的 Ni 和 O 元素 EDS 图中观察到钢表面上的连续 NiO 层，在其上方生长了均匀的 C 基摩擦膜。对图 3-40（a）所示区域Ⅰ进行更仔细的检查，验证了 NiO 层的存在，其晶格条纹为 0.241 nm（图 3-40（c））。当 Ni 颗粒在滑动开始阶段与钢摩擦时，钢表面上会产生 NiO 层。在区域Ⅱ中发现了具有 0.34 nm 晶格条纹的有序石墨晶体结构（图 3-40（d）），这与拉曼结果一致（参见图 3-39）。此外，还验证了铁氧化物（晶格条纹 0.256 nm）的存在（图 3-40（d））。石墨纳米晶体的存在能改善摩擦膜的承载和易剪切特性[61, 100]。

据报道，在金属-金属摩擦界面上原位生成的 NiO 是一种良好的润滑釉层[101-103]。我们认为，NiO 层可以通过分离直接接触来缓解钢的摩擦氧化，从而有利于 C 基摩擦膜与金属基底之间的黏附生长[104]。几项开创性工作[64, 94, 98-99]的成果表明，过渡金属元素可以作为催化剂促进油分子脱氢，因此有利于摩擦膜生长。在这种情况下，在滑动开始阶段产生的 NiO 层可以催化油分子的脱氢和分

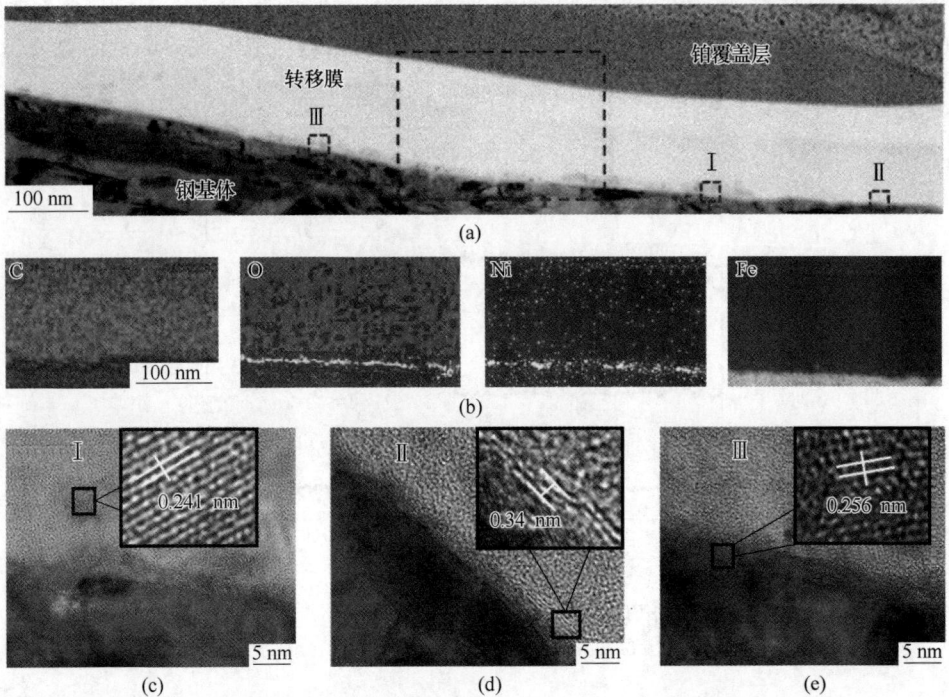

图 3-40 与 5Ni/10CF/PI 滑动的钢表面上产生的摩擦膜的 TEM 图（a）；
图（a）中虚线框所示区域 C、O、Ni 和 Fe 元素的 EDS 图（b）；
图（a）中的 Ⅰ~Ⅲ 区域的放大倍数 TEM 图（c）~（e）
（滑动速度：0.20 m/s；负载：100 N；润滑剂：PAO 基础油）

裂，从而促进钢表面均匀的 C 基摩擦膜的形成。本节证明存在用于减少摩擦和磨损的高性能摩擦膜的设计目标。例如，可以通过在摩擦过程开始时"设计"由过渡金属元素组成的连续釉面层来提高 C 基摩擦膜的生长和黏附性。

3.3.5 小结

本节工作中，研究了不同体积分数 CF 增强的 PI 复合材料，并将 Ni 颗粒均匀地分散到聚酰亚胺（PI）和用 CF 增强的 PI 中研究了其力学性能和摩擦学性能。在边界润滑条件下，分析了 Ni 微粒对 PI 基复合材料摩擦学性能的影响。同时对 PI 复合材料和钢的磨损表面进行了深入的研究，得出以下结论：

（1）含有 Ni 的 PI 复合材料在边界润滑条件下表现出超低摩擦磨损。5Ni/PI 在所研究的材料中具有最好的减摩性能，而 5Ni/10CF/PI 具有较好的抗磨能力，Ni 的抗摩擦和抗磨损作用比 CF 更显著。有趣的是，含 Ni 的复合材料表现出较高的摩擦学性质，即使在 PAO 基础油中的性能也比用 ZDDP 油润滑的传统 CF 增强 PI 材料要好。

（2）TEM 表征结果提供了直接的证据，表明在滑动过程的开始阶段，在钢台面表面产生了一个极薄的 NiO 釉层。更重要的是，一个均匀的 C 基摩擦薄膜生长在 NiO 釉层的上方。推测该釉层可以催化油分子的脱氢，从而促进 C 基摩擦膜的生长。这层堆叠结构的摩擦膜可以弥补油膜润滑的不足，并大大提高了摩擦学性能。

（3）用 Ni 颗粒增强的 PI 复合材料是一种很有前途的材料，可用于设计长寿命和高可靠性的服役于边界润滑条件下的聚合物材料。

参 考 文 献

［1］ Gheisari R, Polycarpou A A. Effect of surface microtexturing on seawater-lubricated contacts under starved and fully-flooded conditions ［J］. Tribology International, 2020, 148: 106339.

［2］ Nie S, Song Y, Ma Z, et al. Reliability assessment of PEEK/17-4PH stainless steel tribopair under seawater lubrication ［J］. Proceedings of the Institution of Mechanical Engineers, Part O: Journal of Risk and Reliability, 2023, 237 (1): 29-39.

［3］ Zhai X, Hui J, Nie S, et al. Effect of different Ni concentration on the corrosion and friction properties of WC-hNi/SiC pair lubricated with seawater ［J］. International Journal of Refractory Metals and Hard Materials, 2022, 102: 105727.

［4］ Gao C, Zhang G, Wang T, et al. Enhancing the tribological performance of PEEK exposed to water-lubrication by filling goethite (α-FeOOH) nanoparticles ［J］. RSC Advances, 2016, 6 (56): 51247-51256.

［5］ Wang Y, Yin Z, Li H, et al. Friction and wear characteristics of ultrahigh molecular weight polyethylene (UHMWPE) composites containing glass fibers and carbon fibers under dry and water-lubricated conditions ［J］. Wear, 2017, 380-381: 42-51.

［6］ Gebhard A, Bayerl T, Schlarb A K, et al. Increased wear of aqueous lubricated short carbon fiber reinforced polyetheretherketone (PEEK/SCF) composites due to galvanic fiber corrosion ［J］. Wear, 2010, 268 (7): 871-876.

［7］ Manoj Kumar R, Sharma S K, Manoj Kumar B V, et al. Effects of carbon nanotube aspect ratio on strengthening and tribological behavior of ultra high molecular weight polyethylene composite ［J］. Composites Part A: Applied Science and Manufacturing, 2015, 76: 62-72.

［8］ Sathishkumar T P, Naveen J, Satheeshkumar S. Hybrid fiber reinforced polymer composites-a review ［J］. Journal of Reinforced Plastics and Composites, 2014, 33 (5): 454-471.

［9］ Gong D, Xue Q, Wang H. ESCA study on tribochemical characteristics of filled PTFE ［J］. Wear, 1991, 148 (1): 161-169.

［10］ Lv M, Zheng F, Wang Q, et al. Friction and wear behaviors of carbon and aramid fibers reinforced polyimide composites in simulated space environment ［J］. Tribology International, 2015, 92: 246-254.

［11］ Huang T, Xin Y, Li T, et al. Modified graphene/polyimide nanocomposites: reinforcing and tribological effects ［J］. ACS Applied Materials & Interfaces, 2013, 5 (11): 4878-4891.

[12] Guo L, Qi H, Zhang G, et al. Distinct tribological mechanisms of various oxide nanoparticles added in PEEK composite reinforced with carbon fibers [J]. Composites Part A: Applied Science and Manufacturing, 2017, 97: 19-30.

[13] Xu Y, Qi H, Li G, et al. Significance of an in-situ generated boundary film on tribocorrosion behavior of polymer-metal sliding pair [J]. Journal of Colloid and Interface Science, 2018, 518: 263-276.

[14] Gao C, Fan S, Zhang S, et al. Enhancement of tribofilm formation from water lubricated PEEK composites by copper nanowires [J]. Applied Surface Science, 2018, 444: 364-376.

[15] Al-Rashidy Z M, Farag M M, Ghany N A A, et al. Aqueous electrophoretic deposition and corrosion protection of borate glass coatings on 316L stainless steel for hard tissue fixation [J]. Surfaces and Interfaces, 2017, 7: 125-133.

[16] López A, Bayón R, Pagano F, et al. Tribocorrosion behaviour of mooring high strength low alloy steels in synthetic seawater [J]. Wear, 2015, 338-339: 1-10.

[17] Österle W, Dmitriev A I, Wetzel B, et al. The role of carbon fibers and silica nanoparticles on friction and wear reduction of an advanced polymer matrix composite [J]. Materials & Design, 2016, 93: 474-484.

[18] Chen C, Qiu S, Cui M, et al. Achieving high performance corrosion and wear resistant epoxy coatings via incorporation of noncovalent functionalized graphene [J]. Carbon, 2017, 114: 356-366.

[19] Gong D, Xue Q, Wang H. Physical models of adhesive wear of polytetrafluoroethylene and its composites [J]. Wear, 1991, 147 (1): 9-24.

[20] Harris K L, Pitenis A A, Sawyer W G, et al. PTFE tribology and the role of mechanochemistry in the development of protective surface films [J]. Macromolecules, 2015, 48 (11): 3739-3745.

[21] Qi H, Guo Y, Zhang L, et al. Covalently attached mesoporous silica-ionic liquid hybrid nanomaterial as water lubrication additives for polymer-metal tribopair [J]. Tribology International, 2018, 119: 721-730.

[22] Kajdas C K. Importance of the triboemission process for tribochemical reaction [J]. Tribology International, 2005, 38 (3): 337-353.

[23] Przedlacki M, Kajdas C. Tribochemistry of fluorinated fluids hydroxyl groups on steel and aluminum surfaces [J]. Tribology Transactions, 2006, 49 (2): 202-214.

[24] Qi H, Zhang L, Zhang G, et al. Comparative study of tribochemistry of ultrahigh molecular weight polyethylene, polyphenylene sulfide and polyetherimide in tribo-composites [J]. Journal of colloid and interface science, 2018, 514: 615-624.

[25] Guo L, Li G, Guo Y, et al. Extraordinarily low friction and wear of epoxy-metal sliding pairs lubricated with ultra-low sulfur diesel [J]. ACS Sustainable Chemistry & Engineering, 2018, 6 (11): 15781-15790.

[26] Qi H, Li G, Liu G, et al. Comparative study on tribological mechanisms of polyimide composites when sliding against medium carbon steel and NiCrBSi [J]. Journal of Colloid and

Interface Science, 2017, 506: 415-428.

[27] Sun X, Su Z, Zhang J, et al. Graphene nucleation preference at CuO defects rather than Cu$_2$O on Cu (111): A combination of DFT calculation and experiment [J]. ACS Applied Materials & Interfaces, 2018, 10 (49): 43156-43165.

[28] Khare V, Pham M, Kumari N, et al. Graphene-ionic liquid based hybrid nanomaterials as novel lubricant for low friction and wear [J]. ACS Applied Materials & Interfaces, 2013, 5 (10): 4063-4075.

[29] Arora H, Cann P M. Lubricant film formation properties of alkyl imidazolium tetrafluoroborate and hexafluorophosphate ionic liquids [J]. Tribology International, 2010, 43 (10): 1908-1916.

[30] Phillips B S, Zabinski J S. Ionic liquid lubrication effects on ceramics in a water environment [J]. Tribology Letters, 2004, 17 (3): 533-541.

[31] Omotowa B A, Phillips B S, Zabinski J S, et al. Phosphazene-based ionic liquids: synthesis, temperature-dependent viscosity, and effect as additives in water lubrication of silicon nitride ceramics [J]. Inorg Chem, 2004, 43 (17): 5466-5471.

[32] Adam F, Osman H, Hello K M. The immobilization of 3-(chloropropyl) triethoxysilane onto silica by a simple one-pot synthesis [J]. Journal of Colloid and Interface Science, 2009, 331 (1): 143-147.

[33] Tiago G, Restolho J, Forte A, et al. Novel ionic liquids for interfacial and tribological applications [J]. Colloids and Surfaces A: Physicochemical and Engineering Aspects, 2015, 472: 1-8.

[34] Pisarova L, Gabler C, Dörr N, et al. Thermo-oxidative stability and corrosion properties of ammonium based ionic liquids [J]. Tribology International, 2012, 46 (1): 73-83.

[35] Mahrova M, Pagano F, Pejakovic V, et al. Pyridinium based dicationic ionic liquids as base lubricants or lubricant additives [J]. Tribology International, 2015, 82: 245-254.

[36] García A, González R, Hernández Battez A, et al. Ionic liquids as a neat lubricant applied to steel-steel contacts [J]. Tribology International, 2014, 72: 42-50.

[37] Fan X, Wang L. Ionic liquids gels with in situ modified multiwall carbon nanotubes towards high-performance lubricants [J]. Tribology International, 2015, 88: 179-188.

[38] Viesca J, Anand M, Blanco Alonso D, et al. Tribological behaviour of PVD coatings lubricated with a FAP- anion-based ionic liquid Used as an Additive [J]. Lubricants, 2016, 4: 8.

[39] 乔旦. 磷-氮离子液体的摩擦学行为及其润滑机理研究 [D]. 北京: 中国科学院大学, 2014.

[40] Somers A E, Khemchandani B, Howlett P C, et al. Ionic liquids as antiwear additives in base oils: influence of structure on miscibility and antiwear performance for steel on aluminum. [J]. ACS Applied Materials & Interfaces, 2013, 522: 11544-11553.

[41] Nakayama K. Triboemission of electrons, ions, and photons from diamondlike carbon films and generation of tribomicroplasma [J]. Surface and Coatings Technology, 2004, 188-189: 599-604.

［42］ Furlong O J, Miller B P, Kotvis P, et al. Low-temperature, shear-induced tribofilm formation from dimethyl disulfide on copper ［J］. ACS Applied Materials & Interfaces, 2011, 3 (3): 795-800.

［43］ Zeng H, Tian Y, Zhao B, et al. Friction at the liquid/liquid interface of two immiscible polymer films ［J］. Langmuir, 2009, 25 (9): 4954-4964.

［44］ Zhang L, Pu J, Wang L, et al. Synergistic effect of hybrid carbon nanotube-graphene oxide as nanoadditive enhancing the frictional properties of ionic liquids in high vacuum ［J］. ACS Appl Mater Interfaces, 2015, 7 (16): 8592-8600.

［45］ Fan X, Wang L. High-performance lubricant additives based on modified graphene oxide by ionic liquids ［J］. Journal of Colloid and Interface Science, 2015, 452: 98-108.

［46］ Wu J, Zhu J, Mu L, et al. High load capacity with ionic liquid-lubricated tribological system ［J］. Tribology International, 2016, 94: 315-322.

［47］ 陈利娟, 张晟卯, 吴志申, 等. 离子液体中二氧化硅纳米微粒的制备及其摩擦学性能 ［J］. 化学研究, 2005 (1): 42-44.

［48］ Li W, Zhao D. Extension of the Stöber method to construct mesoporous SiO_2 and TiO_2 shells for uniform multifunctional core-shell structures ［J］. Advanced Materials, 2013, 25: 142-149.

［49］ Matyjaszewski K. Atom transfer radical polymerization (ATRP): current status and future perspectives ［J］. Macromolecules, 2012, 45 (10): 4015-4039.

［50］ 桑燕, 杨晋涛, 陈枫, 等. SiO_2 表面接枝聚离子液体及其在聚苯乙烯超临界二氧化碳发泡中的应用 ［J］. 高校化学工程学报, 2011, 25 (6): 1039-1044.

［51］ Chen Y, Wang Q, Wang T. Facile large-scale synthesis of brain-like mesoporous silica nanocomposites via a selective etching process ［J］. Nanoscale, 2015, 7 (39): 16442-16450.

［52］ Han L, Choi H, Choi S, et al. Ionic liquids containing carboxyl acid moieties grafted onto silica: Synthesis and application as heterogeneous catalysts for cycloaddition reactions of epoxide and carbon dioxide ［J］. Green Chemistry, 2011, 13: 1023-1028.

［53］ Seymour B T, Wright R A E, Parrott A C, et al. Poly (alkyl methacrylate) brush-grafted silica nanoparticles as oil lubricant additives: Effects of alkyl pendant groups on oil dispersibility, stability, and lubrication property ［J］. ACS Applied Materials & Interfaces, 2017, 9 (29): 25038-25048.

［54］ Chen Y, Wang Q, Wang T. One-pot synthesis of M (M = Ag, Au) @ SiO_2 yolk-shell structures via an organosilane-assisted method: preparation, formation mechanism and application in heterogeneous catalysis ［J］. Dalton Trans, 2015, 44 (19): 8867-8875.

［55］ Chen Y, Wang Q, Wang T. Fabrication of thermally stable and active bimetallic Au-Ag nanoparticles stabilized on inner wall of mesoporous silica shell. ［J］. Dalton transactions, 2013, 42 38: 13940-13947.

［56］ Somers A E, Howlett P C, MacFarlane D R, et al. A review of ionic liquid lubricants ［J］. Lubricants, 2013, 1 (1): 3-21.

［57］ Bandeira P, Monteiro J, Baptista A M, et al. Influence of oxidized graphene nanoplatelets and ［DMIM］［NTf2］ ionic liquid on the tribological performance of an epoxy-PTFE coating ［J］.

Tribology International, 2016, 97: 478-489.

[58] Bandeira P, Monteiro J, Baptista A M, et al. Tribological performance of PTFE-based coating modified with microencapsulated [HMIM] [NTf2] ionic liquid [J]. Tribology Letters, 2015, 59: 1-15.

[59] Thrush S J, Comfort A S, Dusenbury J S, et al. Wear mechanisms of a sintered tribofilm in boundary lubrication regime [J]. Wear, 2021, 482-483: 203932.

[60] Qi H, Li G, Zhang G, et al. Distinct tribological behaviors of polyimide composites when rubbing against various metals [J]. Tribology International, 2020, 146: 106254.

[61] Qi H, Li G, Zhang G, et al. Impact of counterpart materials and nanoparticles on the transfer film structures of polyimide composites [J]. Materials & Design, 2016, 109: 367-377.

[62] Qi H, Zhang G, Chang L, et al. Ultralow friction and wear of polymer composites under extreme unlubricated sliding conditions [J]. Advanced Materials Interfaces, 2017, 4 (13): 1601171.

[63] Ren P, Zhang S, Qiu J, et al. Self-lubricating behavior of VN coating catalyzed by solute Ag atom under dry friction and oil lubrication [J]. Surface and Coatings Technology, 2021, 409: 126845.

[64] Erdemir A, Ramirez G, Eryilmaz O L, et al. Carbon-based tribofilms from lubricating oils [J]. Nature, 2016, 536 (7614): 67-71.

[65] Wang H, Yan L, Liu D, et al. Investigation of the tribological properties: Core-shell structured magnetic Ni@ NiO nanoparticles reinforced epoxy nanocomposites [J]. Tribology International, 2015, 83: 139-145.

[66] Rahimabady Z, Bagheri Mohagheghi M M, Shirpay A. SiO$_2$@ NiO core/ shell nanoparticles as high-performance anode materials: Synthesis and characterizations of structural, optical and magnetic properties [J]. Surfaces and Interfaces, 2022, 29: 101801.

[67] Zhang G, Rasheva Z, Karger Kocsis J, et al. Synergetic role of nanoparticles and micro-scale short carbon fibers on the mechanical profiles of epoxy resin [J]. Express Polymer Letters, 2011, 5: 859-872.

[68] Xu Y, Qi H, Li G, et al. Significance of an in-situ generated boundary film on tribocorrosion behavior of polymer-metal sliding pair [J]. Journal of Colloid and Interface Science, 2018, 518: 263-276.

[69] Yu P, Li G, Zhang L, et al. Role of SiC submicron-particles on tribofilm growth at water-lubricated interface of polyurethane/epoxy interpenetrating network (PU/EP IPN) composites and steel [J]. Tribology International, 2021, 153: 106611.

[70] Zhu Z, Bai S, Wu J, et al. Friction and wear behavior of resin/graphite composite under dry sliding [J]. Journal of Materials Science & Technology, 2015, 31 (3): 325-330.

[71] Yu P, Li G, Zhang L, et al. Regulating microstructures of interpenetrating polyurethane-epoxy networks towards high-performance water-lubricated bearing materials [J]. Tribology International, 2019, 131: 454-464.

[72] Yan Z, Zhou X, Qin H, et al. Study on tribological and vibration performance of a new UHMWPE/graphite/NBR water lubricated bearing material [J]. Wear, 2015, 332-333:

872-878.

[73] Li J, Liu T, Xia S, et al. A versatile approach to achieve quintuple-shape memory effect by semi-interpenetrating polymer networks containing broadened glass transition and crystalline segments [J]. Journal of Materials Chemistry, 2011, 21: 12213-12217.

[74] Hamrock B J, Dowson D C. Isothermal elastohydrodynamic lubrication of point contacts: Part Ⅲ—Fully flooded results [J]. Journal of Lubrication Technology, 1976, 99: 264-275.

[75] Spikes H. The history and mechanisms of ZDDP [J]. Tribology Letters, 2004, 17 (3): 469-489.

[76] Fujita H, Glovnea R P, Spikes H A. Study of zinc dialkydithiophosphate antiwear film formation and removal processes, Part Ⅰ: Experimental [J]. Tribology Transactions, 2005, 48 (4): 558-566.

[77] Dawczyk J, Morgan N, Russo J, et al. Film thickness and friction of ZDDP tribofilms [J]. Tribology Letters, 2019, 67 (2): 34.

[78] Taylor L, Dratva A, Spikes H A. Friction and wear behavior of zinc dialkyldithiophosphate additive [J]. Tribology Transactions, 2000, 43: 469-479.

[79] Taylor L, Spikes H A. Friction-enhancing properties of ZDDP Antiwear additive: Part Ⅰ—Friction and morphology of ZDDP reaction films [J]. Tribology Transactions, 2003, 46: 303-309.

[80] Chen B, Wang J, Liu N, et al. Synergism of several carbon series additions on the microstructures and tribological behaviors of polyimide-based composites under sea water lubrication [J]. Materials & Design, 2014, 63: 325-332.

[81] Zhang G, Wetzel B, Wang Q. Tribological behavior of PEEK-based materials under mixed and boundary lubrication conditions [J]. Tribology International, 2015, 88: 153-161.

[82] Dong F, Hou G, Cao F, et al. The lubricity and reinforcement of carbon fibers in polyimide at high temperatures [J]. Tribology International, 2016, 101: 291-300.

[83] Zhang G, Sebastian R, Burkhart T, et al. Role of monodispersed nanoparticles on the tribological behavior of conventional epoxy composites filled with carbon fibers and graphite lubricants [J]. Wear, 2012, 292-293: 176-187.

[84] Zhang G, Häusler I, Österle W, et al. Formation and function mechanisms of nanostructured tribofilms of epoxy-based hybrid nanocomposites [J]. Wear, 2015, 342-343: 181-188.

[85] Zhang G, Wetzel B, Jim B, et al. Impact of counterface topography on the formation mechanisms of nanostructured tribofilm of PEEK hybrid nanocomposites [J]. Tribology International, 2015, 83: 156-165.

[86] Zhao F, Li G, Zhang G, et al. Hybrid effect of ZnS sub-micrometer particles and reinforcing fibers on tribological performance of polyimide under oil lubrication conditions [J]. Wear, 2017, 380-381: 86-95.

[87] Guo L, Qi H, Zhang G, et al. Distinct tribological mechanisms of various oxide nanoparticles added in PEEK composite reinforced with carbon fibers [J]. Composites Part A: Applied Science and Manufacturing, 2017, 97: 19-30.

[88] Wang W, Li C, Zhang G, et al. Matrix-assisted pulsed laser evaporation of polyimide thin films and the XPS study [J]. Science in China Series B: Chemistry, 2008, 51 (10): 983-989.

[89] Pylypenko S, Artyushkova K, Fulghum J E. Application of XPS spectral subtraction and multivariate analysis for the characterization of Ar^+ ion beam modified polyimide surfaces [J]. Applied Surface Science, 2010, 256 (10): 3204-3210.

[90] Hawn D D, DeKoven B M. Deconvolution as a correction for photoelectron inelastic energy losses in the core level XPS spectra of iron oxides [J]. Surface and Interface Analysis, 1987, 10 (2/3): 63-74.

[91] Baykal A, Toprak M S, Durmus Z, et al. Synthesis and characterization of dendrimer-encapsulated iron and iron-oxide nanoparticles [J]. Journal of Superconductivity and Novel Magnetism, 2012, 25 (5): 1541-1549.

[92] Uhlenbrock S, Scharfschwerdt C, Neumann M, et al. The influence of defects on the Ni 2p and O 1s XPS of NiO [J]. Journal of Physics: Condensed Matter, 1992, 4: 7973-7978.

[93] Oswald S, Brückner W. XPS depth profile analysis of non-stoichiometric NiO films [J]. Surface and Interface Analysis, 2004, 36 (1): 17-22.

[94] Hu J, Zhang Y, Yang G, et al. In-situ formed carbon based composite tribo-film with ultra-high load bearing capacity [J]. Tribology International, 2020, 152: 106577.

[95] Qi H, Li G, Liu G, et al. Comparative study on tribological mechanisms of polyimide composites when sliding against medium carbon steel and NiCrBSi [J]. Journal of Colloid and Interface Science, 2017, 506: 415-428.

[96] Guo L, Pei X, Zhao F, et al. Tribofilm growth at sliding interfaces of PEEK composites and steel at low velocities [J]. Tribology International, 2020, 151: 106456.

[97] Guo L, Zhang Y, Zhang G, et al. MXene-Al_2O_3 synergize to reduce friction and wear on epoxy-steel contacts lubricated with ultra-low sulfur diesel [J]. Tribology International, 2021, 153: 106588.

[98] Kocijan A, Milošev I, Pihlar B. The influence of complexing agent and proteins on the corrosion of stainless steels and their metal components [J]. Journal of Materials Science: Materials in Medicine, 2003, 14 (1): 69-77.

[99] Liao Y, Pourzal R, Wimmer M A, et al. Graphitic tribological layers in metal-on-metal hip replacements [J]. Science, 2011, 334 (6063): 1687-1690.

[100] Yu P, He R, Li G, et al. Novel nanocomposites reinforced with layered double hydroxide platelets: Tribofilm growth compensating for lubrication insufficiency of oil films [J]. ACS Sustainable Chemistry & Engineering, 2022, 10 (15): 4929-4942.

[101] Stott F H, Lin D S, Wood G C. The structure and mechanism of formation of the 'glaze' oxide layers produced on nickel-based alloys during wear at high temperatures [J]. Corrosion Science, 1973, 13 (6): 449-469.

[102] Chen Z, Li H, Fu Q. SiC wear resistance coating with added Ni, for carbon/carbon composites [J]. Surface and Coatings Technology, 2012, 213: 207-215.

[103] Duan W, Sun Y, Liu C, et al. Study on the formation mechanism of the glaze film formed on

　　　　Ni/Ag composites [J]. Tribology International, 2016, 95: 324-332.

[104] Guo L, Zhang G, Wang D, et al. Significance of combined functional nanoparticles for enhancing tribological performance of PEEK reinforced with carbon fibers [J]. Composites Part A: Applied Science and Manufacturing, 2017, 102: 400-413.

4 宽温域环境下聚酰亚胺的摩擦学性能

<<<<<<<<<<<<<<<<<<<<<<<<<<<<<<<<<<<<<<<<<<<<<<<<<<<<<<<<<<<<<<<<<<<<<<<<<<<<<

4.1 温度对富勒烯碳/聚酰亚胺复合材料摩擦学性能的影响

4.1.1 引言

在众多功能添加剂中碳纳米材料广受学者的关注，如石墨烯、富勒烯和洋葱碳，它们通过降低摩擦副的摩擦系数，在机械运动部件中越来越受欢迎[1-4]。特别是富勒烯（C_{60}）作为润滑剂或复合材料涂层的一种很有前途的添加剂，具有优异的摩擦学性能，可以提高运动部件的可靠性和耐久性[1-2]。众所周知，球形结构使 C_{60} 材料具有特殊的性能，包括滚动、高化学惰性和热稳定性[5-7]，有利于减少摩擦系统在极端条件下的摩擦和磨损，包括高载荷和速度、宽温度范围。Bhushan 等[6]报道，当在 110 ℃ 发生滑动时，C_{60} 薄膜由于具有优异的滚动性能，摩擦系数降低到 0.08。此外，还研究了载荷、速度和环境气氛对 C_{60} 摩擦膜的摩擦学性能的影响，表明坚固摩擦膜的形成是降低摩擦磨损的原因[7]。Sasaki 等[3]发现石墨烯/C_{60}/石墨烯轴承体系在小于 0.001 的超低摩擦系数下表现出优异的纳米级超润滑性能，这可以通过实验和仿真得到证实。最近，Song 等[1]揭示了 C_{60} 独特的晶体结构可以提高滑动界面的承载能力，进而提高 C_{60} 的使用寿命。

尽管已有大部分工作对聚酰亚胺复合材料的摩擦学性能进行了研究，但 C_{60} 作为固体润滑剂在聚酰亚胺基体中的摩擦学行为却鲜有报道。特别是 PI/C_{60} 复合材料在不同温度作用下的摩擦学机理尚未见报道。在本节研究内容中，首先制备了 C_{60} 纳米粒子掺杂不同质量分数的聚酰亚胺复合材料，研究了聚酰亚胺复合材料在宽温域条件下与 GCr15 钢球摩擦的摩擦学特性，系统地分析了摩擦膜的纳米结构和相关的摩擦化学反应；此外，利用分子动力学进一步模拟了样品在不同温度下的摩擦学行为。本工作的目的是探索设计在不同温度下具有高摩擦学性能的聚合物复合材料。

4.1.2 富勒烯碳/聚酰亚胺复合材料的制备及表征

采用两步法制备聚酰亚胺（PI）及其复合材料，合成路线如图 4-1 所示。在此，PI 复合材料被指定为 PI/xC_{60}，其中 x 表示 PI 基质中富勒烯碳（C_{60}）的质量分数。以 PI/1.0C60 为例，依次将 N-甲基吡咯烷酮（NMP 45.0 mL）、C_{60}（0.0413 g）、对苯二胺（PPDA 1.0932 g）加入 100 mL 的三颈烧瓶中。在室温下超声处理 2 h 直至单体溶解并且 C_{60} 完全分散。然后，在冰水浴和氮气氛环境下，将联苯四甲酸二酐（BPDA 3.0332 g）逐渐加入上述溶液中，搅拌 24 h。最后，获得黏性聚酰胺酸（PAA）溶液，其固体含量约为 9.26%（质量分数），并将其浇铸在轴承钢环（GCr15）的表面上。将上述样品在 80 ℃ 烘箱中加热 4 h 以形成涂层。随后，将 PAA 涂层分别在 100 ℃、200 ℃、250 ℃ 和 280 ℃ 下亚胺化 40 min。

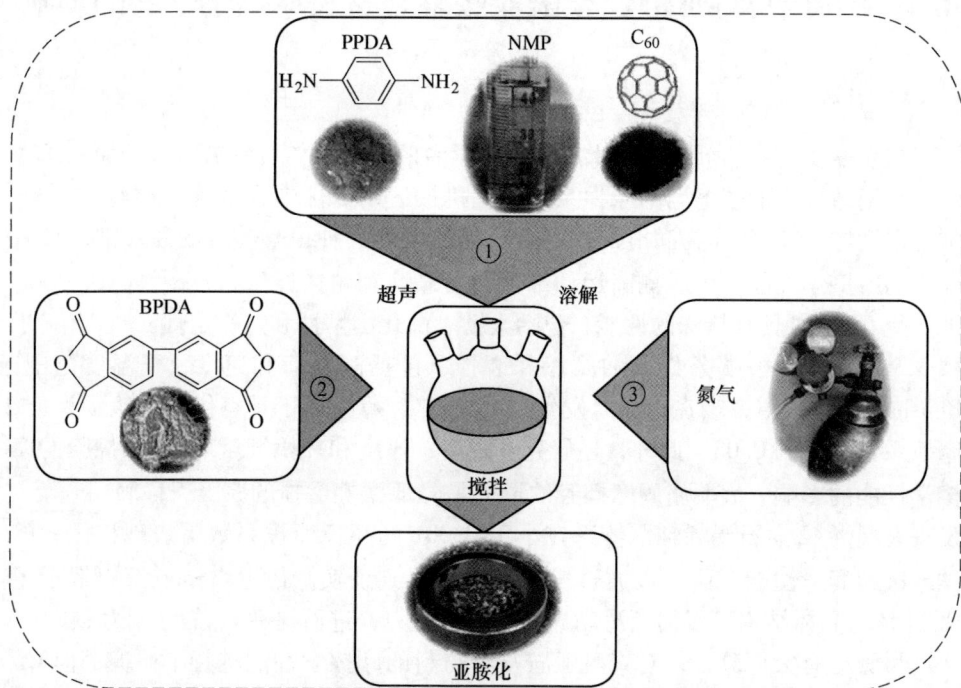

图 4-1　PI 复合材料的合成原理图

如图 4-2（a）所示，涂层厚度大约在 200 μm，并且涂层主要由 C、N、O 元素组成，与聚酰亚胺的组成相对应（图 4-2（b）和（c））。利用 FTIR 光谱来表征 PI 复合材料与纯 PI 化学结构的变化（图 4-2（d））。首先，在聚酰亚胺中观察到几个典型的 C＝O 吸收峰，C＝O 对称拉伸振动峰（1773 cm^{-1} 处）、C＝O 不对称拉伸振动峰（1707 cm^{-1} 处）和 C＝O 弯曲振动峰（735 cm^{-1} 处），表明样品中 C＝O 的主体结构保持良好[8-9]。此外，还证实了位于 1364 cm^{-1} 处的 C—N—C 拉伸振动峰和位于 1496 cm^{-1} 处的苯环特征吸收峰[8]。进一步观察发现，随着 C_{60} 含量的增加，在 1707 cm^{-1}、1496 cm^{-1} 和 1364 cm^{-1} 处的峰面积大于纯聚酰亚胺的峰面积。这是由于 C_{60} 纳米颗粒中大量的 C—C 和 C＝C 增强了特征吸

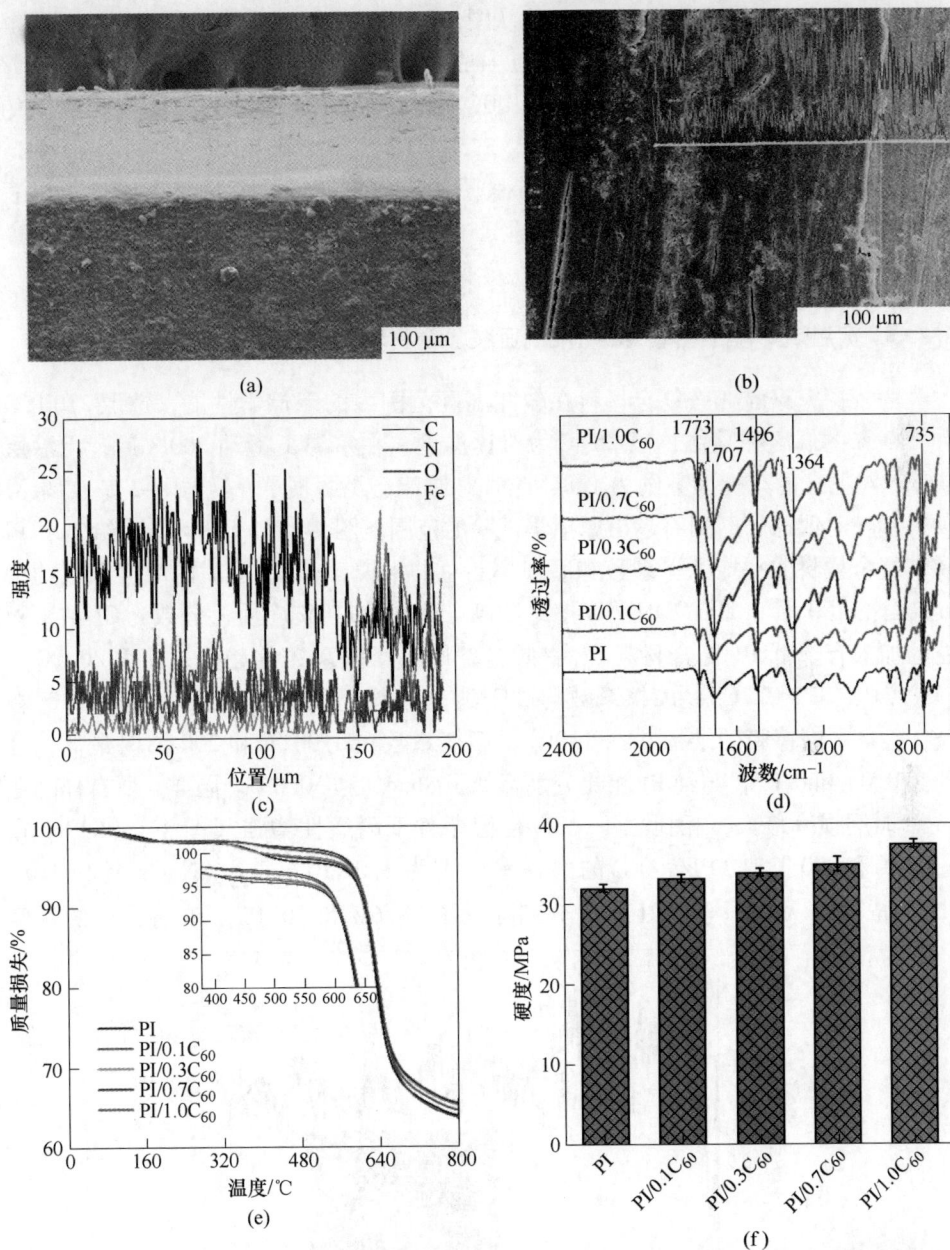

图 4-2 PI/1.0C$_{60}$涂层截面的 SEM 图（a）（b），
沿（b）黄色直线的 EDS 线扫描分析（c），FT-IR 光谱（d），
热重曲线（e），PI 及其复合材料的显微硬度（f）

图 4-2 彩图

收峰的强度（1496 cm^{-1}处）。另外，C $=$ O 可能是由 C$_{60}$在高温下
形成的，这增加了位于 1707 cm^{-1}和 1364 cm^{-1}处的峰值强度。在氮气环境下进行

了 PI 复合材料的热重分析（TGA）。从图 4-2（e）中可以看出，所有样品的降解温度都在 500~650 ℃ 之间，说明 PI 样品具有良好的耐热性。此外，PI、PI/0.1C_{60}、PI/0.3C_{60}、PI/0.7C_{60} 和 PI/1.0C_{60} 在 5.0%（质量分数）质量损失下的降解温度分别为 562.5 ℃、570.5 ℃、575.0 ℃、587.5 ℃ 和 585.5 ℃，说明 C_{60} 对提高材料的热稳定性有积极作用。从图 4-2（f）所示样品的显微硬度可以看出，PI 材料的硬度随着 C_{60} 纳米颗粒含量的增加而增加，这与 C_{60} 纳米颗粒的硬度有关。

4.1.3　宽温域环境下富勒烯碳/聚酰亚胺复合材料的摩擦学行为

为了探究聚酰亚胺复合材料在较宽温度范围内的摩擦学性能，选取 -100 ℃ 和 200 ℃ 的低温和高温，以 25 ℃ 为对比温度。在室温下滑动 500 s 后，无涂层 GCr15 对偶球的摩擦系数约为 1.0，此时对偶球已经磨损严重（图 4-3）。如果滑动持续，对偶球的磨损将超出摩擦学试验的范围。图 4-4（a）和（b）给出了 PI 及其复合材料的平均摩擦系数和磨损率。总的来说，在 25 ℃ 时的摩擦系数约为 0.5，比 -100 ℃ 和 200 ℃ 时的摩擦系数高。此外，1.0%（质量分数）C_{60} 纳米颗粒的加入有降低 PI 复合材料在高/低温条件下摩擦系数的趋势，而 PI/0.1C_{60}、PI/0.3C_{60}、PI/0.7C_{60} 的摩擦系数均高于纯 PI，这是因为少量的 C_{60} 作为研磨颗粒，破坏了摩擦膜的结构。PI/1.0C_{60} 的摩擦系数在 -100 ℃ 和 200 ℃ 时最低，分别为 0.03 和 0.07，与纯 PI 相比分别降低了 86.4% 和 50.0%。同样，所有样品在 25 ℃ 时磨损率最大，相比之下，高/低温条件下耐磨性增强（图 4-4（b））。在 -100 ℃ 和 200 ℃ 时，PI/1.0C_{60} 的磨损率分别为 1.0×10^{-5} mm³/（N·m）和 1.6×10^{-5} mm³/（N·m），与纯 PI 相比分别降低了 28.6% 和 30.1%，有着良好的耐磨

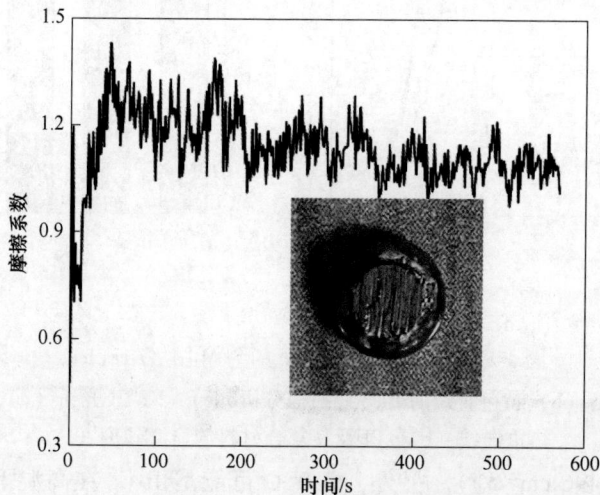

图 4-3　无涂层的 GCr15 在室温下与 GCr15 球滑动后的摩擦系数和磨损的 GCr15 球

性。与 25 ℃相比，PI/1.0C$_{60}$在 –100 ℃和 200 ℃下的磨损率分别降低了 83.3%和 90.0%。

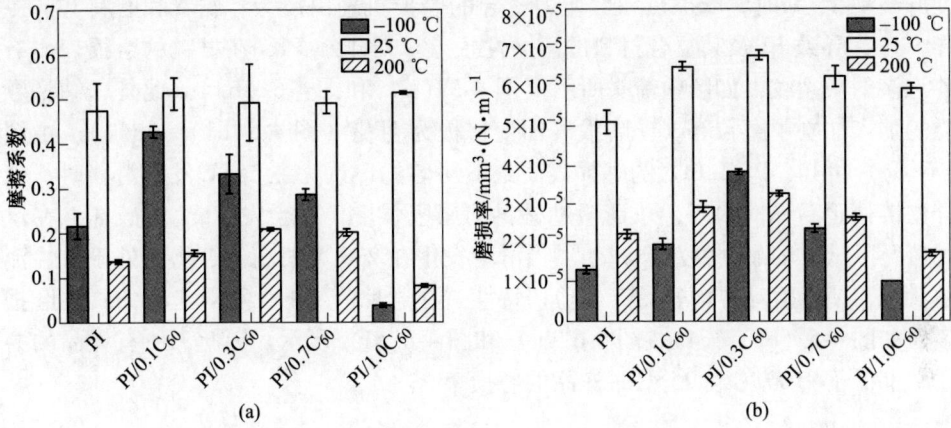

图 4-4　PI 及其复合材料在 –100 ℃、25 ℃、200 ℃滑动时的平均摩擦系数（a）和磨损率（b）

4.1.4　宽温域环境下富勒烯碳/聚酰亚胺复合材料的摩擦磨损机理

为了探究磨损机理，测试了 PI 复合材料磨损表面的光学形貌和 SEM 图像，如图 4-5 和图 4-6 所示。常温下的磨痕大于低温和高温下的。如图 4-5 和图 4-6 中箭头所示，在滑动表面观察到更多的磨损碎片和裂纹。在 –100 ℃滑动时，聚合

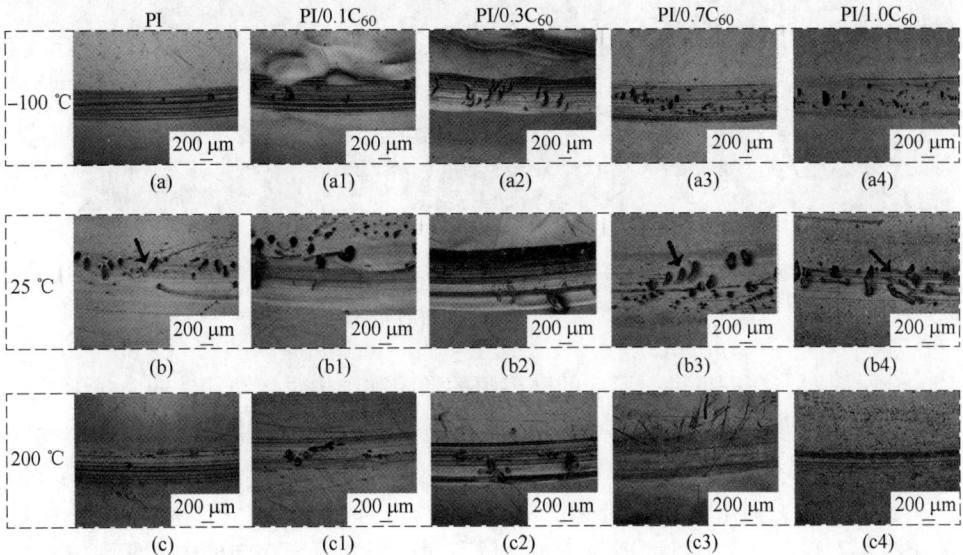

图 4-5　PI(a)~(c)、PI/0.1C$_{60}$(a1)~(c1)、PI/0.3C$_{60}$(a2)~(c2)、PI/0.7C$_{60}$(a3)~(c3)　和 PI/1.0C$_{60}$(a4)~(c4)　在 –100 ℃、25 ℃和 200 ℃下对 GCr15 球滑动的磨损表面的光学形貌

物分子链因低温变硬，在摩擦过程中磨损表面产生了大量的磨屑而形成许多沟槽。此外刚性分子链使滑动界面具有良好的承载能力，材料的耐磨性较好。当温度升高到 25 ℃时，摩擦热和剪切力诱导的磨损机理由疲劳、黏着和磨料共同主导[10-12]，导致 PI 及其复合材料的耐磨性很差。对于纯 PI，在材料的磨损表面有着许多的微裂纹，如图中箭头所示（图 4-5（b）和图 4-6（b））。此外，纳米颗粒的加入加剧了磨粒磨损，磨损表面变得极为粗糙（图 4-5(b1)~(b4)）。由图 4-6（e）可知，PI/1.0C$_{60}$的磨损表面是不均匀的，认为在 25 ℃发生滑移时，聚合物链处于高弹性状态，一旦超过材料的屈服强度，就会发生 PI 的破坏，在这种情况下试样的耐磨性就会减弱。当滑动发生在 200 ℃时，聚合物链处于黏性流体状态，使得滑动界面容易产生剪切特性。在这种情况下，相对光滑的材料磨损表面如图 4-5（c）~（c4）、图 4-6（c）和图 4-6（f）所示。因此，所有样品的磨损率都低于-100 ℃和 25 ℃时样品的磨损率。

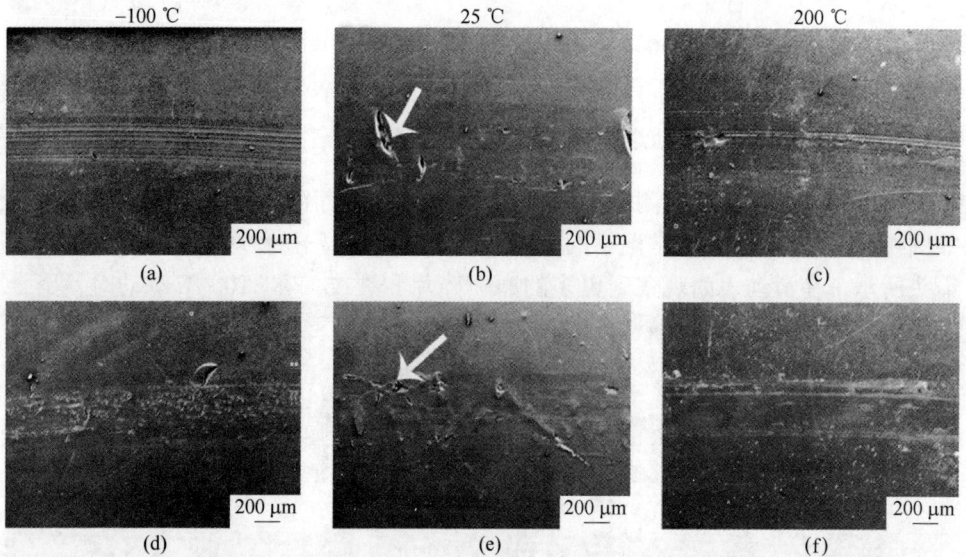

图 4-6　PI(a)~(c)和 PI/1.0C$_{60}$(d)~(f)在-100 ℃、25 ℃和 200 ℃下与
GCr15 球滑动时磨损表面的 SEM 图像

众所周知，在钢球表面形成的摩擦膜的形貌和结构对运动部件的摩擦学性能起到重要作用[13-15]。如图 4-7（a1）所示，在-100 ℃与纯 PI 滑动后，钢球表面有许多较深的划痕，导致摩擦系数的巨大波动。这表明由于摩擦膜的润滑性很差，金属对偶受到了严重的磨损。对于 1.0%（质量分数）C$_{60}$掺杂 PI 复合材料（图 4-7（b1）），大量磨损碎片在钢球表面堆积并填充在沟槽中，使摩擦系数曲线更加稳定。当滑动发生在 25 ℃时，钢球磨损表面呈现明显不同的形貌。如图 4-7（a2）和（b2）所示，钢球表面几乎被一层较厚的摩擦膜覆盖，这大大增

强了滑动界面之间的黏附性，从而导致产生较高的摩擦系数[16-17]。当温度升高至200 ℃时，摩擦膜中转移的聚合物材料平行于滑动方向，如图4-7（a3）和（b3）所示。结果表明，由于黏性聚合物的存在，摩擦膜的表层容易被剪切，从而提高了滑动表面的润滑性能。此外，1.0%（质量分数）C_{60}的加入使滑动界面具有优异的承载能力，因此纳米颗粒在200 ℃改善 PI-对偶球摩擦副的摩擦学性能方面表现出优异的润滑性能。

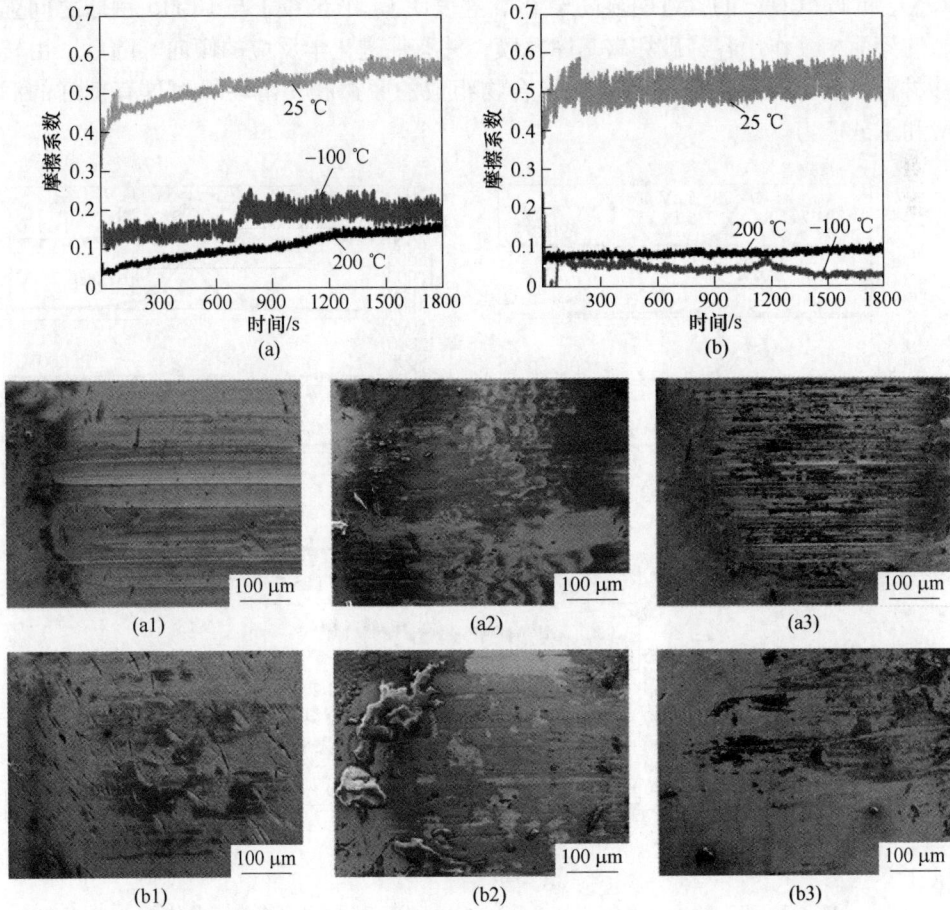

图 4-7　-100 ℃、25 ℃和 200 ℃时 PI(a) 和 PI/1.0C_{60} (b) 摩擦
系数的演化规律，钢球与 PI(a1)~(a3)、PI/1.0C_{60}(b1)~(b3) 摩擦后的
SEM 图 (1~3 分别代表-100 ℃、25 ℃、200 ℃)

为了阐明在钢球表面形成的摩擦膜的摩擦化学状态，测试了 C 1s、O 1s 和 Fe 2p 的 XPS 精细谱。由图4-8（a）和表4-1可知，C—C(284.7 eV)、C—N(286.1 eV)、C—O(285.5 eV 和 532.4 eV)、C＝O（288.4 eV 和 531.7 eV）

的出现表明 PI 材料的转移。与 200 ℃时的滑动相比，25 ℃时产生的摩擦膜中 C 1s 的强度增加（图 4-8（a）），这使得 PI 和 PI/1.0C$_{60}$在 25 ℃时产生了较厚的摩擦膜（图 4-7（a2）和（b2））。从 O 1s 和 Fe 2p（表 4-1、图 4-8（b）和（c））来看，滑动过程中通过摩擦氧化和螯合反应生成了 Fe$_2$O$_3$、Fe$_3$O$_4$ 和 Fe(CO)$_x$[18-19]。此外，C$_{60}$纳米颗粒的加入对摩擦化学反应的发生起着重要作用，特别是当滑动发生在 200 ℃时。结果表明，PI/1.0C$_{60}$衍生的摩擦膜中 Fe$_2$O$_3$、Fe$_3$O$_4$ 和 Fe(CO)$_x$的含量明显高于 PI。这表明 C$_{60}$纳米粒子与 GCr15 钢球之间强烈的界面相互作用容易破坏碳基摩擦膜，并有促进化学反应的倾向。随后，由转移材料、氧化物和有机-无机杂化复合物组成的摩擦膜使滑动界面具有良好的润滑和承载能力。

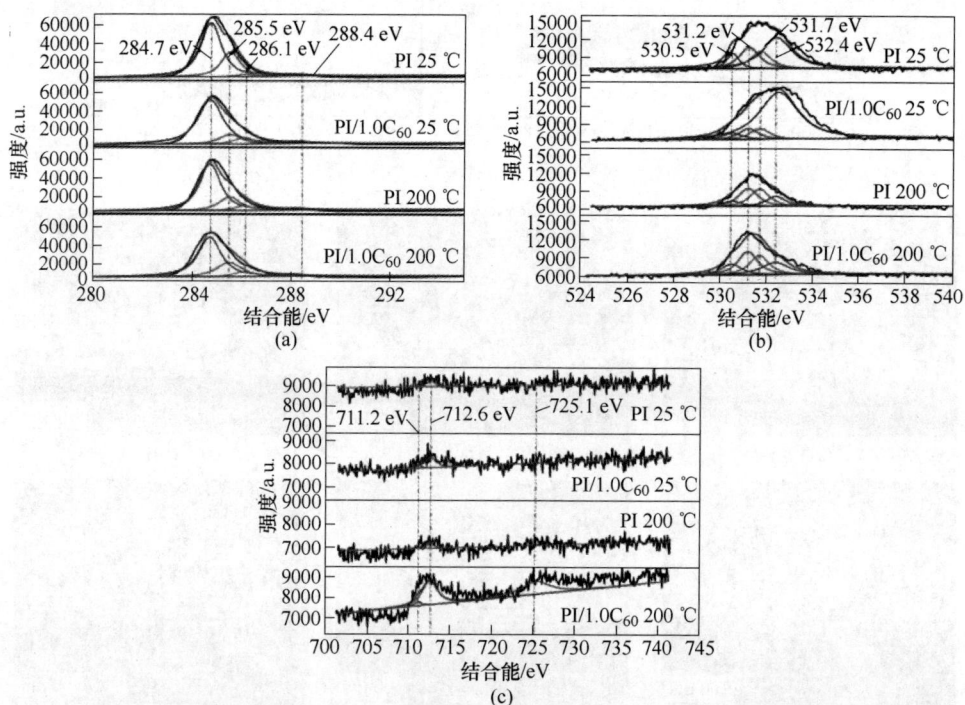

图 4-8　25 ℃和 200 ℃时钢球与 PI 和 PI/1.0C$_{60}$摩擦形成的摩擦膜的高分辨率 XPS 光谱

(a) C 1s；(b) O 1s；(c) Fe 2p

表 4-1　化学键和对应的结合能　　　　　　　　（eV）

元素	C—C	C—O	C—N	C=O	Fe$_2$O$_3$	Fe$_3$O$_4$	Fe(CO)$_x$
C 1s	284.7	285.5	286.1	288.4	—	—	—
O 1s	—	532.4	—	531.7	531.2	530.5	—
Fe 2p	—	—	—	—	711.2	725.1	712.6

4.1.5 宽温域环境下富勒烯碳/聚酰亚胺复合材料的分子动力学研究

为了进一步研究聚酰亚胺复合材料在不同温度下（-100 ℃ = 173 K、25 ℃ = 298 K、200 ℃ = 473 K）与 GCr15 对摩后的摩擦学机理，采用 Materials Studio 软件模拟了聚酰亚胺复合材料与铁（Fe）之间的约束剪切行为，并选择适用于聚合物-金属体系的 COMPASSII 作为力场[20-22]。随后，建立 PI 和 PI/1.0C$_{60}$ 模型。PI 模型包含 7050 个原子，大小为 4.27 nm×4.27 nm×4.27 nm；PI/1.0C$_{60}$ 模型包含 7110 个原子，大小为 4.54 nm×4.54 nm×4.54 nm。为了得到合理的构型（图4-9（a）和（b）），对系统模型进行几何优化、退火、动态平衡[22]。首先，进行几何优化，能量收敛标准为 4.1868×10^{-5} kJ/mol，力收敛标准为 10^{-3} kJ/(mol·nm)，得到最小能量配置。为了进一步平衡模型，在恒温定容（NVT）条件下，从 300 K 到 500 K 进行了 10 个周期的退火过程。在退火过程中，结构进一步松弛，得到了

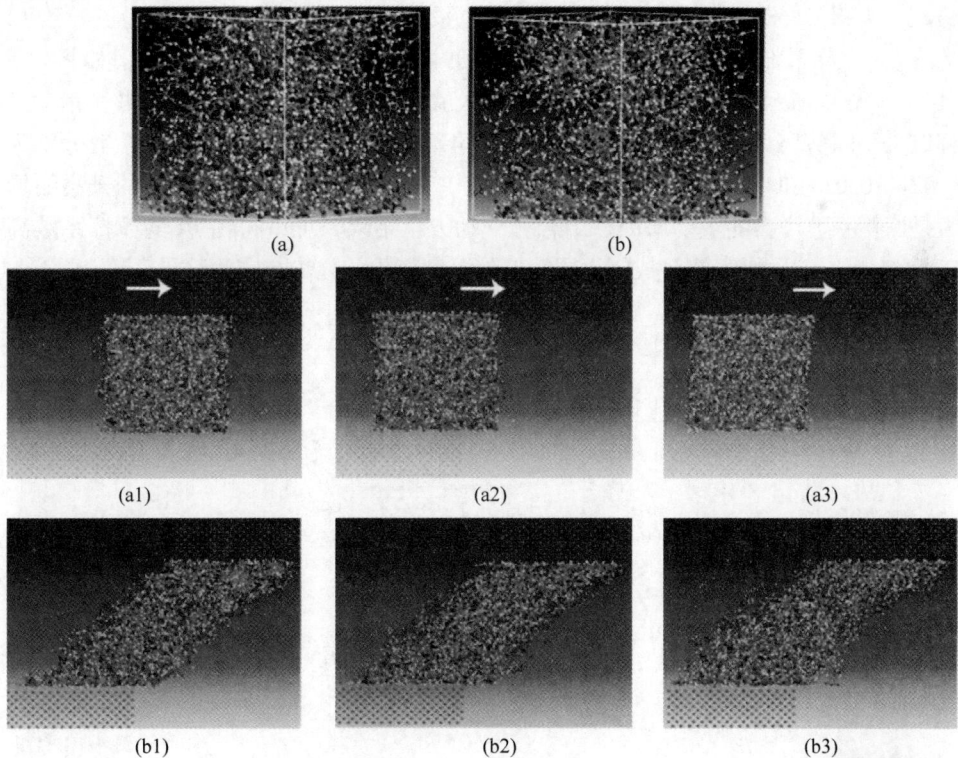

图 4-9 应用温度场前 PI（a）和 PI/1.0C$_{60}$（b）的优化模型，PI(a1)～(a3) 和 PI/1.0C$_{60}$（b1）～（b3）滑动 600 ps 后的摩擦学模拟结果（1~3 分别代表-100 ℃、25 ℃和 200 ℃）

图 4-9 彩图

局部能量最小的稳定状态。最后让模型在恒温恒压（NPT）、室温298 K、大气压101 kPa、时间步长1 ps的条件下，进行2 ns等温等压过程。为了验证纯PI和PI/1.0C_{60}的摩擦学行为，建立了两个三层模型。根据之前的实验[18]，选择厚度为1.43 nm的铁原子晶体作为基底和顶层。顶层和基底的尺寸分别为4.27 nm×4.27 nm×4.27 nm。然后，通过几何优化和10个循环退火过程，得到能量最小值。

图4-9（a1）~（a3）和图4-9（b1）~（b3）分别显示了PI和PI/1.0C_{60}系统在600 ps内摩擦学模拟过程中的结构变化。发现PI分子链相互缠绕，由于分子间强作用力，滑动600 ps后聚酰亚胺分子内部仍然没有相对运动。此外，Fe层与PI分子的分离顺序为：473 K>298 K>173 K，如图4-9（a1）~（a3）中的箭头所示。此时，在173 K、298 K和473 K下，PI的模拟摩擦系数分别为0.211、0.191和0.178（图4-10（a）(a1)），说明高温增强了聚合物链之间的分子间作用力，但削弱了铁层与聚合物之间的相互作用[22]。如表4-2所示，在473 K时，PI的总势能最高，为−1374686.485 kJ/mol，降低了PI分子与Fe原子之间的剪切力，导致PI的摩擦系数最低。对于PI/1.0C_{60}，滑动主要发生在聚合链之间，如图4-9（b1）~（b3）所示。认为C_{60}纳米颗粒的加入减弱了分子间作力。因此，整个滑动过程以分子间剪切为主，在173 K、298 K和473 K时，PI/1.0C_{60}的摩擦系数分别为0.021、0.028和0.031（图4-10（a1）(a2)）。PI/1.0C_{60}的势能随温度的升高而增大是摩擦系数增大的主要原因。结合分子动力学结果，可以得出PI的摩擦系数高于PI/1.0C_{60}。虽然摩擦系数值不同，但随温度变化的趋势与实验结果一致。

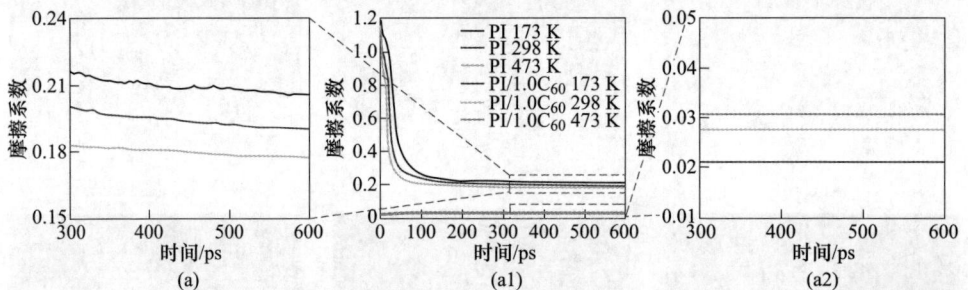

图4-10 PI和PI/1.0C_{60}在173 K、298 K和473 K时的摩擦系数变化

图4-10 彩图

表4-2 173 K、298 K、473 K时PI和PI/1.0C_{60}滑动体系的总势能

E/kJ·mol^{-1}	173 K	298 K	473 K
PI	−1459510.207	−1425184.141	−1374686.485
PI/1.0C_{60}	−2035920.926	−2001566.314	−1950271.433

4.1.6 小结

在本研究中，通过原位聚合将 C_{60} 纳米颗粒均匀分散在聚酰亚胺基体中。研究了不同温度下聚酰亚胺复合材料对 GCr15 钢球滑动的摩擦学性能，基于分子动力学模拟进一步阐明了摩擦学机理。得出以下结论：

（1）聚酰亚胺及其复合材料在-100 ℃和200 ℃下的摩擦学性能优于25 ℃，这归因于聚合物链在低温下的大承载能力和高温下聚合物链的良好黏性流动性。

（2）添加 1.0%（质量分数）C_{60} 可使聚酰亚胺在-100 ℃和200 ℃时的摩擦系数、磨损率分别降低至 0.03 和 0.07、1.0×10^{-5} $mm^3/(N \cdot m)$ 和 1.6×10^{-5} $mm^3/(N \cdot m)$，较纯 PI 降低 86.4%和50.0%、28.6%和30.1%。

（3）分子动力学模拟表明，纯聚酰亚胺的分子间作用力很强，铁层与聚合物之间容易发生滑动。而 C_{60} 的加入削弱了材料分子间作用力，从而使得聚合物分子之间剪切行为更易于发生。

4.2 温度对 Ti_3C_2MXene/聚酰亚胺复合材料 摩擦学性能的影响

4.2.1 引言

二维（2D）材料，如石墨烯、二硫化钼（MoS_2）和氮化硼（BN）等[25-27]，由于其具有较少的原子层，可以通过微弱的层间力降低摩擦系数，因此是很有前途的固体润滑剂。到目前为止，有许多研究报道了 2D 材料在宏观或微观尺度上的润滑性。Li 等[28]揭示，对于少数层 2D 材料，摩擦系数随着厚度的增加而降低。Berman 等[29]报道，石墨烯的低摩擦系数是通过二维材料的易剪切特性实现的。MXene 是具有层状结构的 2D 过渡金属化合物，定义为 $M_{n+1}X_nT_x$，其中 M 代表过渡金属，X 表示 C 或 N，T 代指表面基团[30]。Ti_3C_2 是一种典型的 MXene 材料，因其层状结构和减摩特性，时常被用作聚合物基质中的固体润滑剂，在摩擦学领域受到了广泛关注[31-34]。Qu 等[35]报道，Ti_3C_2 通过修复受损的润滑膜，有效提高了丁腈橡胶的摩擦学性能。Yan 等[36]揭示了，Ti_3C_2/石墨烯杂化物与包裹结构的协同效应促进了保护膜的形成，大大提高了环氧涂层的摩擦学性能。因此，Ti_3C_2 作为一种新型固体润滑剂，在许多工程应用中变得越来越受欢迎[37-38]。

在过去几十年间，共聚物由于其可控的分子结构可以适应不断变化的环境，例如高/低温交替变化[39-41]，从而引起了研究学者广泛的关注。此外，聚合物材料具有自润滑特性，因此可以作为机械工程领域中运动部件的轴承材料。这种材料可以有效地减少摩擦和磨损，同时也消除了使用液体润滑剂的需要[42-91]。

聚酰亚胺（PI）由苯环组成，工艺力学性能、耐高温性和化学稳定性[45-47]有着突出的表现。然而，纯 PI 由于其刚性结构，容易破裂，表现出较低的断裂韧性和抗冲击性。研究发现引入第三种柔性单体或调整单体比例[48-49]可以有效改善聚酰亚胺的力学性能缺陷，提高 PI 的韧性。聚脲（PUA）是一种具有优异附着力和低温脆性的弹性体。PUA 的结构单元包含异氰酸酯组分以及氨基组分，其氨基可与聚酰亚胺中的二羟基甲烷反应，因此可以获得整合两种材料的综合性能的 PI/PUA 共聚物，并且认为该共聚物在高温和低温交替环境中可能具有开发轴承材料的巨大潜力。

然而，很少有研究关注二维 Ti_3C_2 颗粒对共聚物复合材料机械和摩擦学性能的影响。对于 Ti_3C_2 复合材料填充的 PUA/PI 的结构与性能之间的关系，仍然缺乏系统的理解。在本工作中，制备了不同组分的 PUA/PI 共聚物复合材料，并研究了其在 -100~100 ℃ 宽温度条件下的摩擦学行为。此外，通过使用氢氟酸蚀刻 Ti_3AlC_2 获得 Ti_3C_2MXene，然后将其原位引入 PUA/6PI 共聚物基体材料中。比较了不同质量分数 Ti_3C_2 作为固体润滑剂在共聚物中的减摩抗磨性能。从摩擦化学的角度研究了润滑机理，并对摩擦膜的纳米结构和在对摩副表面形成的相关摩擦化学产物进行了表征。

4.2.2　Ti_3C_2MXene/聚酰亚胺复合材料的制备及性能表征

（1）Ti_3C_2MXene 的制备：通过使用氢氟酸（HF）溶液蚀刻 Ti_3AlC_2 制备层状 Ti_3C_2[36]。合成过程如下：1）将 1 gTi_3AlC_2 和 20 mL HF 加入聚四氟乙烯烧杯中，在室温下搅拌 24 h；2）通过反复离心和过滤，并用去离子水反复洗涤蚀刻的 Ti_3C_2 至上清液接近中性；3）将制备的 Ti_3C_2 放入 60 ℃ 的真空干燥箱中干燥处理 24 h，得到实验所需的 Ti_3C_2MXene 颗粒。

（2）聚酰胺酸/Ti_3C_2MXene 的合成：如图 4-11 所示，聚酰胺酸（PAA）复合材料的样品以合成 PAA/1Ti_3C_2 为例。首先，取 250 mL 三口烧瓶，加入 50 mL N-甲基吡咯烷酮（NMP）溶剂。然后，向其中加入 3.7500 g 的二氨基二苯醚（ODA）和 0.132 g 的 Ti_3C_2，并在通入 N_2 的情况下搅拌 2 h，以确保 ODA 完全溶解并且 Ti_3C_2 完全分散。然后，在冰水浴和氮气气氛下逐步加入 5.3900 g 的联苯四甲酸二酐（BPDA），并继续搅拌 24 h，直至获得原位引入 Ti_3C_2 的黏性 PAA 溶液。在整个制备过程中，需要隔绝空气干扰。

（3）PUA 的合成：制备异氰酸酯封端聚脲溶液的步骤如下。首先，取 250 mL 三口烧瓶，加入 50 mL NMP 溶剂。然后，向其中加入 3.7500 g 的 ODA，并使用超声处理 30 min，目的是提高其溶解速率，直至固体完全消失。随后，将 5.0700 g 的亚甲基双（4-苯基异氰酸酯）（MDI）以 20 min 为间隔加一次，在 1 h 内加入溶液中。最后，在 70 ℃ 和通入 N_2 气氛条件下，搅拌 4.5 h 后，获得固体含量为 15%的异氰酸酯封端聚脲溶液。

（4）PUA/6PI/xTi$_3$C$_2$ 共聚物复合材料的合成：通过改变 Ti$_3$C$_2$MXene 的质量，成功制备了一系列 PUA/6PI/xTi$_3$C$_2$（x=0.1、0.5、1、2）复合材料。以制备 PUA/6PI/1Ti$_3$C$_2$ 为例（见图 4-11），具体步骤如下：首先在 PAA/1Ti$_3$C$_2$ 黏性溶液中加入 9.80 g PUA，将反应体系在 70 ℃下反应 1 h。然后，向混合溶液加入少量 ODA 交联 PUA 和 6PAA/1Ti$_3$C$_2$，并在搅拌 4 h 后，得到 PUA/6PAA/1Ti$_3$C$_2$ 共聚物溶液。随后，将上述溶液浇铸在轴承钢表面，之后放置在温度可编程的管式干燥箱中。经 80 ℃保温 2 h，接着在 100 ℃、150 ℃及 180 ℃下分别保温 1 h，即可获得 PUA/6PI/1Ti$_3$C$_2$ 共聚物复合材料。通过在合成过程中省略 Ti$_3$C$_2$ 制备过程，制备得到了 PUA/xPI（x=2、4、6）共聚物。在制备过程中，需要严格控制反应条件和材料比例，以确保制备出的样品具有良好的质量。

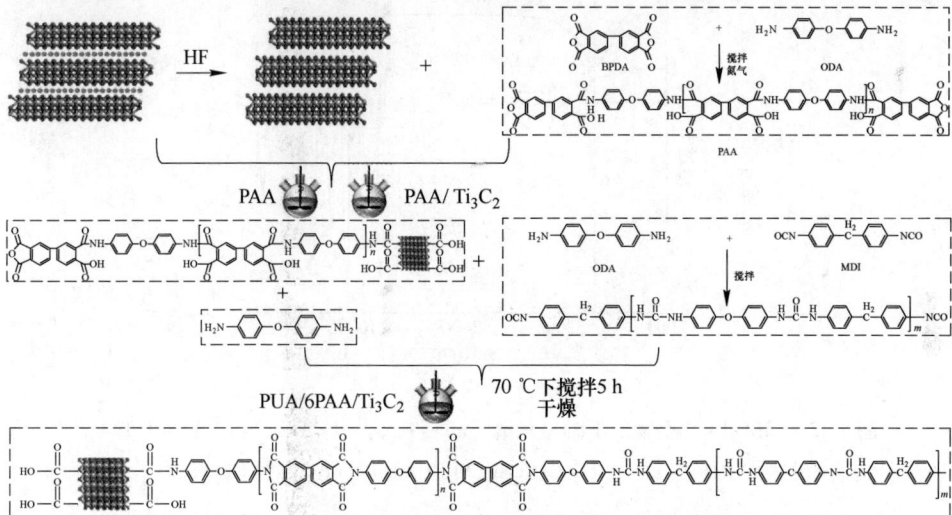

图 4-11　PUA/6PI/Ti$_3$C$_2$ 复合材料的合成过程示意图

图 4-12（a）给出了 PUA/PI 共聚物的红外光谱。可以发现 PI 中 C＝O 的拉伸不对称和对称拉伸振动峰出现在 1776 cm^{-1} 和 1719 cm^{-1} 处，证明发生了热亚胺化[23,50]。同时，在 1370 cm^{-1} 处出现了 C—N 的拉伸振动[50]，表明成功制备 PI。纯 PUA 的羰基和仲胺的特征吸收峰分别出现在 1641 cm^{-1} 和 1545 cm^{-1} 处。此外，PUA/PI 共聚物中存在 PI 和 PUA 两者的特征吸收峰，并且可以发现高质量分数的 PI 可以增强其在共聚物中的相应特征峰强度。

为了确认 Ti$_3$AlC$_2$、Ti$_3$C$_2$ 和 PUA/6PI/Ti$_3$C$_2$ 复合材料的晶体结构变化，对其进行了 XRD 表征分析，结果如图 4-12（b）所示。显然 Ti$_3$AlC$_2$ 的大多数特征峰，如位于 34°、39.2°和 41.8°的对应特征峰（101）、（104）以及（105）在通

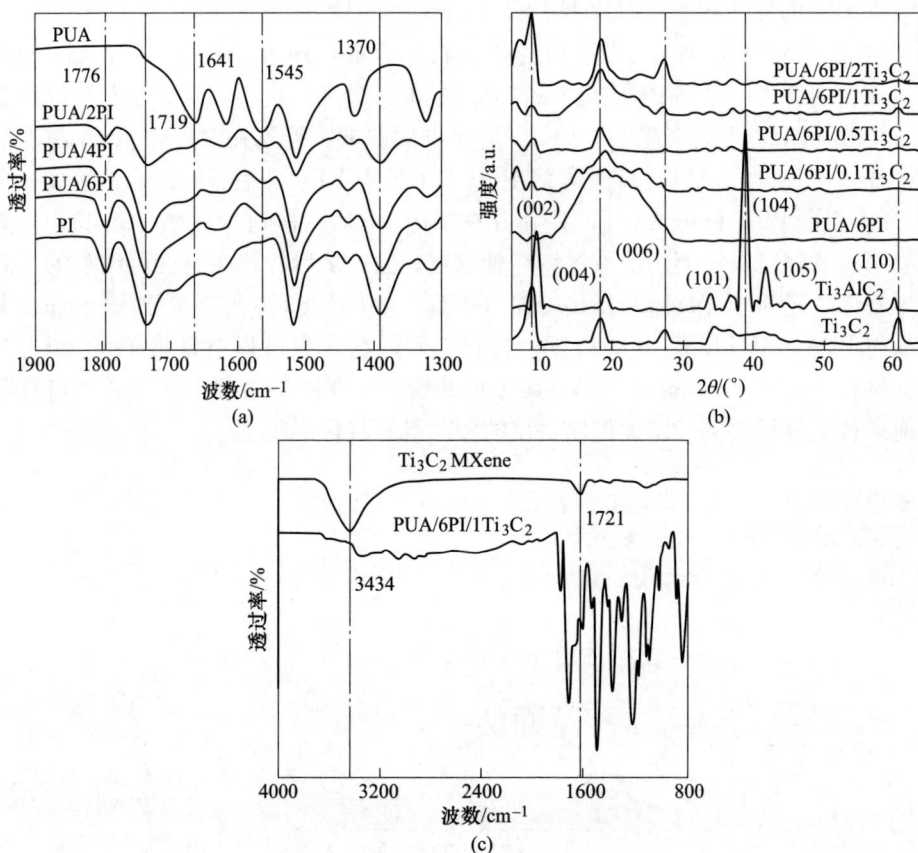

图 4-12　PUA/PI 共聚物的 FT-IR 光谱（a）；Ti_3C_2、Ti_3AlC_2 和 PUA/6PI/Ti_3C_2
复合材料的 XRD 谱（b）；Ti_3C_2MXene 和 PUA/6PI/1Ti_3C_2 的 FT-IR 光谱（c）

过 HF 溶液蚀刻后消失了，表明 Ti_3AlC_2 材料中的 Al 层在蚀刻过程中被去除[51]。

此外，与 Ti_3AlC_2 相比，Ti_3C_2 的特征峰（002）、（004）以及（110）被去除到较低的角度 8.5°、18.3° 和 60.8°，表明 Ti_3C_2 的层间距增加[52]。如图 4-13（a）所示，可以发现 Ti_3AlC_2 层间是堆叠紧密的。然而，Ti_3C_2 的层间间距通过蚀刻而增加（见图 4-13（b））。由图 4-13（c）可知，在超声波处理后的 Ti_3C_2 纳米片厚度约为 20.4 nm。Ti_3C_2 的 TEM 图像表明，晶格间距约 0.98 nm（见图 4-13（d）），对应于（002）晶格平面（PDF 52-0875）。此外，AFM 图像验证了超声处理后 Ti_3C_2 纳米片的单层厚度约 5~7 nm，如图 4-13（e）和（f）所示。

此外，还发现随着复合材料中 Ti_3C_2 含量的增加，（002）、（004）和（110）峰的强度增强，表明 Ti_3C_2 颗粒成功引入到 PUA/6PI 共聚物基体中。图 4-12（c）显示了 Ti_3C_2MXene 和 PUA/6PI/1Ti_3C_2 复合材料的 FTIR 结果。Ti_3C_2 中羧基对应的 C—O 和 O—H 的吸收峰分别出现在 1721 cm^{-1} 和 3434 cm^{-1} 处[24]。然而，PUA/6PI/1Ti_3C_2 复合材料中羧基的特征吸收峰几乎消失，说明 Ti_3C_2 是通过原位聚合的方式引入到共聚物基体中的。

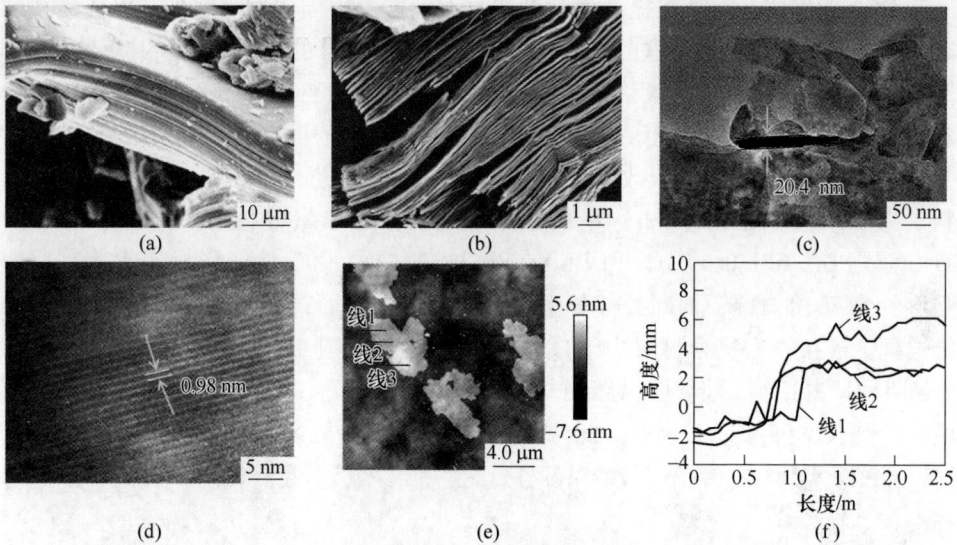

图 4-13　Ti_3AlC_2（a）和 Ti_3C_2（b）的 SEM 图片；
Ti_3C_2 的 TEM(c) 和 HR-TEM(d)；Ti_3C_2 的 AFM 图像（e）；图（e）中的相应高度（f）

为了比较所有样品力学性能的结构相关性，图 4-14（a）和（b）的应力-应变曲线给出了 PUA/PI 共聚物和 PUA/6PI/Ti_3C_2 共聚物复合材料力学性能。可以看出，由于其为刚性结构单元，纯 PI 的断裂伸长率非常小，约为 28.3%。图 4-15(a) 中纯聚酰亚胺的断裂形态显示出许多脆性裂纹。然而，尿素基团诱

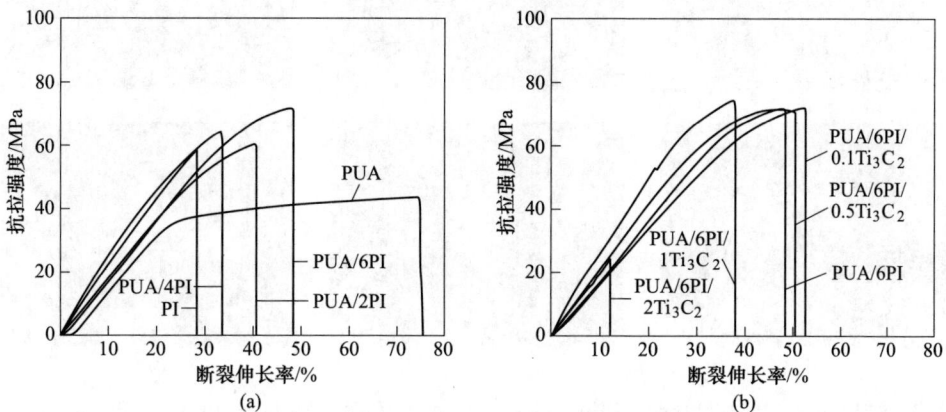

图 4-14　PUA/PI 共聚物（a）和 PUA/6PI/Ti_3C_2 复合材料（b）的应力-应变曲线

导的 PUA 中形成了大量氢键，这显著增强了 PUA 的韧性[53]，其断裂伸长率高达 75.5%。PUA 的粗糙断裂表面表现为典型的韧性断裂[54]。在所有配比 PUA/PI 共聚物中，PUA/6PI 表现出最高的拉伸强度和断裂伸长率，认为 PI 中的刚性结构单元和 PUA 中形成的氢键在提高力学性能方面发挥了协同作用。此外，PUA/6PI 的断裂表面形貌相对光滑，这归因于聚合物链之间的较好的相互作用。共聚物 PUA/2PI 和 PUA/4PI 的拉伸强度优于纯 PI 和纯 PUA，但低于 PUA/6PI。如图 4-15（c）和（d）所示，可以看到 PUA/4PI 和 PUA/2PI 的断裂表面存在大量裂纹。

　　Ti_3C_2 纳米材料的加入改变了复合材料的结构，进一步影响了共聚物复合材料的力学性能。图 4-14（b）中的结果表明，添加质量分数为 0.1% 和 0.5% 的 Ti_3C_2 对 PUA/6PI/0.1Ti_3C_2 和 PUA/6PI/0.5Ti_3C_2 的力学性能影响不大，其拉伸强度约为 70.0 MPa，而断裂伸长率约为 50.0%。然而，Ti_3C_2 颗粒削弱了聚合物链之间的连接，在复合材料中形成了许多孔洞（见图 4-15（f）和（g））。可以看到 Ti_3C_2 占比继续上升，导致材料断裂伸长率减小。特别是 PUA/6PI/2Ti_3C_2 的断裂伸长率降低到 13.4%。此外，随着 Ti_3C_2 含量的增加，复合材料断裂表面

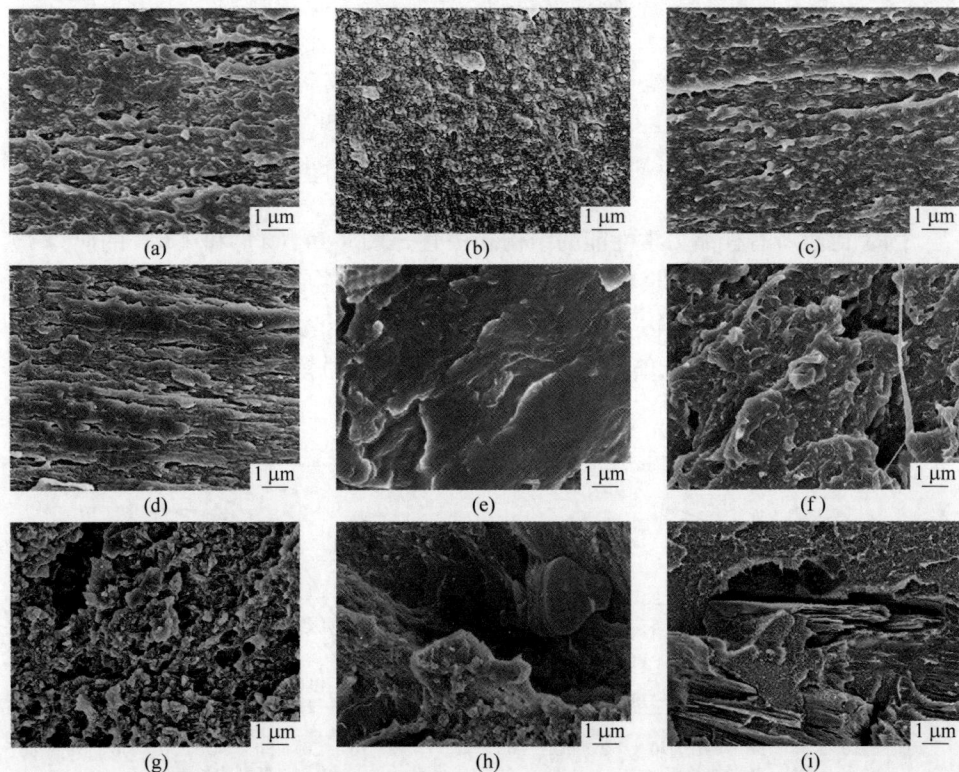

图 4-15　PI（a）、PUA/6PI（b）、PUA/4PI（c）、PUA/2PI（d）、PUA（e）、PUA/6PI/0.1Ti_3C_2（f）、PUA/6PI/0.5Ti_3C_2（g）、PUA/6PI/1Ti_3C_2（h）和 PUA/6PI/2Ti_3C_2（i）的截面形貌

的脆性模式优先于韧性模式，这一点可以从图 4-15 （h）和 （i）看出。

Ti_3C_2 在共聚物基体中的分布如图 4-16 所示。结果表明，原位引入的 Ti_3C_2 颗粒在 PUA/6PI 共聚物基体中均匀分布。当 Ti_3C_2 的添加量为 0.1% 和 0.5% 时，颗粒几乎覆盖在共聚物表面。对于 PUA/6PI/1Ti_3C_2 和 PUA/6PI/2Ti_3C_2 这两种复合材料，Ti_3C_2 颗粒的分布非常致密。因此，PUA/6PI/Ti_3C_2 的力学性能随着 Ti_3C_2 的含量改变而发生变化，进而影响了共聚物复合材料的摩擦学性能。

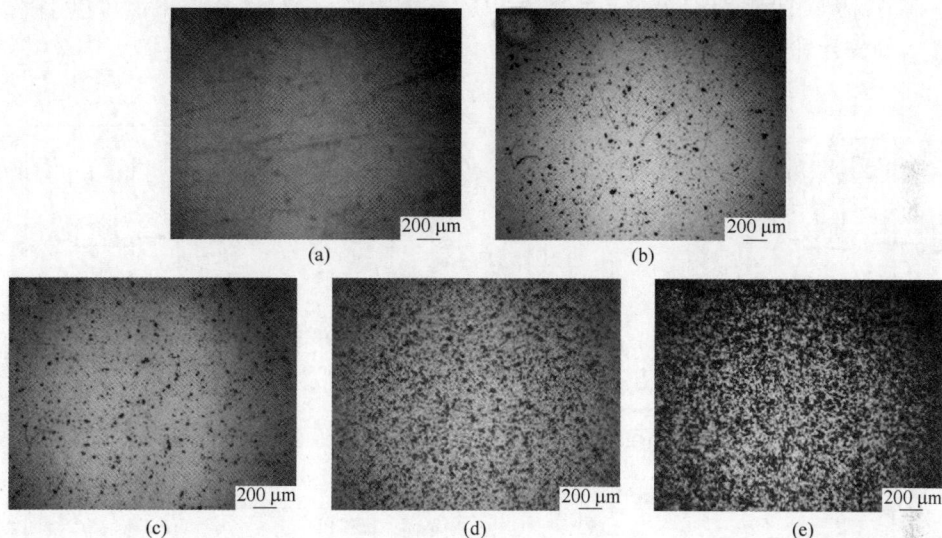

图 4-16 Ti_3C_2 在 PUA/6PI （a）、PUA/6PI/0.1Ti_3C_2 （b）、PUA/6PI/0.5Ti_3C_2 （c）、
PUA/6PI/1Ti_3C_2 （d）和 PUA/6PI/2Ti_3C_2 （e）中的分布光学图像

4.2.3 宽温域环境下 Ti_3C_2/聚酰亚胺复合材料的摩擦学行为

图 4-17 给出了纯 PI、PUA 和 PUA/PI 共聚物在 -100 ℃、25 ℃ 和 100 ℃ 时的摩擦系数演变和平均磨损率。由此可见，共聚物的组成在不同温度下的摩擦学性能中起着重要影响。当在 -100 ℃ 发生滑动时，PUA 的力学性能较差，导致摩擦过程在 2100 s 左右终止，由于磨损表面开裂和缺失，导致无法计算磨损率。当温度提高到 25 ℃ 和 100 ℃ 时，可以看到 PUA 的摩擦系数仍高于纯 PI 和共聚物。PUA 在 100 ℃ 时摩擦系数最高约为 0.74。可以认为，随着温度的升高，PUA 逐渐处于高弹性状态，从而增强了界面黏合[55]。对于磨损率，高弹性状态下 PUA 分子链之间的缠结降低了材料去除率，因此纯 PUA 的磨损率不是最差的（见图 4-17 （d））。另外，发现纯 PI 的摩擦系数和磨损率几乎优于纯 PUA，认为 PI 的刚性结构对材料承载能力有一定的影响。

然而，由 PI 和 PUA 分子链组成的共聚物可以协同改善共聚物复合材料的摩擦学性能。如图 4-17（a）所示，PUA/6PI 在 -100 ℃的摩擦系数为 0.09，与纯 PUA 相比降低了 71.6%，与纯 PI 相比降低了 67.6%。并且随着 PUA 比例的增加，PUA/4PI 和 PUA/2PI 共聚物的摩擦系数增加。结果表明，过多的软弹性材料可能会降低滑动界面的易剪切性能[46]。在材料磨损率方面，可以发现 PUA/6PI 表现出优异的耐磨性，在 -100 ℃时，PUA/6PI 共聚物磨损率最小为 0.6×10^{-5} mm³/（N·m），这归因于在滑动界面上释放的少量 PUA 所起到的润滑作用，提高了材料的耐磨性。然而，共聚物 PUA/2PI 表现出最高的磨损率，表明刚性 PI 磨损碎片导致共聚物材料在摩擦过程中严重的磨粒磨损和疲劳磨损。

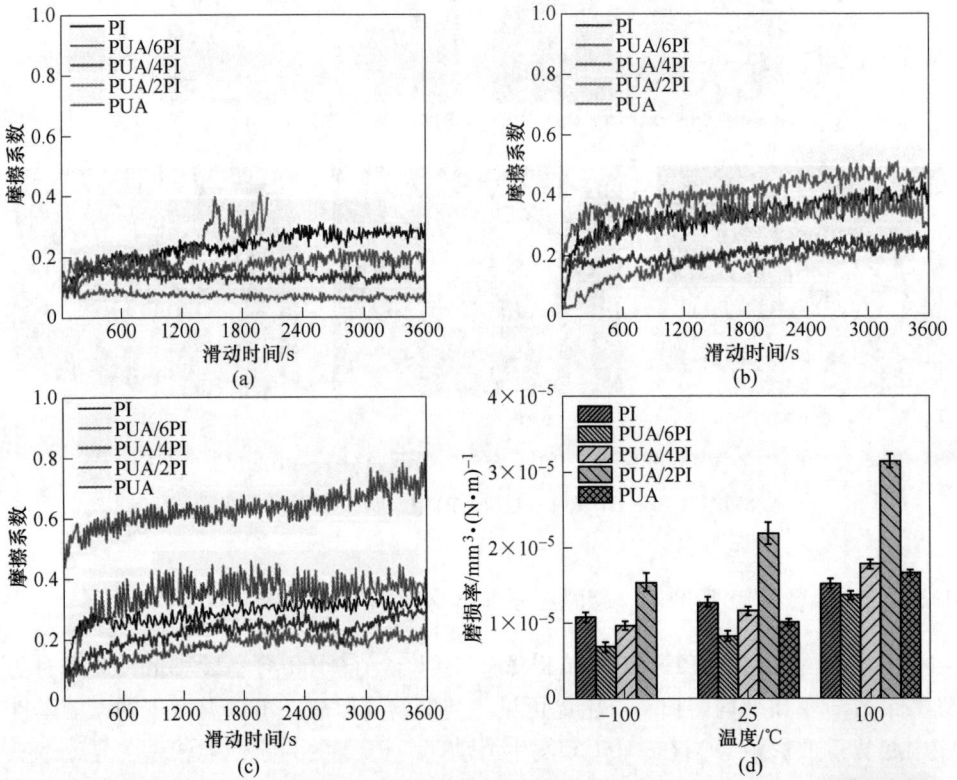

图 4-17　共聚物在 -100 ℃（a）、25 ℃（b）和 100 ℃（c）时的
摩擦系数演变及相应样品的磨损率（d）

图 4-18 提供了所有样品在不同温度下与 GCr15 钢球滑动后磨损表面的光学图像。在 -100 ℃时，如图所示，发现有明显的裂纹出现在纯 PI 和纯 PUA 的磨损表面，已在图中用箭头指出。同时，PUA 由于其较差的力学性能而从基材表面剥离（见图 4-18（a4））。因此，纯 PI 和 PUA 在 -100 ℃处均表现出疲劳磨损。对于共聚物 PUA/6PI、PUA/4PI 和 PUA/2PI，磨损表面相对光滑，

图 4-17 彩图

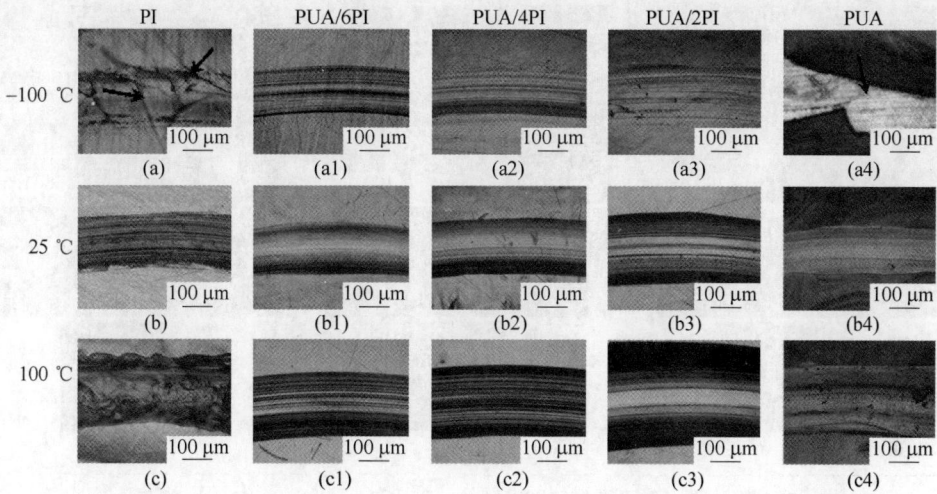

图 4-18 在 -100 ℃、25 ℃和 100 ℃时 PI(a)~(c)、PUA/6PI(a1)~(c1)、PUA/4PI(a2)~(c2)、PUA/2PI(a3)~(c3) 和 PUA(a4)~(c4) 与 GCr15 球对摩后的磨损表面的光学图像

如图 4-18 （a1）~（a3） 所示，这归因于它们通过共聚增强了力学性能。在 25 ℃和 100 ℃时，如图 4-18 （b）~（b4） 和图 4-18 （c）~（c4） 所示，主要表现为磨粒和黏着磨损。环境温度和摩擦热使聚合物分子链易于移动。因此，磨损率似乎高于低温下的磨损率。此外，还发现在不同温度下 PUA/6PI 的磨损宽度几乎最小。因此，认为 PUA/6PI 的聚合物链使其具有优异的润滑性和耐磨性。对于 PUA/2PI，可以看到磨损宽度最大，因此该样品在不同温度下表现出最大的磨损率。PUA/2PI 与滑动方向平行的沟槽进一步说明发生了严重的磨料磨损。

图 4-19 给出了共聚物 PUA/6PI 与 GCr15 在不同温度下 （-100 ℃、25 ℃和 100 ℃） 对摩后磨损表面的 SEM 形貌，并进行了特定元素的 EDS 分析。在 -100 ℃发生滑动时，可以观察到 PUA/6PI 聚合物衍生出的 C 和 O 元素均匀分布在 GCr15 钢球表面（见图 4-19 （a））。此外，氧化铁似乎与转移的碳材料混合并压实于对应的表面上。当温度提高到 25 ℃时，观察到大量氧化铁暴露在钢表面。由于滑动界面之间的强界面黏附[56]，摩擦系数略有波动。在 100 ℃发生滑动时，从 C 元素分布图中看出，转移的磨损碎屑更容易黏附在 GCr15 钢球表面，聚合物层比 -100 ℃和 25 ℃时形成的更厚。此外，摩擦氧化层几乎不受转移材料的影响，这进一步导致了材料摩擦系数的提高。

4.2.4 宽温域环境下 Ti_3C_2/聚酰亚胺复合材料的摩擦磨损机理

为了进一步探索摩擦膜的化学状态，并分析摩擦膜的形成机理，采用 XPS 检测了 GCr15 钢球在不同温度下与 PUA/6PI 滑动后的磨损表面。图 4-20 给出了

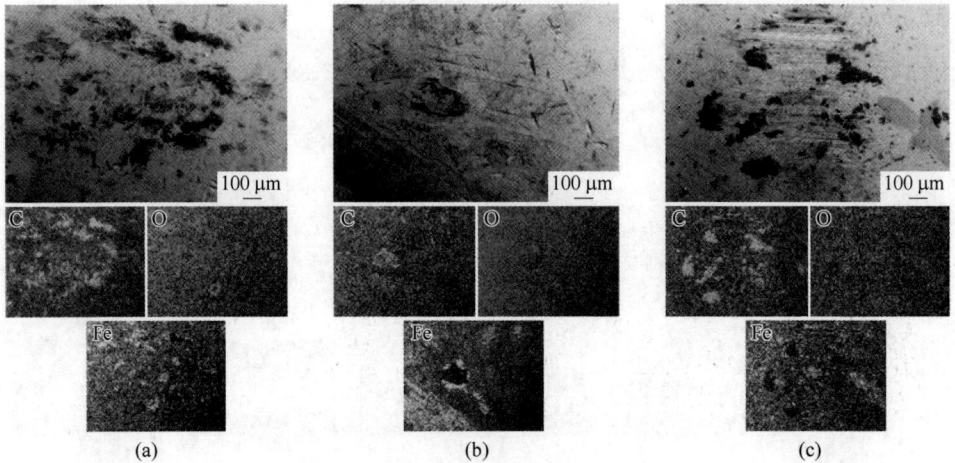

图 4-19　GCr15 钢球在-100 ℃(a)、25 ℃(b) 和 100 ℃(c) 时与
PUA/6PI 相对滑动后产生的摩擦膜形貌及相应的 C、O 和 Fe 元素分布图

C 1s、O 1s 和 Fe 2p 的 XPS 精细图谱。如图 4-20 (a) 所示，284.7 eV、285.5 eV、286.1 eV 和 288.4 eV 处的结合能分别对应 PI 的 C—C、C—N 和 C＝O[50,57]，表明碳材料转移到了钢球表面。O 1s 光谱中 531.2 eV 和 530.2 eV 处的峰与 Fe 2p 光谱中 710.9 eV 和 725.1 eV 处的峰值相结合，证实摩擦氧化形成了 Fe_2O_3 和 Fe_3O_4[41,45]。此外，发现在-100 ℃共聚物 PUA/6PI 相对于 GCr15 滑动时得到的 Fe_2O_3 和 Fe_3O_4 的峰面积比在 25 ℃ 和 100 ℃时要小，进一步表明在高温条件下会加速摩擦氧化。O 1s 中 531.7 eV 和 532.4 eV 处的结合能与 Fe 2p 中 712.6 eV 处的结合能代表金属有机化合物 $Fe(CO)_x$[46,58]。转移材料和钢球之间的螯合反应增强了摩擦膜与对偶的结合，使摩擦膜具有坚固的结构。

　　为了进一步提高 PUA/6PI 共聚物的摩擦学性能，在 PUA/6PI 中加入不同质量分数的 Ti_3C_2 颗粒。图 4-21 中的结果表明，Ti_3C_2 颗粒的加入几乎降低了所有复合材料的摩擦磨损。在-100 ℃ 时，加入 0.5%（质量分数）Ti_3C_2 可使 PUA/6PI/$0.5Ti_3C_2$ 复合材料的摩擦系数减小到 0.07，磨损率下降到 $3.8×10^{-5}$ $mm^3/(N·m)$。然而，加入 1.0% 和 2.0%Ti_3C_2 后，摩擦系数分别提高到 0.15 和 0.16，这表明添加过多的 Ti_3C_2 颗粒更容易在低温条件下破坏摩擦膜。在 25 ℃ 和 100 ℃ 发生滑动时，PUA/6PI/$1Ti_3C_2$ 的摩擦系数最低，耐磨性最好。在 25 ℃ 和 100 ℃ 时，PUA/6PI/$1Ti_3C_2$ 的最低摩擦系数分别为 0.09 和 0.12，分别比 PUA/6PI 共聚物降低了 59.1% 和 58.6%。然而，所有样品的磨损率几乎都高于-100 ℃时的磨损率。认为摩擦膜的结构和组成对复合材料的摩擦学性能有着重要影响。在高温环境下，摩擦膜的承载能力下降，降低了耐磨性[59-60]。

　　图 4-22 提供了 PUA/6PI 复合材料在不同温度下与 GCr15 钢球滑动后磨损表

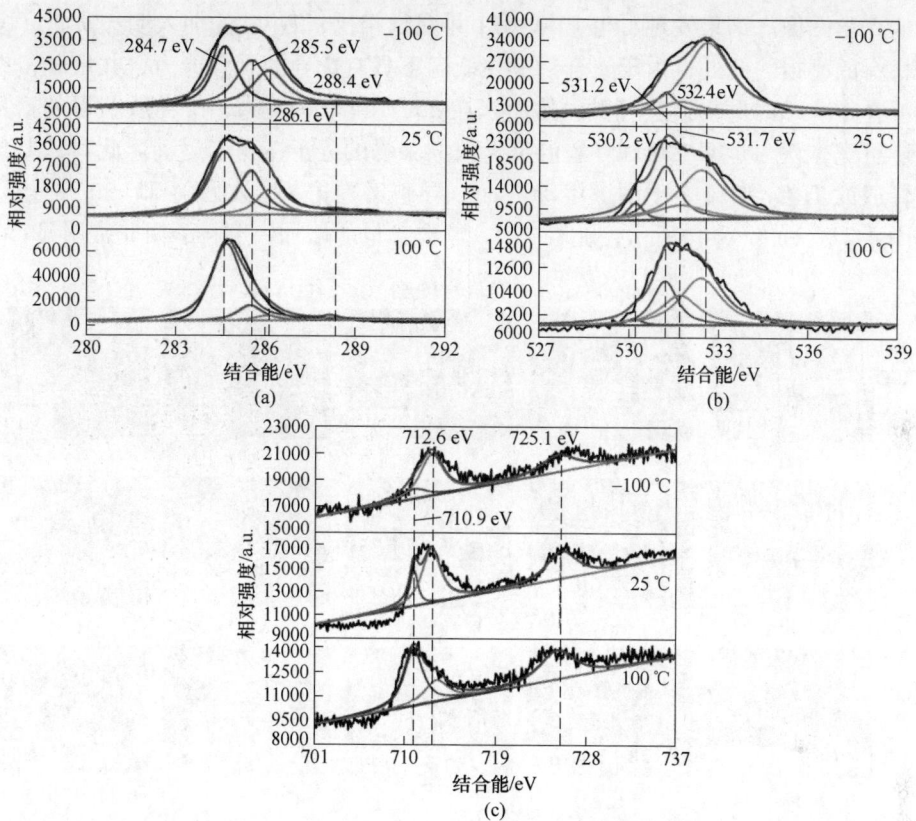

图 4-20 相对于 PI/6PUA 滑动后在 GCr15 表面形成摩擦膜典型元素的 XPS 分析

(a) C 1s；(b) O 1s；(c) Fe 2p

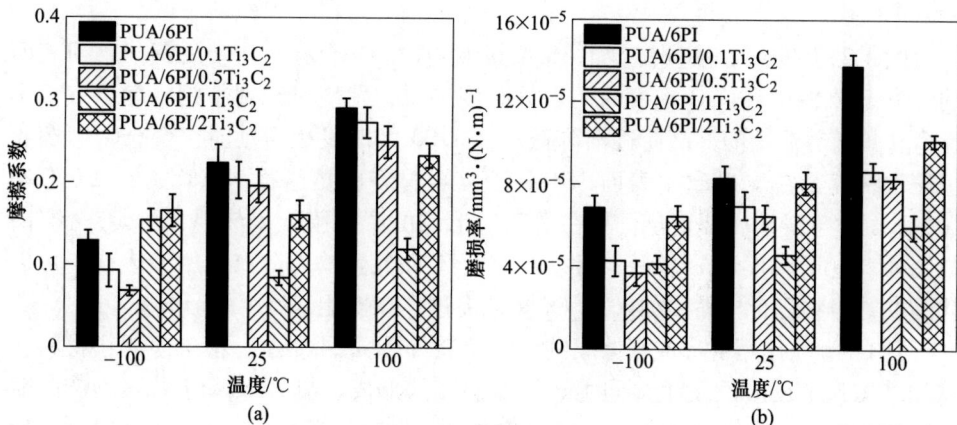

图 4-21 PUA/6PI 共聚物及其复合材料在-100 ℃、25 ℃ 和
100 ℃ 下的平均摩擦系数 (a) 和磨损率 (b)

面的光学图像。结果发现，与 PUA/6PI 共聚物相比，Ti_3C_2 的加入明显降低了复合材料的磨损。此外，由于聚合物链在低温下具有优异的承载能力，共聚物复合材料在 100 ℃时磨损痕迹轻微。然而，在 25 ℃和 100 ℃时，滑动后获得的磨损痕迹更宽，认为是摩擦热和环境温度导致共聚物的分子链易于运动。此时从基体中释放的 Ti_3C_2 颗粒易于刮擦滑动表面，导致磨粒磨损。如图 4-22 （b）~（b4）和图 4-22 （c）~（c4）所示，随着 Ti_3C_2 颗粒含量的增加，磨粒磨损非常明显。

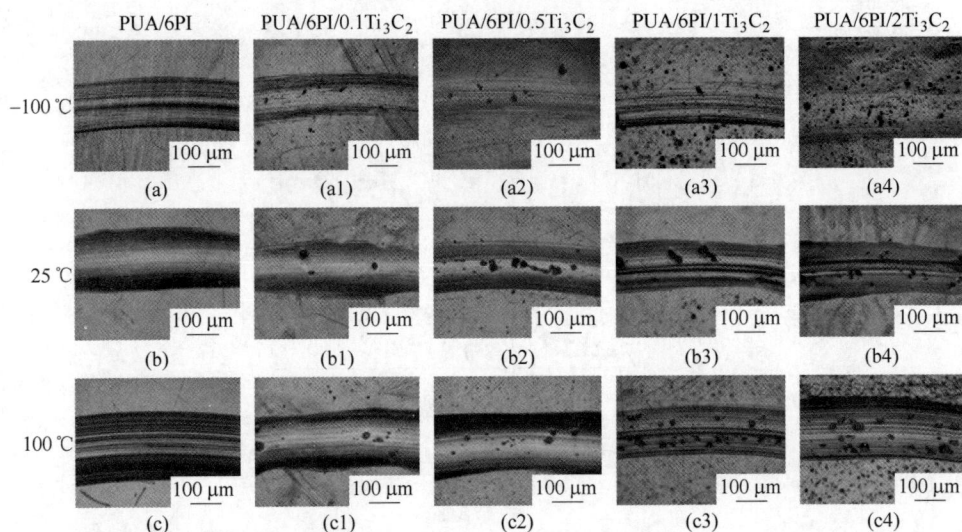

图 4-22　PUA/6PI（a）~（c）、PUA/6PI/0.1Ti_3C_2（a1）~（c1）、

PUA/6PI/0.5Ti_3C_2(a2) ~（c2）、PUA/6PI/1Ti_3C_2(a3) ~（c3）和 PUA/6PI/2Ti_3C_2(a4) ~（c4）

在-100 ℃、25 ℃和 100 ℃时与 GCr15 对摩后磨损表面的光学形貌

　　图 4-23 给出了在不同温度下 PUA/6PI/1Ti_3C_2 复合材料滑动后钢球磨损表面的 EDS 元素图谱。从 C 元素的元素分布图来看，发现对摩副小钢球摩擦表面 C 元素含量随着温度的升高而逐渐降低。在-100 ℃时发生滑动时，聚合物摩擦膜呈斑块状覆盖在配对摩副表面，不利于复合材料摩擦磨损。然而，在 25 ℃和100 ℃时发生滑动后，复合材料在滑动后形成的摩擦膜变得较薄且均匀。此外，如图 4-23 （b）和（c）所示，可以发现大量 Ti 元素均匀分布在摩擦表面，可以认为在共聚物复合材料中加入 Ti_3C_2 颗粒促进了高性能摩擦膜的形成。

　　Ti_3C_2 颗粒作用下形成摩擦膜的化学状态如图 4-24 所示。结果表明，材料转移和摩擦化学反应的发生共同主导了摩擦膜的形成。与 PUA/6PI 共聚物产生摩擦膜的结果相似，聚酰亚胺中的 C 1s 和 O 1s 图谱表明聚合物材料在摩擦试验后黏附在钢球表面。而 Fe 2p 和 O 1s 图谱表明在滑动过程中共聚物复合材料发生了摩擦氧化和螯合反应。通过比较摩擦膜的 Ti 2p 和制备的 Ti_3C_2（见图 4-25），发

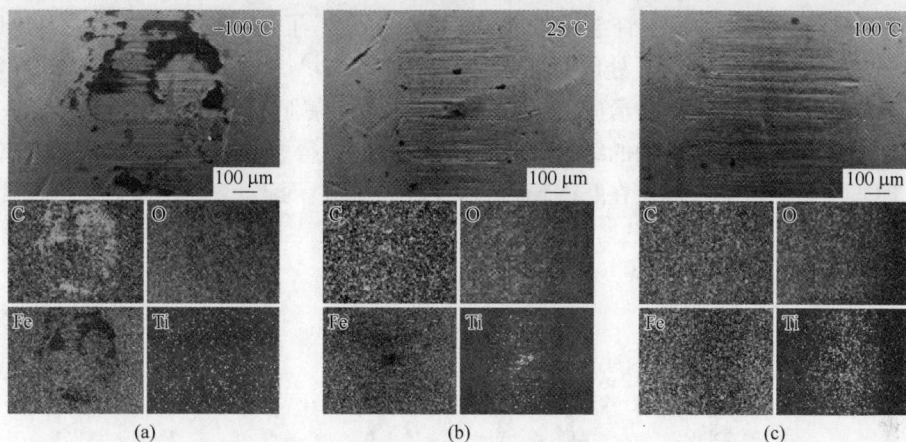

图 4-23　GCr15 钢球在−100 ℃（a）、25 ℃（b）和 100 ℃（c）时与 PUA/6PI/1Ti_3C_2
对摩后表面生成的摩擦膜形貌及相应 C、O、Fe 和 Ti 的元素分布图

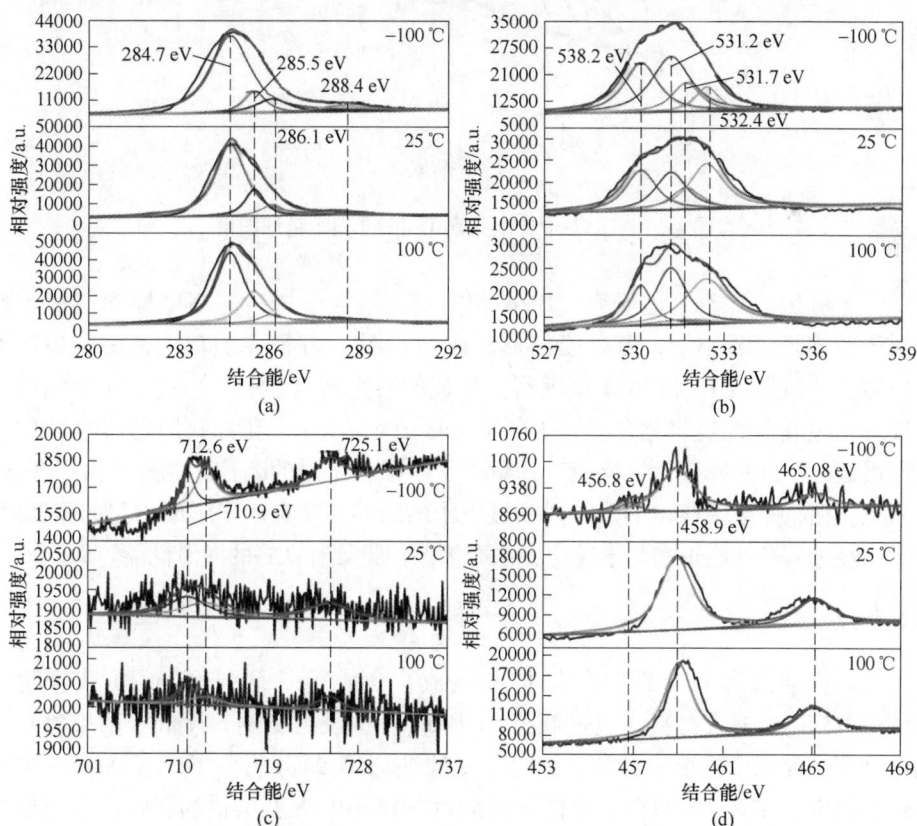

图 4-24　相对于 PUA/6PI/1Ti_3C_2 复合材料滑动后在 GCr15
钢球表面生成摩擦膜典型元素的 XPS 精细图谱

（a）C 1s；（b）O 1s；（c）Fe 2p；（d）Ti 2p

现复合材料在滑动过程中释放出的 Ti_3C_2 的结构发生了变化。从图 4-24（d）所示 465.08 eV 和 458.9 eV 处以及图 4-25 所示 455.2 eV 和 461.4 eV 处的 Ti 2p 峰值可以看出，Ti_3C_2 氧化后形成了大量的 TiO_2[61-62]。特别是在 25 ℃ 和 100 ℃ 条件下发生滑移时，Ti 在 TiO_2 中的结合能比在 -100 ℃ 时强得多。因此高温促进了 Ti_3C_2 向 TiO_2 的结构转变。TiO_2 在摩擦膜中的均匀分布保护了配对表面免受氧化。

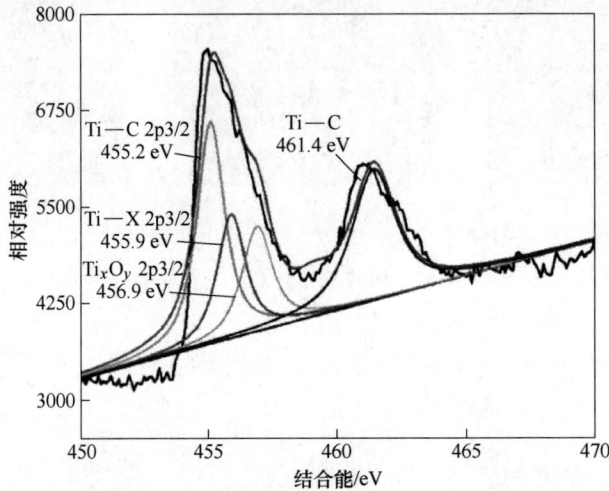

图 4-25　Ti_3C_2 中典型元素 Ti 2p 的 XPS 精细图谱

综上所述，基于上述研究，PUA/6PI/xTi_3C_2 复合材料的高摩擦学性能主要来源于摩擦膜润滑作用，摩擦膜的形成机制如图 4-26 所示。首先，由摩擦产生的应力和热量导致 PI 和 PUA 链断裂。生成的自由基（C 和 O）进一步与钢球发生反应，生成金属-有机化合物如图 4-26（a）~（c）所示。正如我们之前的工作[46]中所报道的，这些摩擦化学反应产物赋予了摩擦膜坚固的结构。此外，由于 Ti_3C_2 的氧化，在摩擦膜中存在 TiO_2。滑动过程中的结构转变有助于形成均匀的摩擦膜。因此，经过复杂的物理和化学反应，该摩擦保护膜具有良好的润滑性能。

4.2.5　小结

本研究通过调整共聚物的结构和组成，合成了一系列 PUA/PI 共聚物和 PUA/6PI/Ti_3C_2 复合材料。通过调控 PI 和 PUA 链段的比例，评价了共聚物在不同温度下的摩擦学性能。此外，通过氢氟酸蚀刻 Ti_3AlC_2 得到了 Ti_3C_2 Mxene 二维材料，研究了 Ti_3C_2 颗粒作为固体润滑剂对 PUA/6PI 摩擦磨损的影响。主要结论如下：

（1）通过优化 PI 和 PUA 的比例，可以提高共聚物材料的力学性能，并且共聚物比纯聚合物具有更优异的摩擦学性能。

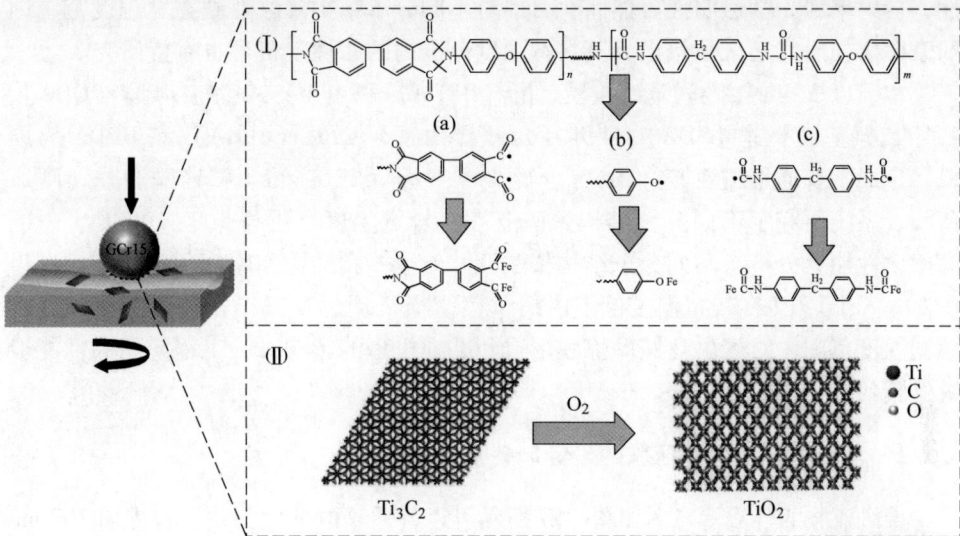

图 4-26　钢表面上形成摩擦膜的摩擦化学反应示意图

图 4-26 彩图

（2）Ti$_3$C$_2$颗粒作为固体润滑剂在不同温度下使用时，二维材料表现出良好的减摩和抗磨效果，即在共聚物中添加少量的Ti$_3$C$_2$Mxene，可以显著降低摩擦副的摩擦磨损。

（3）SEM 图谱和 XPS 分析表明，在摩擦表面上形成了由摩擦化学产物和TiO$_2$组成的连续摩擦膜，该摩擦膜对滑动界面的润滑和承载能力方面发挥了重要作用。

4.3　宽温域环境下不同分子结构聚酰亚胺摩擦学行为及机理研究

4.3.1　引言

目前，对含氟含硫聚酰亚胺的研究主要集中在提高其透明度和力学性能上，而对常规聚酰亚胺的改性研究也主要集中在常温下。例如，Lu 等[69]通过 1，4-双（4-氨基-2-三氟甲基苯氧基）苯（6FAPB）、1，2，3，4-环丁烷三羧酸二酐（CBDA）和氧化石墨烯（GO）的原位聚合制备了一系列含氟聚酰亚胺/氧化石墨烯（PI/GO）纳米复合材料。研究表明，添加氧化石墨烯后，氟化聚酰亚胺的力学性能和热性能均得到改善。Hulubei 等[70]以 4，4-二氨基二苯硫醚和各种芳香族或脂肪族二酐为原料合成了一系列含硫聚酰亚胺。将聚酰亚胺与同一分子脂环化合物或含氟化合物的芳香族和硫化物基团结合，优化了聚酰亚胺的热稳定性、折射率和光学透明性。然而，目前对不同分子结构聚酰亚胺在宽温度范围内的摩擦磨损研究还未见报道，其在宽温度范围内的摩擦学机理也有待研究。

　　本节以 3,3′,4,4′-联苯四羧酸二酐（BPDA）和 4,4′-二氨基二苯醚（ODA）、4,4′-二氨基二苯醚（SDA）、4,4′-(六氟异丙基) 二酐（6FDA）和 BPDA 为原料，合成了普通聚酰亚胺（PI）、含硫聚酰亚胺（SPI）和含氟聚酰亚胺（FPI）薄膜，系统研究了不同分子结构聚酰亚胺在较宽温度范围(−100~100 ℃) 内的摩擦学性能，分析了不同分子结构聚酰亚胺的摩擦膜结构和摩擦化学反应，探讨了 PI、SPI、FPI 在较宽温度范围内的摩擦磨损机理。本工作旨在总结氟和硫在较宽温度范围内对聚酰亚胺摩擦膜形成和磨损机理的影响，为工程应用高性能聚酰亚胺的设计提供新思路。

4.3.2　含氟、含硫聚酰亚胺的设计制备及性能表征

　　聚酰亚胺的合成示意图如图 4-27 所示。以普通聚酰亚胺为例，首先向 100 mL 三口烧瓶中加入 40.0 mL N-甲基吡咯烷酮，称取 2.8340 g ODA 加入溶剂中，超声 1~5 min 至 ODA 完全溶解。之后，将 4.1660 g BPDA 加入混合溶液中，冰浴和氮气条件下搅拌反应 24 h 取出，得到固体质量分数为 15% 的聚酰胺酸（PAA）黏稠溶液。将得到的 PAA 溶液均匀涂抹于轴承钢（GCr15）表面，放入恒温加热台上 60 ℃ 下处理 6 h 使溶剂全部蒸发，之后放入管式炉中，80 ℃ 下保温 4 h，100 ℃、200 ℃、300 ℃ 以及 320 ℃ 下分别保温 1 h，使得 PAA 亚胺化为 PI，得到 PI。

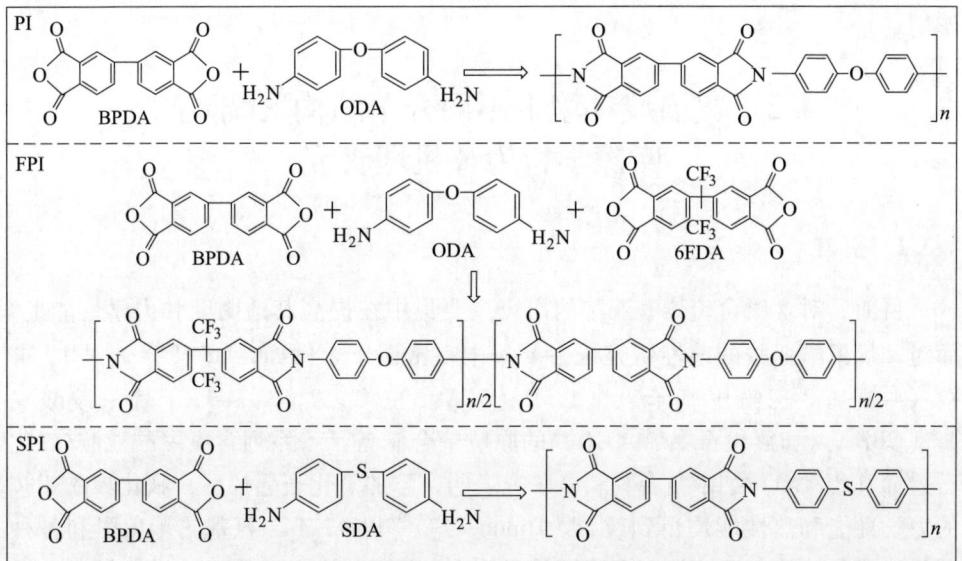

图 4-27　PI、FPI、SPI 合成流程图

采用红外光谱对 PI、FPI 和 SPI 的化学结构进行了表征。如图 4-28（a）所示，在 1773 cm^{-1}、1707 cm^{-1}、1364 cm^{-1} 和 735 cm^{-1} 处有 PI、FPI 和 SPI 的特征吸收峰。PI、FPI 和 SPI 中 C $=$ O 的不对称和对称伸缩振动峰分别为 1772 cm^{-1} 和 1705 cm^{-1}。PI、FPI 和 SPI 中 C—N—C 的伸缩振动和 C $=$ O 的弯曲振动峰分别为 1364 cm^{-1} 和 735 cm$^{-1[71]}$。苯环的特征吸收为 1496 cm^{-1}。此外，在所有样品中，没有发现 PAA 在 3500~3100 cm^{-1} 处的 N—H 特征吸收峰，表明通过亚胺化成功地制备了 PI、FPI 和 SPI$^{[69]}$。

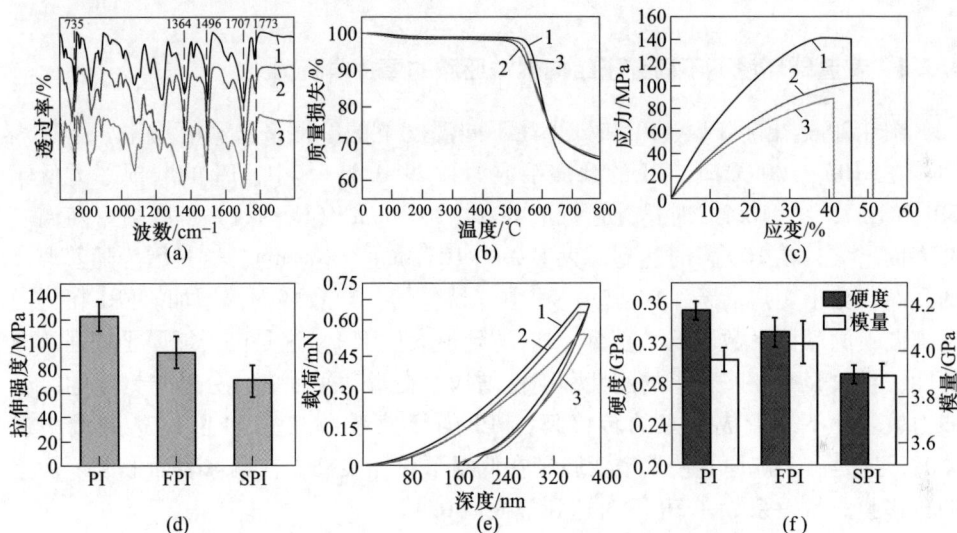

图 4-28　红外光谱（a）；热重曲线（b）；应力-应变曲线（c）；
拉伸强度（d）；纳米压痕曲线（e）；微观硬度与模量（f）
1—PI；2—FPI；3—SPI

氮气环境下对 PI、FPI 和 SPI 进行了热重分析，评价了其热稳定性。如图 4-28（b）所示，样品的分解温度在 500~650 ℃之间，表明所有样品都具有较高的耐温性。其中，PI 在 5%质量损失情况下的降解温度为 566 ℃，FPI 和 SPI 的降解温度分别为 532 ℃和 547 ℃。因此，PI 的热性能优于 FPI 和 SPI$^{[72]}$。化学结构对玻璃化转变温度 T_g 影响较大。CF$_3$ 基团降低了聚合物链的有序度，增加了自由体积，从而降低了 FPI 的热解温度$^{[73]}$。SPI 硫醚键的存在降低了聚合物链的柔韧性，增加了 SPI 的刚度，降低了结合力，因此 SPI 的分解温度降低$^{[70]}$。

宏观力学性能表明，PI 的拉伸强度明显高于 FPI 和 SPI。如图 4-28（d）所示，PI 的强度为 123 MPa，FPI 和 SPI 的强度分别为 93 MPa 和 69 MPa。图 4-28（c）中 PI、FPI 和 SPI 的应力-应变曲线表明 SPI 呈现脆性断裂，PI 和 FPI 在拉伸后期表现为塑性变形。相比之下，PI 和 FPI 中有醚链，增加了聚合物链的韧性，从而获得了更好的拉伸强度[74]。

用纳米压痕仪测试了材料的微观力学性能。PI、FPI 和 SPI 的载荷-深度曲线和微观力学性能如图 4-28（e）和（f）所示。可以看出，在同样的压入深度下，PI 施加的力约为 0.66 mN，FPI 约为 0.62 mN，SPI 约为 0.53 mN。因此，PI 复合材料的模量和硬度值高于 FPI 和 SPI。图 4-28（f）中，PI 的模量和硬度分别为 3.96 GPa 和 0.35 GPa，FPI 分别为 4.03 GPa 和 0.33 GPa，SPI 分别为 3.9 GPa 和 0.29 GPa，说明氟原子和硫原子改变了聚合物分子链的结构，导致其力学性能下降[75]。

4.3.3　宽温域环境下不同分子结构聚酰亚胺的摩擦学行为

图 4-29 给出了 PI、FPI 和 SPI 在不同温度下的摩擦系数和磨损率。结果表明，在 -100~100 ℃时，PI 的摩擦系数为 0.2~0.3。其中，PI 的磨损率远低于 FPI 和 SPI，在 -100 ℃时达到最低值 $0.02×10^{-6}$ mm^3/（N·m），且磨损率随温度升高而增大，在 100 ℃时达到最大值 $0.4×10^{-6}$ mm^3/（N·m）。这是因为随着温度的升高，分子变得活跃，在滑动过程中容易剪切，导致磨损率增加。FPI 在低温和高温下的摩擦系数较低，在 50 ℃时达到最大值 1.1。这是由于氟原子较强的电负性，导致聚酰亚胺分子的刚性和脆性增加。在滑动过程中，分子与钢球的结合能力较弱，不易形成良好的转移膜。SPI 的摩擦系数在 -100 ℃时达到最小值 0.04，这是由于硫原子使聚酰亚胺链在低温下更加柔韧，在钢球表面形成了稳定的转移膜。摩擦系数在 50 ℃时达到最大值 0.42。

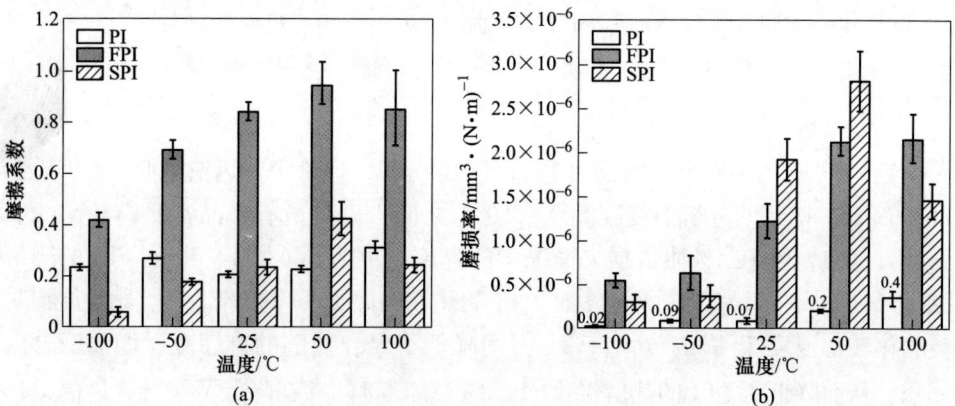

图 4-29　不同分子结构聚酰亚胺的摩擦系数（a）和磨损率（b）

从图 4-30 中聚合物磨痕形貌的 SEM 图可以看出，PI 的磨痕宽度明显小于 FPI 和 SPI。PI 的硬度较高，材料在低温下冻结，磨痕较浅，磨损率小。随着温度的升高，磨损形式逐渐转变为黏着磨损。FPI 磨损表面的 SEM 图像显示，高低温下疲劳磨损明显，摩擦过程中出现大量裂纹（图4-31（b1）~(b5)）。SPI的磨损痕迹在高温和低温下表现为疲劳磨损和黏着磨损。这是因为硫醚键增加了分子链的刚性，磨损形貌也随着温度的升高变得更严重（图4-31（c1）~（c5））。

图 4-30　磨痕形貌的 SEM 图

（a）PI；（b）FPI；（c）SPI；序号1~5分别表示−100 ℃、−50 ℃、25 ℃、50 ℃、100 ℃

4.3.4　宽温域环境下不同分子结构聚酰亚胺的摩擦磨损机理

众所周知，对偶表面上形成转移膜的结构和组成对聚合物-金属的摩擦学性能具有重要影响[79-80]。图 4-32 给出了在−100~100 ℃下，与 GCr15 球对摩后，PI、FPI 和 SPI 的转移膜的 SEM 图。尽管在摩擦之后超声清洗了对偶小球，但仍可以在球表面上清楚地观察到转移的材料。对于所有样品，低温下 GCr15 表面上转移材料的覆盖率都小于高温下，这几乎与磨损率的趋势相对应。此外，PI 在 25 ℃ 和 50 ℃ 时与 GCr15 滑动后产生的转移膜非常明显（图 4-32（a3）和（a4）），可以抑制摩擦副的直接接触[81]。对于 FPI，在实验温度范围内，转移膜的结构没有显著差异（图 4-32（b1）~（b5））。因为低温下聚合物分子链处于冻结状态，而在高温下易于剪切，因此转移的材料难以吸附在 GCr15 对偶面上。但是，对于 SPI 转移膜在对偶表面上的覆盖区域较小但是转移膜不均匀且厚度过大（图 4-32（c4）和（c5）），导致 SPI 的摩擦学性能较差。可以推断，引入 S 原子会增加转移的聚合物与金属对偶之间的相互作用，使得磨屑堆积在对偶表面。

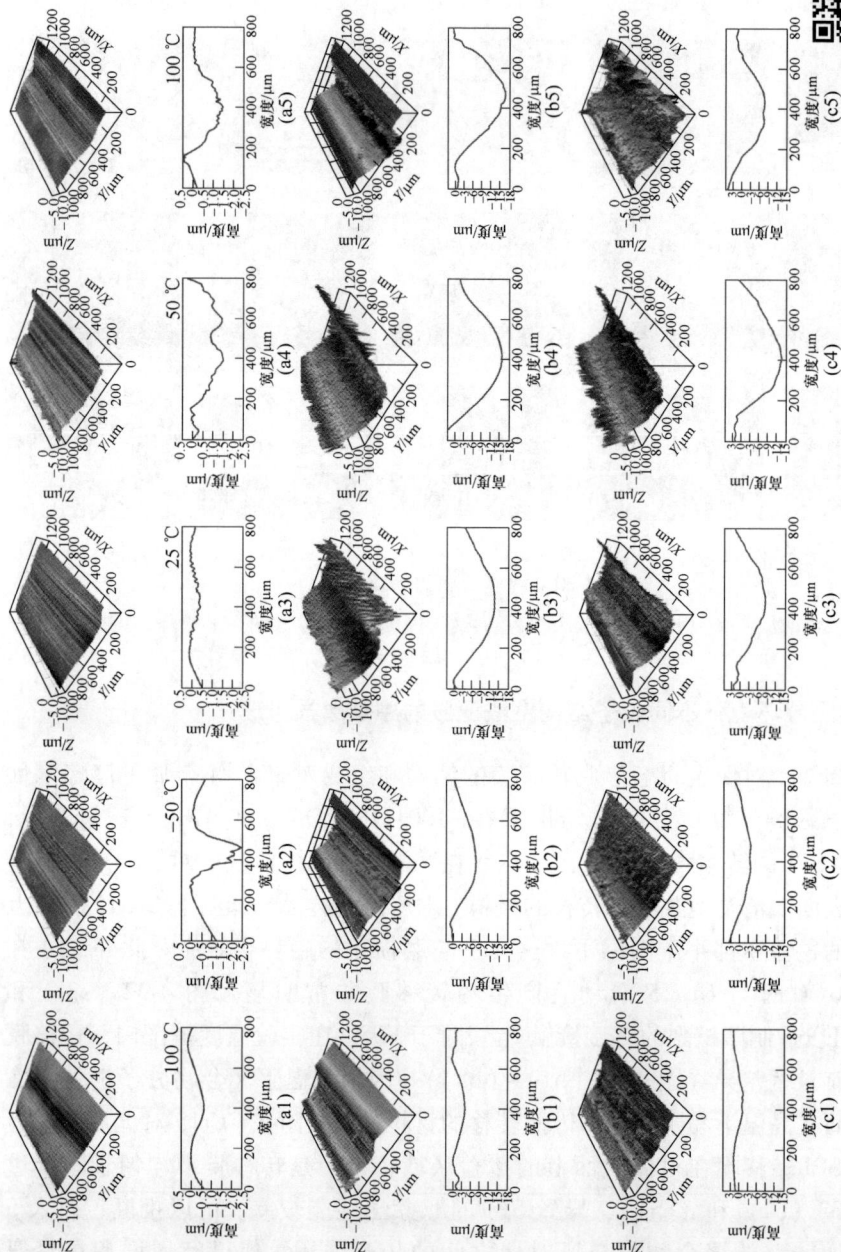

图 4-31　磨痕的三维与二维形貌

(a) PI；(b) FPI；(c) SPI；序号 1～5 分别表示−100 ℃、−50 ℃、25 ℃、50 ℃、100 ℃

图 4-31 彩图

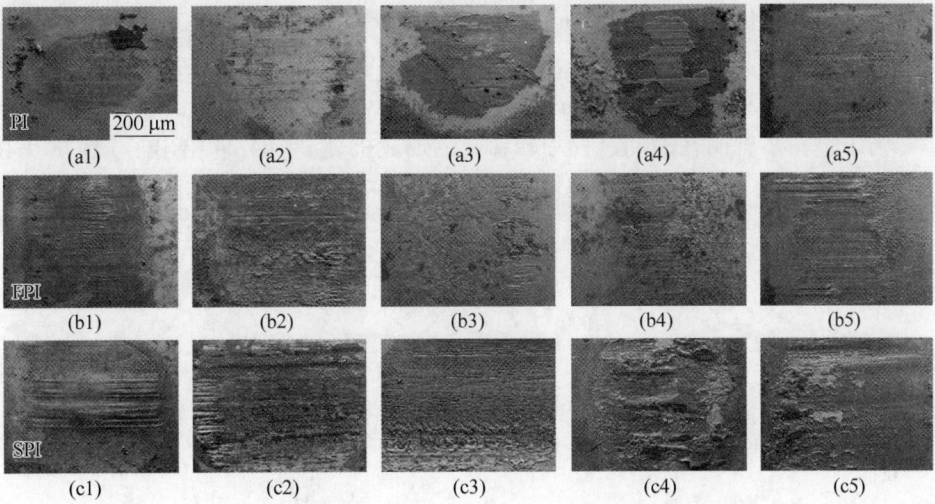

图4-32 与 PI（a）、FPI（b）、SPI（c）对摩后 GCr15 对偶的 SEM 形貌
序号1~5分别为-100 ℃、-50 ℃、25 ℃、50 ℃、100 ℃

基于上述摩擦结果，发现-100 ℃时材料的摩擦系数和磨损率是最低的。为了揭示摩擦膜在该工况下的形成和作用机理，分析了该条件下对偶表面的元素分布和化学状态。图4-33给出了-100 ℃条件下与 FPI 和 SPI 滑动后对偶球表面形成的转移膜的元素组成。除元素 Fe 之外，还确认了 C、O、F 和 S 元素，表明转移膜均匀地覆盖在 GCr15 表面上。另外，根据 EDS 结果，发现图4-33（a）中的 C 含量大于图4-33（b）中的 C 含量，这表明与 SPI 相比，从 FPI 转移的聚合材

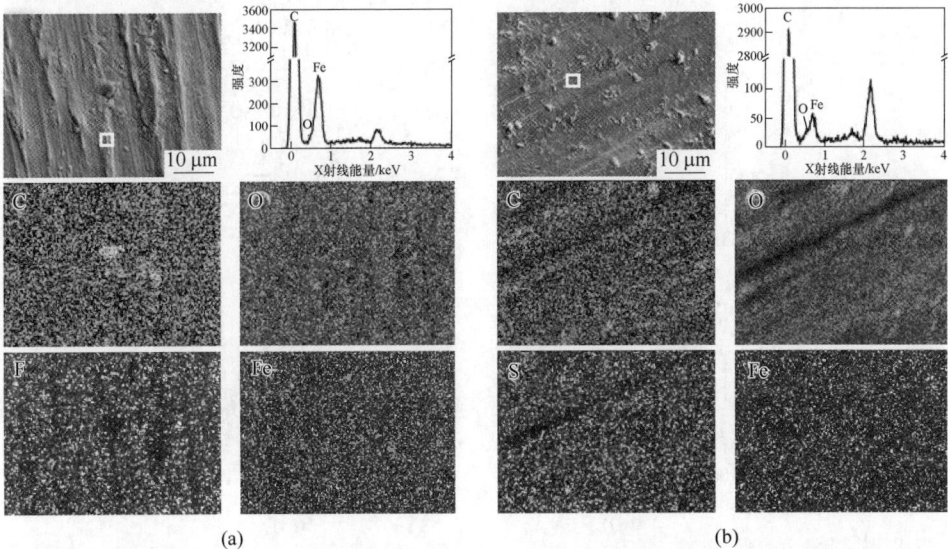

图4-33 -100 ℃下与 FPI（a）和 SPI（b）摩擦后对偶表面的元素分布

料易于吸附在对偶表面。此外，还发现当与 FPI 和 SPI 滑动时，对偶表面覆盖了很多聚合物材料。在这种情况下，转移膜能够抑制摩擦副的直接接触并提高了摩擦界面的承载性和润滑性，进而改善了 FPI 和 SPI 在低温环境下的摩擦学性能。

为了进一步阐明在滑动过程中转移膜的形成机理，图 4-34 给出了 PI、FPI 和

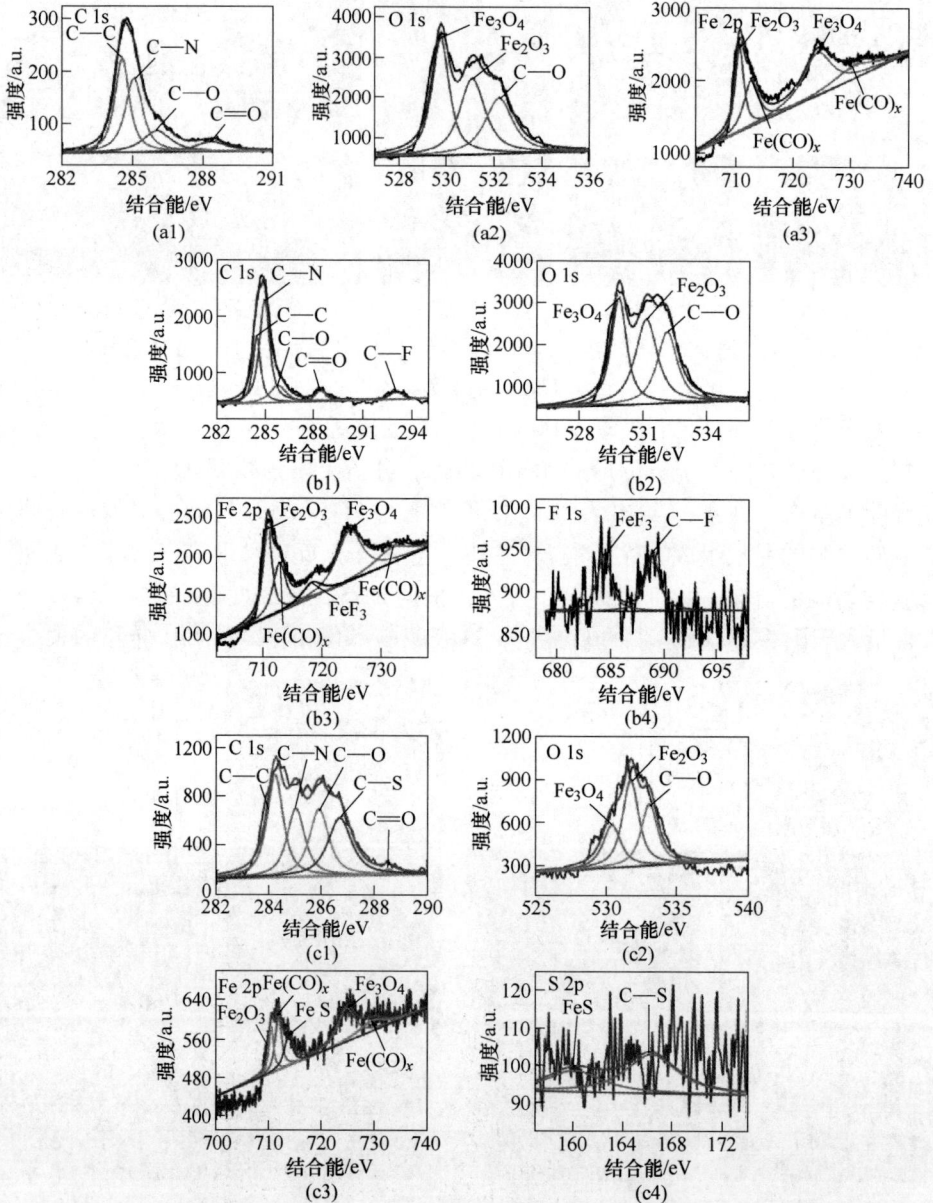

图 4-34　−100 ℃下 PI、FPI 和 SPI 与 GCr15 对摩后对偶表面生成转移膜的
C 1s(a1)～(c1)、O 1s(a2)～(c2)、Fe 2p(a3)～(c3)、F 1s(b4)、S 2p(c4) 的 XPS 精细谱

SPI 的 C 1s、O 1s 和 Fe 2p 在-100 ℃时的 XPS 精细谱，以及与 FPI 和 SPI 摩擦后 F 和 S 的化学状态。在图 4-34 （a1）、（b1） 和 （c1） 的 C 1s 谱中，284.6 eV、285.7 eV、286.1 eV 和 288.6 eV 处的结合能对应于聚酰亚胺中的 C—C、C—N、C—O 和 C = O，表明在 GCr15 表面上形成了聚合物基转移膜[86-87]。O 1s 中 530.7 eV 和 531.2 eV 处的结合能、Fe 2p 中 710.3 eV 和 723.8 eV 处结合能，分别对应于 Fe_3O_4 和 Fe_2O_3，这表明在滑动过程中发生了由摩擦剪切力和摩擦热引起的摩擦氧化[64]。另外，摩擦化学产物 $Fe(CO)_x$ 可以从 Fe 2p 光谱在 712.6 eV 和 722.5 eV 处的结合能中确认（图 4-34 （a3）、（b3） 和 （c3））[66-67]。在 F 1s 和 S 2p 精细谱中，除了可以确定 C—F 和 C—S 的结合能以外，还分别在 685 eV 和 161.4 eV 处观察到 FeF_3 和 FeS 键[88]。此外，如图 4-35~图 4-37 所示，当对偶球在 25 ℃和 100 ℃与聚酰亚胺发生滑动时，上述元素的化学状态也能发现。此外，在低温和高温下，滑动过程中发生的摩擦化学反应几乎相同。如图 4-35 和图 4-36 所示，PI 和 FPI 发生滑动时，摩擦氧化程度相差不大。在-100 ℃、25 ℃和 100 ℃时，PI 摩擦膜中 Fe_2O_3 的结合强度约为 2300a.u.。FPI 在此的结合强度约为 2000a.u.。然而，对于 SPI，摩擦氧化程度随温度升高而增加，Fe_2O_3 的结合强度在-100 ℃、25 ℃和 100 ℃时分别为 890a.u.、1800a.u. 和 2400a.u.（图 4-37）。

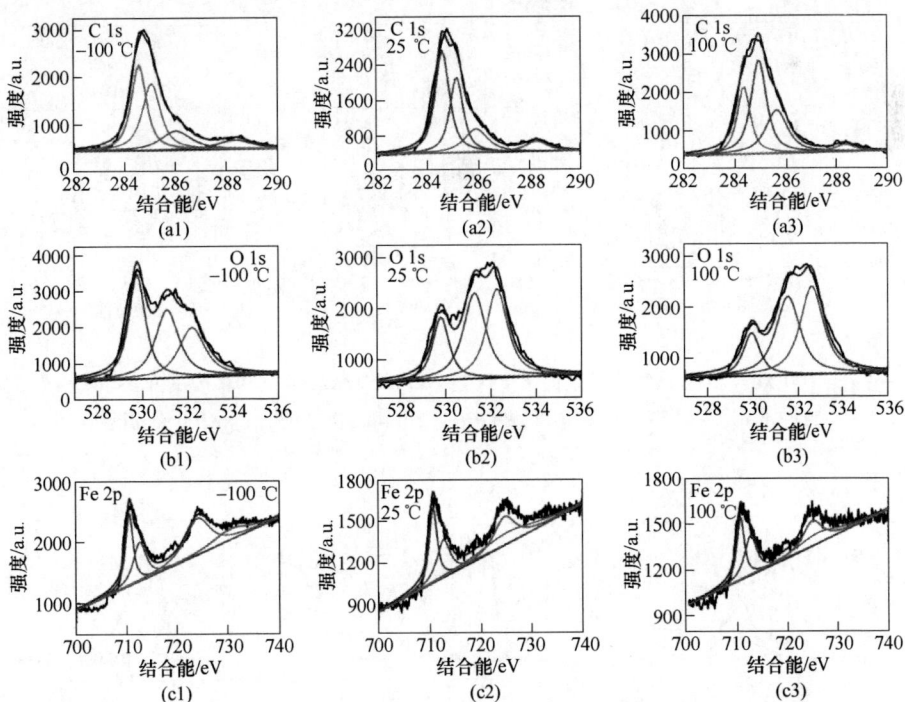

图 4-35　-100 ℃、25 ℃、100 ℃条件下 PI 与 GCr15 球对摩后生成转移膜的 C 1s(a1)~(a3)、O 1s (b1)~(b3)、Fe 2p(c1)~(c3) 的 XPS 精细谱

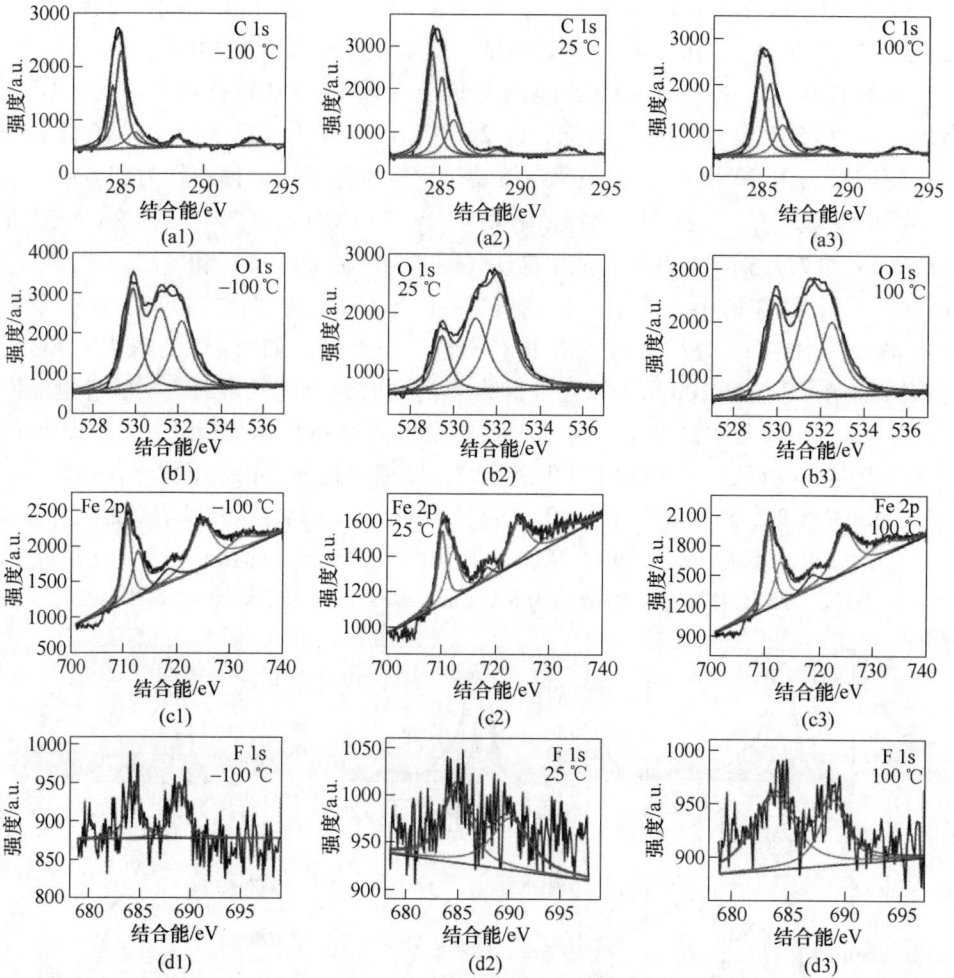

图 4-36　-100 ℃、25 ℃、100 ℃条件下 FPI 与 GCr15 对摩后生成转移膜的 C 1s(a1)~(a3)、O 1s(b1)~(b3)、Fe 2p(c1)~(c3)、F 1s(d1)~(d3) 的 XPS 精细谱

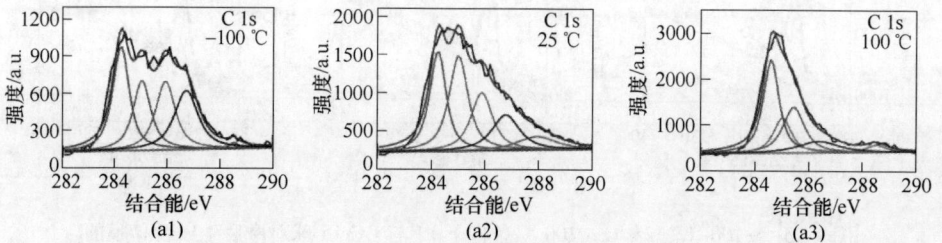

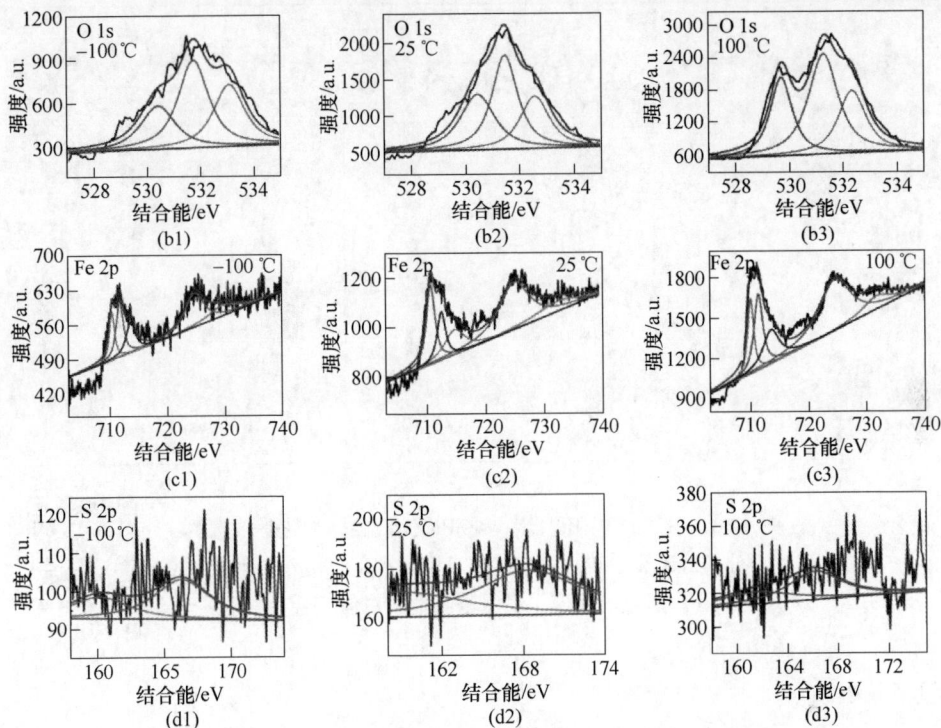

图 4-37　−100 ℃、25 ℃、100 ℃ 条件下 SPI 与 GCr15 对摩后生成转移膜的 C 1s(a1)~(a3)、
O 1s(b1)~(b3)、Fe 2p(c1)~(c3)、S 2p(d1)~(d3) 的 XPS 精细谱

　　以上分析表明，在滑动过程中摩擦界面会发生复杂的物理化学反应。如图 4-38 所示，由于摩擦剪切力和摩擦热的作用，PI 分子链中的 C—O 和 C—N 键断裂，得到氧自由基和碳自由基。这些自由基可以分别与水或氧气反应形成羧基或过氧自由基，进一步与钢球螯合，生成金属有机化合物（图 4-38（a）（Ⅰ）和（Ⅱ））。该摩擦化学反应产物提高了转移膜与钢球之间的结合力，并使赋予转移膜坚韧的结构[89]。对于 FPI 和 SPI，除了上述摩擦化学反应之外，C—F 和 C—S 键也被破坏（图 4-38（b）（Ⅰ）和（Ⅲ）、图 4-38（c）（Ⅰ）和（Ⅲ））。如图 4-38（b）（Ⅱ）所示，氟原子可以与 Fe 直接键合形成 FeF_3，这可以从 XPS 结果中得到证实。对于 SPI，也发生了类似的反应生成了 FeS（图 4-38（c）（Ⅱ））。综上所述，当聚酰亚胺与 GCr15 发生滑动时，在较高的界面闪温下，由于摩擦化学反应生成了 FeF_3、FeS，该产物与转移的聚合物磨屑进行混合、压实并烧结致密的摩擦膜，使摩擦膜具有较高的承载力。因此，聚酰亚胺的分子结构通过影响摩擦化学反应对转移膜的形成起重要作用。

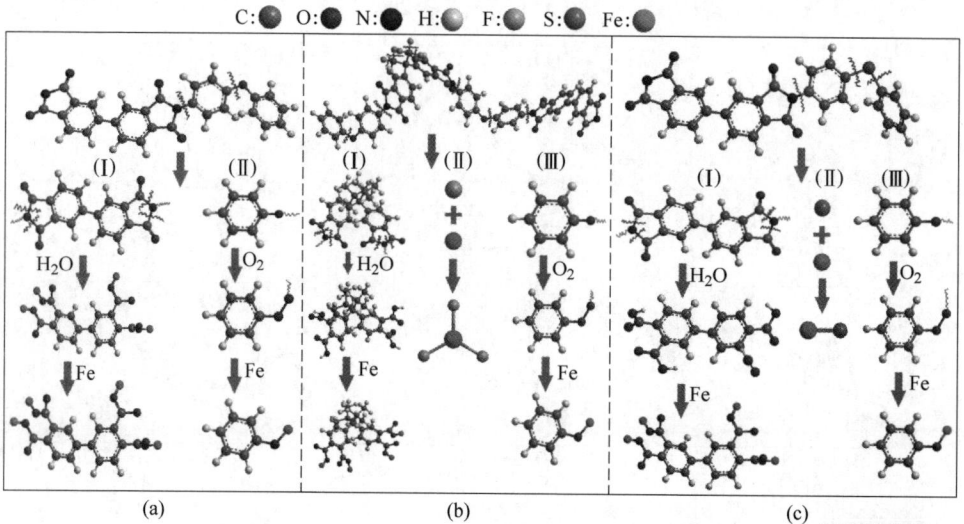

图 4-38　PI（a）、FPI（b）和 SPI（c）的摩擦化学示意图：
分子链断裂，碳自由基、氧自由基和硫自由基与水或
氧气的反应，自由基与金属对偶螯合

图 4-38 彩图

4.3.5　小结

本研究对比研究了常规聚酰亚胺、含硫聚酰亚胺和含氟聚酰亚胺在宽温域环境下的摩擦学性能。对在对偶球表面形成的转移膜进行了系统的表征分析，以阐明氟原子与硫原子对聚酰亚胺摩擦学机理的影响。可以得出以下结论：

（1）硫原子和氟原子分别引入聚酰亚胺中，由于空间位阻，使其力学性能下降。

（2）对于不同结构的聚酰亚胺，随着温度的升高，磨损变得越来越严重，因为高温使聚合物分子容易移动，导致形成不均匀的转移膜。

（3）F 和 S 原子增强了聚酰亚胺的极性，导致较强的界面作用，使得 FPI 和 SPI 的磨损较严重。

4.4　宽温域环境下不同纤维织物/聚酰亚胺摩擦学行为及机理研究

4.4.1　引言

近年来，聚合物及其复合材料由于比强度高、自润滑性能好、耐磨性能优异等，在机械工程、轨道交通、航空航天等领域得到了广泛应用[90-94]。然而，纯聚

合物机械强度差、磨损率高、可靠性低等，阻碍了其在苛刻环境下的应用。研究表明织物聚合物复合材料能够大幅度提高聚合物材料的力学性能和服役寿命，且能够与金属和非金属基体具有较好的黏结性，可用作衬垫材料、结构材料等，因此在摩擦学领域受到广泛关注[95-101]。

据报道纤维织物/聚合物复合材料的摩擦学性能与复合材料组成、工况条件以及环境因素等密切相关[102-104]。Bijwe 等[105]发现不同体积分数的碳纤维织物与聚醚酰亚胺复合材料的摩擦学行为差别较大，当织物的体积分数为65%时，复合材料具有最低的摩擦系数和磨损率。Liu 等[106]考察了水润滑条件下，超高分子量聚乙烯（UHMWPE）填充玻璃纤维织物增强酚醛树脂复合材料的摩擦学性能，结果证明 UHMWPE 可吸收和释放摩擦能，使得摩擦接触方式由刚性到柔性自由转换，实现织物复合材料在水润滑工况下的摩擦适应性，提高了织物复合材料的摩擦学表现。Zhang 等[107]制备了氮化硼纳米片和羧基化碳纳米管（$BN_{1-x}C_x$）填充 Nomex/PTFE 织物复合材料，发现当 $BN_{0.5}C_{0.5}$ 含量为1%（质量分数）时，织物复合材料的摩擦系数和磨损率较低，并且能够有效提高其热性能和力学性能。Bandaru 等[108]研究了杂化对聚四氟乙烯（PTFE）玻璃纤维复合材料层间剪切性能和磨粒磨损性能的影响，结果表明杂化后复合材料均表现出较好的磨损性能。

综上所述，基于纤维织物复合材料摩擦学性能的研究已经取得了较大进展，但大都在干摩擦及润滑条件下，很少有关于其在高温环境中的相关报道。因此，开展纤维织物复合材料在高温环境中摩擦学性能的研究，对于开发耐极端环境织物复合材料具有重要指导意义。本节采用两步法以 4，4′-二氨基二苯醚（ODA）和 3，3′，4，4′-联苯四甲酸（BPDA）为单体制备聚酰亚胺浸渍碳纤维织物（CF-PI）和芳纶织物（AF-PI）复合材料及纯聚酰亚胺（PI）。对比考察几种材料的热力学性能。同时，利用高/低温、真空摩擦磨损试验机研究了材料的摩擦学性能，并利用 SEM 和 XPS 分析等手段探究了其磨损机理及转移膜的形成机制，为极端条件下织物复合材料的设计提供了技术基础。

4.4.2 不同纤维织物/聚酰亚胺制备及性能表征

（1）CF-PI 的制备：采用两步法制备聚酰亚胺浸渍纤维织物复合材料，合成示意图如图 4-39 所示（以浸渍碳纤维为例）。首先向 50 mL 三口烧瓶中加入 25.0 mL N-甲基吡咯烷酮，并称取 1.8000 g ODA 加入上述溶剂中，超声 10 min 至 ODA 完全溶解，然后将 2.6400 g BPDA 加入混合溶剂中，氮气和冰浴条件下搅拌反应 24 h 取出，得到固体含量为 15% 的聚酰胺酸（PAA）黏稠溶液。将制备得到的 PAA 黏稠溶液均匀涂抹于轴承钢表面织物上（纤维织物的质量分数控制在 60%），并置于恒温加热台上 80 ℃下处理 6 h，使溶剂全部蒸发。之后放入管式炉中，100 ℃、200 ℃、250 ℃、280 ℃下分别保温 1 h，使得 PAA 亚胺化为

PI，进而得到聚酰亚胺浸渍的碳纤维复合材料。聚酰亚胺浸渍芳纶纤维织物按照同样的制备方法得到。

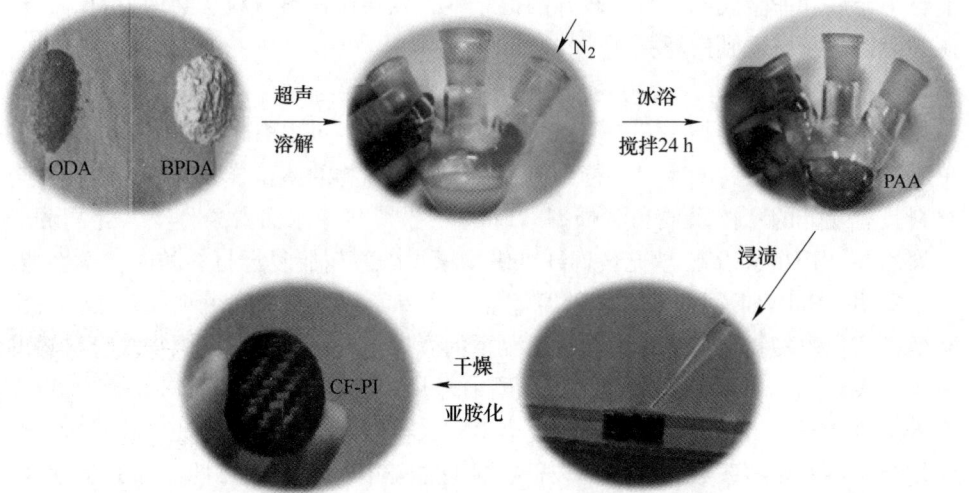

图 4-39   CF-PI 复合材料的合成示意图

（2）PI 薄膜的制备：将上一步得到的 PAA 溶液均匀涂抹于洁净玻璃板上，通过恒温加热台和管式炉热处理后，热处理设置程序同制备 CF-PI，从而得到聚酰亚胺薄膜。

图 4-40 给出了 CF-PI、AF-PI 及 PI 的红外光谱，如图所示，两种复合材料与纯 PI 吸收峰大致相同，1776 cm⁻¹ 与 1719 cm⁻¹ 处出现了 C＝O 的不对称伸缩振动

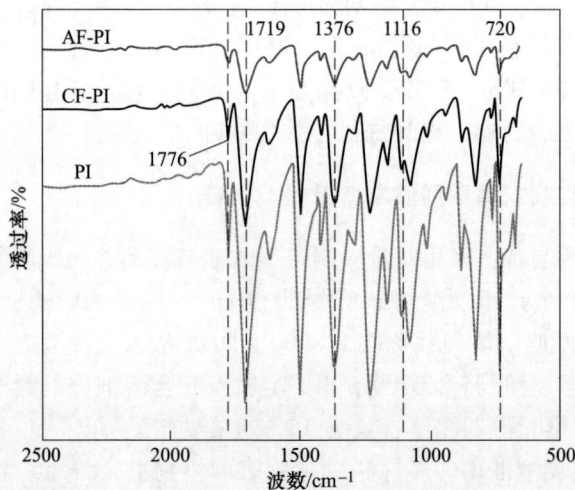

图 4-40   CF-PI 和 AF-PI 复合材料的红外光谱图

峰和对称伸缩振动峰，证明了热亚胺化已经发生[109]。此外，在 1376 cm⁻¹ 处出现了 C—N 的伸缩振动，在 1116 cm⁻¹ 与 720 cm⁻¹ 处出现了亚胺环的变形振动谱带[110]，证明成功制备了聚酰亚胺复合材料[111]。

优良的热稳定性及力学性能对聚酰亚胺浸渍纤维织物复合材料在苛刻环境中的应用至关重要。纤维织物复合材料及纯聚酰亚胺热失重曲线如图 4-41（a）所示。结合表 4-3 可知，当材料热失重为 5% 时，CF-PI、AF-PI 及 PI 的温度分别对应 608 ℃、500 ℃ 和 550 ℃。当加热至 700 ℃ 时，CF-PI 的残余质量维持在 89% 左右，而 AF-PI 的热失重稳定在 800 ℃ 附近，其残余质量大约为 47%。因此，聚酰亚胺浸渍碳纤维织物的热稳定性高于聚酰亚胺浸渍芳纶纤维织物。

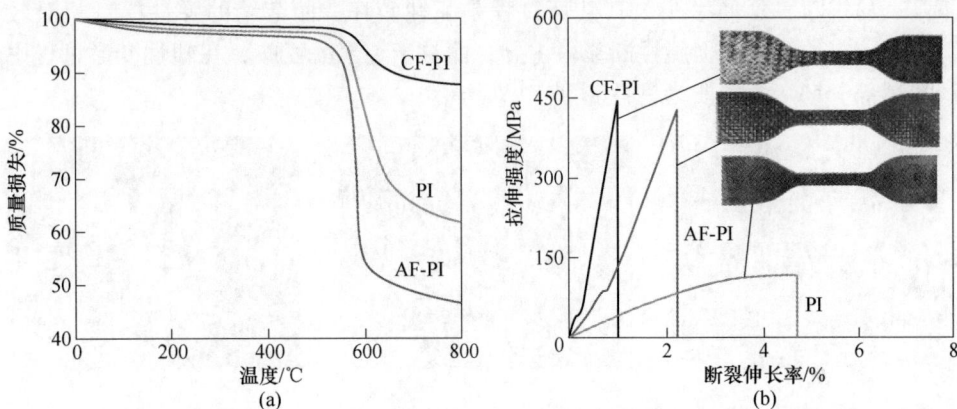

图 4-41　CF-PI、AF-PI 及 PI 的热失重曲线（a）和应力-应变曲线（b）

表 4-3　CF-PI、AF-PI 和 PI 的热稳定性

样品	热失重为 5% 的温度/℃	质量保持稳定的温度/℃
CF-PI	608	700
AF-PI	500	800
PI	550	750

为了考察复合材料的力学性能，利用万能试验机测定了室温下的拉伸性能。首先，按照国标 GB/T 1040.1—2006 将样品裁成哑铃形（图 4-41（b）插图）。拉伸之前，测量拉伸样品的厚度。图 4-41（b）给出了这两种材料及纯 PI 的应力-应变曲线，可以看出 CF-PI、AF-PI 及 PI 的拉伸强度分别为 440.3 MPa、430.1 MPa 和 114.8 MPa，碳纤维织物复合材料的拉伸强度略高于芳纶织物复合材料，均远大于纯 PI 复合材料的拉伸强度，从应力-应变曲线的斜率大小可以判断三种材料弹性模量的顺序为：CF-PI>AF-PI>PI。此外，三种材料的断裂伸长率区别较大，CF-PI 的断裂伸长率为 0.95%，AF-PI 的断裂伸长率则为 2.15%，而 PI 的断裂伸

长率达到了 4.68%，结果表明纤维织物浸渍聚酰亚胺后的塑性远小于纯 PI。从应力-应变曲线分析可知，纯聚酰亚胺经历了弹性-均匀塑性变形阶段，属于典型的非晶体聚合物材料的应力-应变曲线[112]。CF-PI 和 AF-PI 基本只有纯弹性变形阶段，超过其屈服强度之后继续加载，材料被破坏，因此，两种材料属于脆性材料，且 CF-PI 的脆性要高于 AF-PI[113]。通过拉伸断面的 SEM 形貌可以看出，CF-PI 纤维织物断裂比较整齐，以脆性断裂为主（见图 4-42（a）），相对来说 AF-PI 断裂面参差不齐，出现了轻微的塑性变形，基本也是脆性断裂占主导（见图 4-42（b））。而纯 PI 拉伸断裂后，其表面有黏性流动的趋势，且存在塑性变形产生的显微孔穴，表面相对粗糙[114]。综上所述，可认为碳纤维的抗剪强度低、弹性模量高、易折断、延伸率小，其破坏过程是脆性破坏；而芳纶的弹性模量相对较低，有一定的塑性，但脆性断裂占主导；而对于纯聚酰亚胺，在塑性变形过程中产生了部分韧窝，主要为韧性断裂[115]。

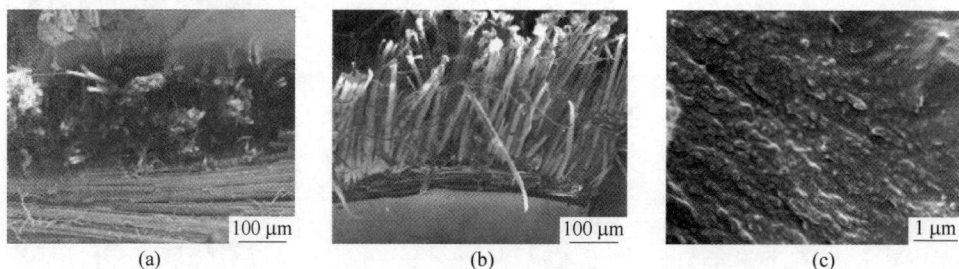

图 4-42　CF-PI(a)、AF-PI(b) 和 PI(c) 的拉伸断面形貌

4.4.3　温度对不同纤维织物/聚酰亚胺的摩擦学行为的影响

为了研究聚酰亚胺浸渍两种纤维织物复合材料在不同温度下的摩擦学性能，考察了其室温~200 ℃的摩擦学行为，并以纯 PI 进行对照。由图 4-43（a）看出两种材料的摩擦学性能有所差别。在室温~150 ℃时，CF-PI 的摩擦系数大于 AF-PI 的摩擦系数。而 200 ℃时，AF-PI 的摩擦系数大于 CF-PI。对于 CF-PI，50 ℃时摩擦系数最大达到 0.35，200 ℃时最小为 0.17；而 AF-PI，25 ℃时摩擦系数最小为 0.11，150~200 ℃时，摩擦系数从 0.17 突然增加到 0.4，这是由于 200 ℃时，芳纶织物复合材料被磨穿，发生了对偶球和轴承钢基体之间的摩擦。而对照组中纯 PI 的摩擦系数随温度变化而变化并不明显，在室温~200 ℃时其摩擦系数在 0.1~0.2 之间波动，在 50 ℃时摩擦系数最小为 0.1，在 200 ℃时摩擦系数最大为 0.19。对比两种织物复合材料可以发现，纯 PI 的摩擦系数在高温条件下基本小于两种织物复合材料，这可能是因为高温下聚酰亚胺起到了动压润滑的效果。图 4-43（b）给出了三种材料在 25 ℃和 200 ℃下摩擦系数随时间的变化曲线，可以看出，在室温时 CF-PI 和纯 PI 经过 200 s 的跑和阶段逐渐进入稳定阶

段，而 AF-PI 的摩擦系数曲线在摩擦起始阶段就进入了稳定期，200 ℃时，两种材料的跑和时间都有增加，CF-PI 经过 1400 s 的跑和阶段摩擦系数趋于稳定，而 AF-PI 的摩擦系数在 1200~2400 s 期间是逐渐升高，推测该阶段是复合材料被磨穿的阶段。对于纯 PI，在 200 ℃时跑和过程不稳定，其摩擦系数在摩擦过程中一直增加，这可能是因为 200 ℃时纯 PI 受热软化。

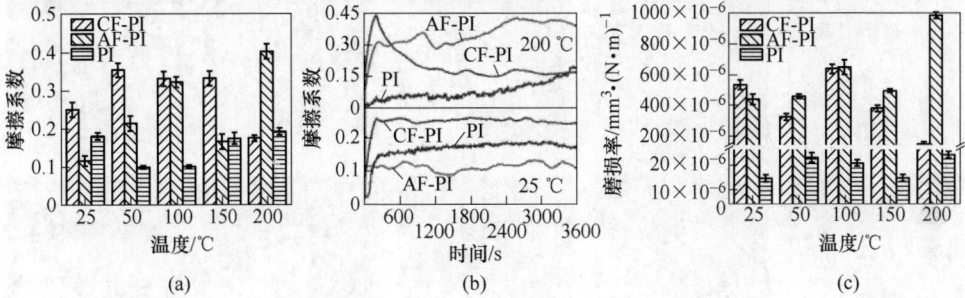

图 4-43 CF-PI、AF-PI 及 PI 的平均摩擦系数（a）、25 ℃和 200 ℃时摩擦系数随时间的变化趋势图（b）以及平均磨损率（c）

三种材料的磨损率如图 4-43（c）所示，可以看出 CF-PI 的磨损率在 100 ℃时达到最大为 $6.41×10^{-4}$ $mm^3/(N·m)$，200 ℃时最小为 $1.48×10^{-4}$ $mm^3/(N·m)$；而 AF-PI 在 25 ℃时磨损率最小为 $4.39×10^{-4}$ $mm^3/(N·m)$，在 200 ℃时磨损率达到了 $9.8×10^{-4}$ $mm^3/(N·m)$，这是由于在该温度下材料被磨穿。而纯 PI 在室温~200 ℃各温度下均具有较小的磨损率，在 150 ℃时磨损率最小为 $1.32×10^{-5}$ $mm^3/(N·m)$，这可能是由于纯 PI 在摩擦过程中更容易形成完整且稳定的转移膜。

三种材料的磨损照片及光镜形貌如图 4-44 和图 4-45 所示。从图 4-44 可以看

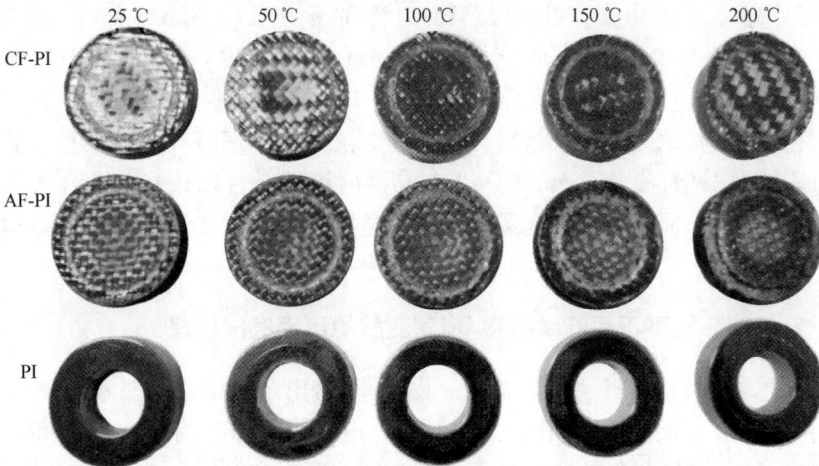

图 4-44 不同温度下 CF-PI、AF-PI 及 PI 的磨损照片

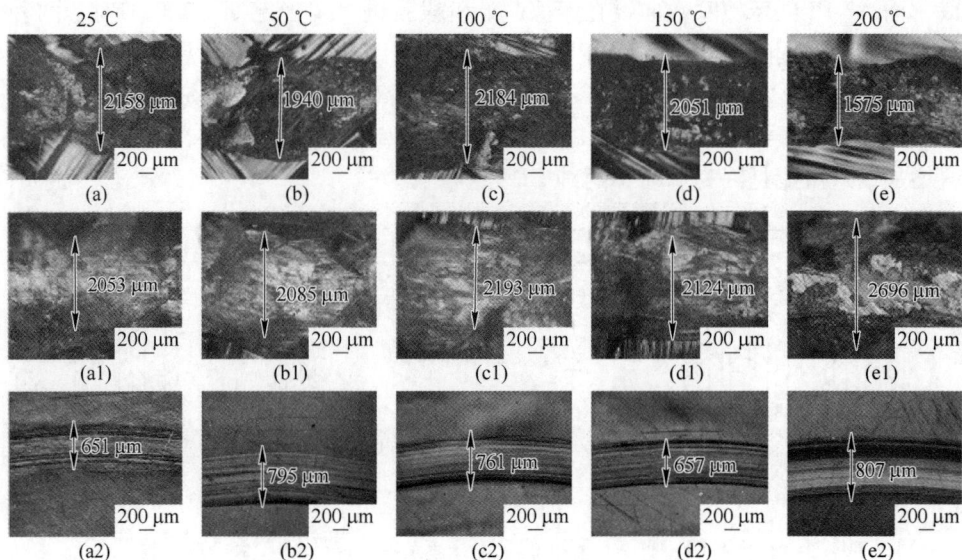

图 4-45　不同温度下与 GCr15 对摩后 CF-PI(a)~(e)、
AF-PI(a1)~(e1) 及 PI(a2)~(e2) 的光镜磨损形貌

出，CF-PI 及 AF-PI 的磨痕宽度明显大于纯 PI。而 AF-PI 由于具有较好的韧性，磨痕周围有较多毛刺，其磨痕宽度明显大于 CF-PI，且在 200 ℃时 AF-PI 已被磨穿。从图 4-45 的光镜图片中可以明显看出，CF-PI 在 100 ℃时磨痕最宽（2184 μm，见图 4-45（c）），此时材料磨损最严重，200 ℃时磨痕最小（1575 μm，见图 4-45（e）），对应的磨损率也是最小。当温度大于 100 ℃时，AF-PI 织物已经有部分磨穿，磨痕宽度为 2193 μm，见图 4-45（c1）；200 ℃时，对偶球接触的金属基底基本暴露出来，此时 AF-PI 的磨损最为严重（2696 μm，见图 4-45（e1））。而纯 PI 在 25 ℃时磨痕较小（651 μm，见图 4-45（a2））；当温度大于 50 ℃时磨痕变宽（见图 4-45（b2）~（e2））。对比上述三种材料可以得出，纯 PI 的耐磨性要优于其他两种复合材料，说明纯聚酰亚胺摩擦过程中更容易形成均匀的转移膜。对比两种复合材料，CF-PI 在高温时摩擦学性能较好，适合在工况恶劣的条件下使用，而 AF-PI 在高温时耐磨性急剧下降，因此适用于较为温和的工况条件。

4.4.4　宽温域环境下不同纤维织物/聚酰亚胺的摩擦磨损机理

为了进一步探究材料的磨损机理，图 4-46 给出了摩擦之后三种材料的磨痕形貌。由图 4-46（a）可以看出，CF-PI 的磨损表面在室温时出现部分磨屑，磨损表面较粗糙，此时材料的磨损形式表现为磨粒磨损和轻微的黏着磨损，这是由于摩擦热诱发聚酰亚胺分子链发生运动，并在摩擦剪切力的作用下发生断裂，产

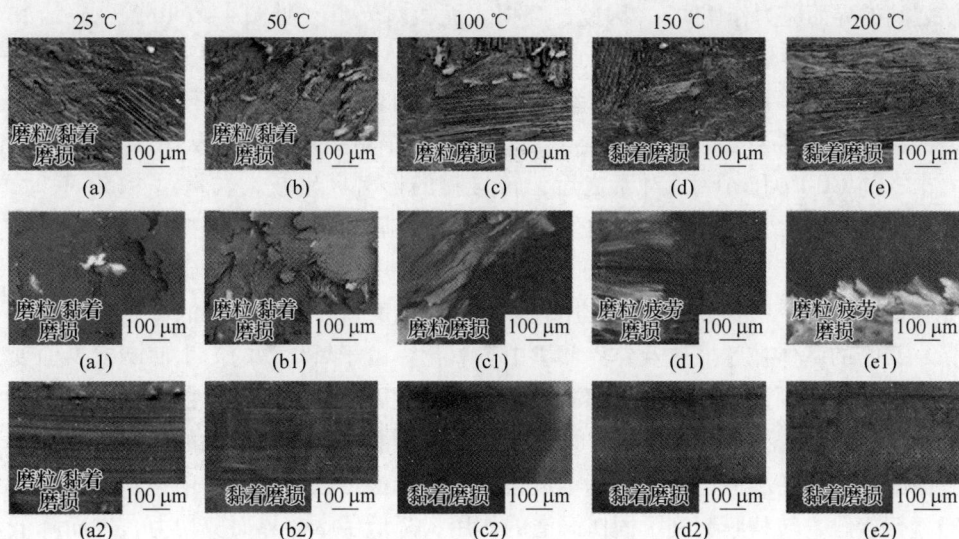

图 4-46 不同温度下，与 GCr15 对摩后 CF-PI(a)~(e)、
AF-PI(a1)~(e1) 及 PI(a2)~(e2) 的 SEM 磨损形貌

生了部分磨屑，导致磨粒磨损和黏着磨损[116]，随着温度的升高，聚合物分子链的运动加剧，由之前的链节运动发展为整条链段的运动，并伴随聚合物的黏性流动，因此，磨损面变得较为光滑（见图 4-46（b）），但是纤维织物出现了部分分离，排列不整齐[117]。100 ℃时，在摩擦热及剪切力的作用下，纤维织物力学性能变差，出现纤维断裂、脱落等情况（见图 4-46（c）），此时材料表现为严重的磨粒磨损，磨损最为严重；随着温度的进一步上升，聚合物分子链的运动更加剧烈，可以将纤维织物缠绕，摩擦界面应力削弱，磨损面变得光滑平整且材料磨损程度较轻（见图 4-46（d）和（e）），此时材料表现为黏着磨损[118]。对于 AF-PI 的磨损形貌，可以看出在 25 ℃时磨损面较为平整，存在少量磨屑（见图 4-46（a1）），主要由于芳纶织物的硬度和弹性模量要小于碳纤维织物，摩擦界面应力及温度相对较弱，此时材料表现为黏着磨损和轻微的磨粒磨损；随着温度的上升，芳纶织物的力学性能下降，在摩擦剪切力的作用下，部分纤维断裂，并出现磨屑（见图 4-46（b1）），此时材料表现为黏着磨损和严重的磨粒磨损；当温度升高至 100 ℃和 150 ℃时，织物材料在高温且反复摩擦剪切的作用下，发生断裂、脱落（见图 4-46（c1）和（d1）），材料表现为严重的疲劳磨损和磨粒磨损；在 200 ℃时，由于复合材料的热承载性能急剧下降，材料被磨穿而失效（见图 4-46（e1））[119]。而纯 PI 在 25 ℃时磨损表面出现少量磨屑（见图 4-46（a2）），此时材料表现为轻微磨粒磨损和黏着磨损；当温度大于 50 ℃时，由于聚合物链的运动，使得摩擦表面发生了类流体润滑的现象，而且此时并没有纤维织物与金属对

偶之间的界面应力作用[118]，因此，磨损表面相对光滑（见图 4-46（b2）~（e2）），此时材料主要表现为黏着磨损。

摩擦过程中形成的转移膜对纤维增强聚合物复合材料的摩擦学行为有极其重要的影响。图 4-47 给出了摩擦之后对偶球的扫描电镜形貌图，从图 4-47 中可以看出，与 CF-PI 和 AF-PI 对摩之后，转移膜的形貌区别较大。室温 ~ 150 ℃时，与 CF-PI 对摩后转移膜结构不均匀，且大部分金属基体暴露于摩擦接触区域，主要是由于发生了摩擦氧化（见图 4-47（a）~（d））[120]，原因在于碳纤维织物的强度和模量较高，摩擦界面相互作用较强，转移的磨屑在摩擦剪切的作用下刮擦去除，暴露的基体在摩擦热及外界环境中被氧化。由于氧化物的产生使摩擦界面变得较为光滑，因此，增加了摩擦副之间的黏附性能，导致摩擦系数相对较高[121]。对于 AF-PI（见图 4-47（a1）~（d1）），由于复合材料与金属对偶的相互作用未能刮擦除去转移的磨屑，转移膜基本覆盖了整个摩擦接触区，有效避免了摩擦表面的直接接触，转移膜起到了固体润滑的作用，降低了摩擦界面剪切力，进而降低了系统的摩擦系数。然而在 200 ℃环境中，与 CF-PI 对摩之后，对偶球表面转移膜的形貌较均匀（见图 4-47（e））；与 AF-PI 对摩后，由于织物复合材料被磨穿，发生了金属与金属的直接摩擦，对偶磨损比较明显（见图 4-47（e1））。原因在于芳纶织物复合材料在摩擦热和高温环境的作用下，力学性能急剧下降，很难支撑摩擦表面的相对运动，材料失效，金属与金属相对运动过程中发生了界面黏着现象，摩擦系数增加，磨损率急剧增加[122]；而碳纤维织物的强度和模量也有所下降，因此，转移的磨屑黏附在对偶表面，聚合物分子链的黏性流动使转移

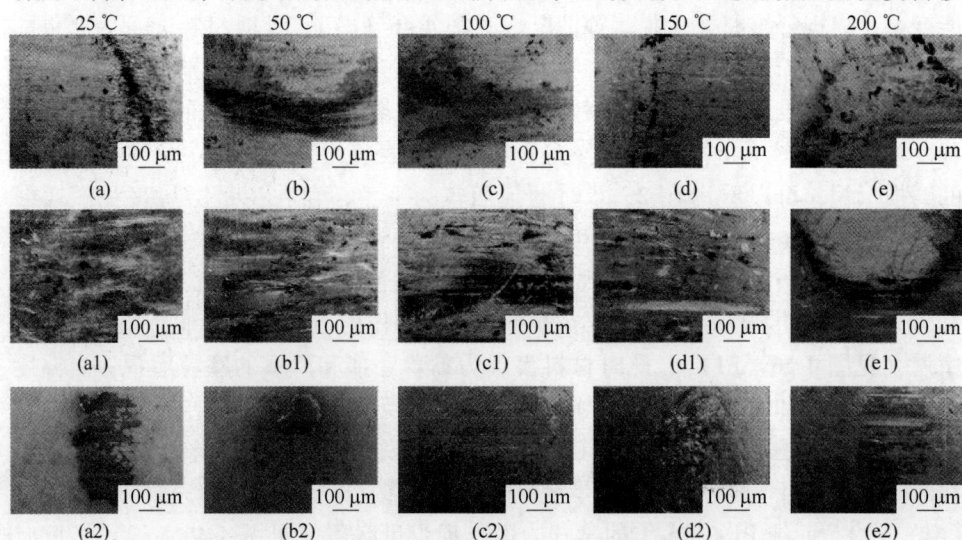

图 4-47　不同温度下，与 CF-PI(a) ~ (e)、AF-PI(a1) ~ (e1) 及
PI(a2) ~ (e2) 对摩后 GCr15 的 SEM 表面形貌

膜的结构相对均匀，因此，200 ℃时 CF-PI 复合材料的摩擦系数和磨损率均相对较小。对于纯 PI，由于界面作用较弱，在 25 ℃时对偶表面附着大量磨屑（见图 4-47（a2）），转移膜较厚，摩擦系数相对较高，随着温度的升高，对偶球表面磨屑减少，转移膜覆盖得更加均匀（见图 4-47（b2）~（e2）），摩擦系数有所下降。基于转移膜的形貌能够判断纯聚酰亚胺的摩擦学性能要优于两种复合材料；室温~150 ℃时，AF-PI 的摩擦学性能优于 CF-PI，而 200 ℃时，CF-PI 的摩擦学性能优于 AF-PI。

为了研究转移膜的表面化学状态，采用 XPS 对 GCr15 表面进行表征。图 3-48 给出了 25 ℃和 200 ℃时两种织物材料 CF-PI 和 AF-PI 分别与 GCr15 对摩后金属表面的 XPS 精细图谱，并在表 4-4 中进行了总结。从图 4-48（a1）~（a4）及表 4-4 中可以看出，C 1s 中的 284.7 eV、285.5 eV、286.1 eV 和 288.4 eV 分别对应聚酰亚胺中 C—C、C—N、C—O 和 C＝O 的结合能谱，表明金属对偶表面形成了聚合物转移膜，通过对比 C 1s 结合能的强度发现，200 ℃时当 AF-PI 与 GCr15 对摩后，对偶表面含碳量最少，这是由于该条件下，聚合物织物被磨穿导致了金属与金属之间的直接接触。此外，O 1s 中 531.2 eV 和 530.2 eV 处的结合能与 Fe 2p 中的 710.9 eV 和 725.1 eV 对应转移膜中的 Fe_2O_3 和 Fe_3O_4，证明在摩擦过程中发生了摩擦氧化（见图 4-48（c）和（b）、表 4-4）[120]。

表 4-4　典型元素结合能　　　　　　　　　　　（eV）

元素	C—C	C—N	C—O	C＝O	Fe_2O_3	Fe_3O_4	$Fe(CO)_x$
C 1s	284.7	285.5	286.1	288.4	—	—	—
O 1s	—	—	—	—	531.2	530.2	531.7/532.4
Fe 2p	—	—	—	—	710.9	725.1	712.6

此外，从图 4-48（b1）和（b2）结合图 4-48（c1）和（c2）发现，与 CF-PI 摩擦后 O 1s 在 531.2 eV 和 530.2 eV 及 Fe 在 710.9 eV 和 725.1 eV 处的峰面积均大于与 AF-PI 摩擦后的峰面积，表明室温条件下 CF-PI 与 GCr15 摩擦更容易发生摩擦氧化。上述现象可归因于碳纤维和芳纶纤维织物力学性能的差异导致摩擦界面相互作用的不同，因此，发生了不同程度的摩擦氧化。对于芳纶材料体系，界面相互作用较弱，滑动过程中的摩擦化学反应很难发生，而对于碳纤维材料体系，由于界面闪温和应力集中导致摩擦化学反应强烈[123]。而 200 ℃时，从 O 1s 和 Fe 2p 对应峰面积大小与室温条件下对比是相反的（见图 4-48（b3）和（b4））。这是由于 200 ℃时 AF-PI 与 GCr15 对摩时，织物复合材料被磨穿，材料失效，金属与金属之间的摩擦导致氧化现象更严重。此外，O 1s 中的 531.7 eV 和 532.4 eV 与 Fe 2p 图谱中 712.6 eV 结合能代表金属有机化合物 $Fe(CO)_x$，这是由摩擦过程中聚合物分子发生断裂与金属对偶螯合反应得到的，该化学物提高了转移膜与对偶间的结合，使转移膜结构更加稳定[120]。

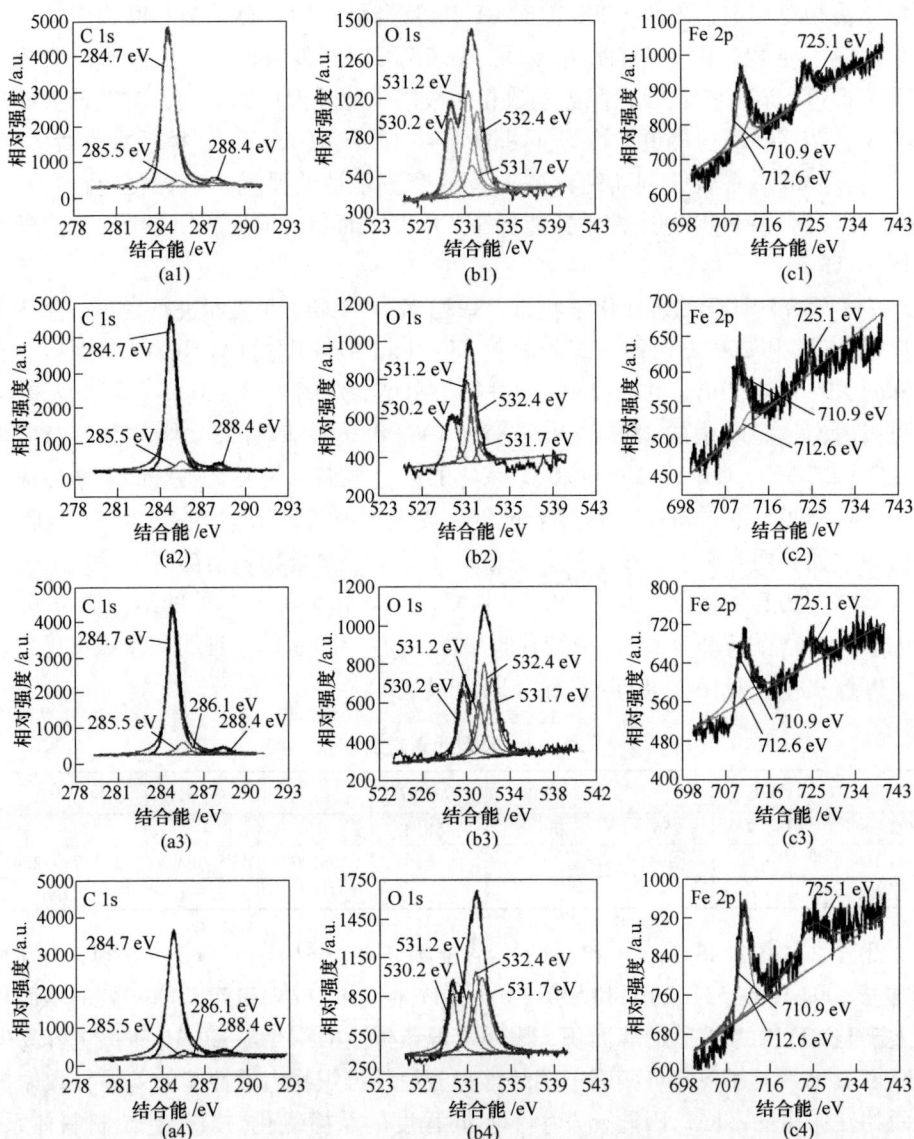

图 4-48　GCr15 表面生成转移膜的 XPS 精细图谱

(a1) ~ (a4) C 1s；(b1) ~ (b4) O 1s；(c1) ~ (c4) Fe 2p

(1 和 2 分别代表 25 ℃时与 CF-PI 和 AF-PI 对摩；3 和 4 分别代表 200 ℃时与 CF-PI 和 AF-PI 对摩)

4.4.5　小结

通过聚酰胺酸浸渍碳纤维及芳纶纤维织物制备了聚酰亚胺复合材料，对比研究了材料的热力学性能，重点考察了其在高温条件下的摩擦学性能，探究了复合材料的磨损机理及转移膜形成机制。主要结论如下：

（1）CF-PI 的热力学性能优于 AF-PI，其中，CF-PI 热失重质量稳定在 800 ℃，而 AF-PI 的热失重质量稳定在 700 ℃左右。

（2）由于碳纤维织物和芳纶纤维织物力学性能的差异，AF-PI 在室温下的摩擦学性能较好，而 CF-PI 在 200 ℃具有优异的耐磨性。

（3）转移膜的结构表明：室温~150 ℃时，与 AF-PI 对摩后，GCr15 表面转移膜的结构较均匀；200 ℃时，由于 AF-PI 被磨穿，发生了金属-金属之间的摩擦，对偶氧化比较严重。而 CF-PI 与 GCr15 对摩后，较强的界面作用刮擦去除了大部分磨屑，转移膜的形成以摩擦氧化为主，200 ℃时，CF-PI 力学性能降低，界面作用减弱，形成了聚合物基转移膜。

参 考 文 献

［1］ Song H, Chen J, Jiang N, et al. Low friction and wear properties of carbon nanomaterials in high vacuum environment ［J］. Tribology International, 2020, 143（3）: 106058.

［2］ Liu D, Zhao W J, Liu S, et al. Comparative tribological and corrosion resistance properties of epoxy composite coatings reinforced with functionalized fullerene C60 and graphene ［J］. Surface and Coatings Technology, 2016, 286: 354-364.

［3］ Sasaki N, Itamura N, Asawa H, et al. Superlubricity of graphene/C60/graphene interface-experiment and simulation ［J］. Tribology Online, 2012, 7（3）: 96-106.

［4］ Kausar A. Advances in condensation polymer containing zero-dimensional nanocarbon reinforcement-fullerene, carbon nano-onion, and nanodiamond ［J］. Polymer-Plastics Technology and Materials, 2020, 60（7）: 695-713.

［5］ Miura K, Kamiya S, Sasaki N. C60 molecular bearings ［J］. Physical Review Letters, 2003, 90（5）: 055509.

［6］ Bhushan B, Gupta B K, Van Cleef G W, et al. Sublimed C60 films fortribology ［J］. Applied Physics Letters, 1993, 62（25）: 3253-3255.

［7］ Bhushan B, Gupta B K, Van Cleef G W, et al. Fullerene（C60）films for solid lubrication ［J］. Tribology Transactions, 1993, 36（4）: 573-580.

［8］ Qiu G R, Ma W S, Wu L. Low dielectric constant polyimide mixtures fabricated by polyimide matrix and polyimide microsphere fillers ［J］. Polymer International, 2020, 69（5）: 485-491.

［9］ Theiler G, Gradt T. Tribological characteristics of polyimide composites in hydrogen environment ［J］. Tribology International, 2015, 92: 162-171.

［10］ Biswas A, Das S K, Sahoo P. Correlating tribological performance with phase transformation behavior for electroless Ni-（high）P coating ［J］. Surface and Coatings Technology, 2017, 328: 102-114.

［11］ Lan P X, Polycarpou A A. High temperature and high pressure tribological experiments of advanced polymeric coatings in the presence of drilling mud for oil & gas applications ［J］. Tribology International, 2018, 120: 218-225.

[12] Jotaki K, Miyatake M, Stolarski T, et al. Tribological performance of natural resin urushi containing PTFE [J]. Tribology International, 2017, 113: 291-296.

[13] Xu J, Dai J, Ren F Z, et al. Ultrahigh radiation resistance of nanocrystalline diamond films for solid lubrication in harsh radiative environments [J]. Carbon, 2021, 182: 525-536.

[14] Kohlhauser B, Vladu C I, Gachot C, et al. Reactive in-situ formation and self-assembly of MoS$_2$ nanoflakes in carbon tribofilms for low friction [J]. Materials and Design, 2021, 199: 109427.

[15] Erdemir A, Ramirez G, Eryilmaz O L, et al. Carbon-based tribofilms from lubricating oils [J]. Nature, 2016, 536 (7614): 67-71.

[16] Zhang G, Sebastian R, Burkhart T, et al. Role of monodispersed nanoparticles on the tribological beh avior of conventional epoxy composites filled with carbon fibers and graphite lubricants [J]. Wear, 2012, 292-293: 176-187.

[17] Zhang G, Hausler I, Österle W, et al. Formation and function mechanisms of nanostructured tribofilms of epoxy-based hybrid nanocomposites [J]. Wear, 2015, 342-343: 181-188.

[18] Hu C, Qi H M, Song J F, et al. Exploration on the tribological mechanisms of polyimide with different molecular structures in different temperatures [J]. Applied Surface Science, 2021, 560: 150051.

[19] Guo Y X, Liu G Q, Li G T, et al. Solvent-free ionic silica nanofluids: Smart lubrication materials exhibiting remarkable responsiveness to weak electrical stimuli [J]. Chemical Engineering Journal, 2020, 383: 123202.

[20] Li Y L, Wang S J, Arash B, et al. A study on tribology of nitrile-butadiene rubber composites by incorporation of carbon nanotubes: Molecular dynamics simulations [J]. Carbon, 2016, 100: 145-150.

[21] Song J F, Lei H, Zhao G. Improved mechanical and tribological properties of polytetrafluoroethylene reinforced by carbon nanotubes: A molecular dynamics study [J]. Computational Materials Science, 2019, 168: 131-136.

[22] Song J F, Zhao G. A molecular dynamics study on water lubrication of PTFE sliding against copper [J]. Tribology International, 2019, 136: 234-239.

[23] Hu C, Qi H M, Song J F, et al. Exploration on the tribological mechanisms of polyimide with different molecular structures in different temperatures [J]. Applied Surface Science, 2021, 560: 150051.

[24] 胡超, 徐静, 余家欣, 等. 氧化石墨烯/聚酰亚胺复合材料摩擦学行为及机理研究 [J]. 摩擦学学报, 2020, 40 (1): 12-20.

[25] Wyatt B C, Rosenkranz A, Anasori B. 2D MXenes: Tunable mechanical and tribological properties [J]. Advanced Materials, 2021, 33 (17): e2007973.

[26] Zhang R C, Ding Q, Yang L L, et al. A novel sonogel based on h-BN nanosheets for the tribological application under extreme conditions [J]. Tribology International, 2019, 138: 271-278.

[27] Zhang L G, Li G T, Guo Y X, et al. PEEK reinforced with low-loading 2D graphitic carbon

nitride nanosheets: High wear resistance under harsh lubrication conditions [J]. Composites Part A: Applied Science Manufacturing, 2018, 109: 507-516.

[28] Li S Z, Li Q Y, Carpick R W, et al. The evolving quality of frictional contact with graphene [J]. Nature, 2016, 539 (7630): 541-545.

[29] Berman D, Erdemir A, Sumant A V. Reduced wear and friction enabled by graphene layers on sliding steel surfaces in dry nitrogen [J]. Carbon, 2013, 59: 167-175.

[30] 孙成珍, 罗东, 白博峰. 二维材料气体分离膜及其应用研究进展 [J]. 科学通报, 2023, 68 (1): 53-71.

[31] Miao X N, Liu S W, Ma L M, et al. Ti_3C_2-graphene oxide nanocomposite films for lubrication and wear resistance [J]. Tribology International, 2022, 167: 107361.

[32] He D M, Cai M, Yan H, et al. Tribological properties of $Ti_3C_2T_x$ MXene reinforced interpenetrating polymers network coating [J]. Tribology International, 2021, 163: 107196.

[33] Lian W Q, Mai Y J, Liu C S, et al. Two-dimensional Ti_3C_2 coating as an emerging protective solid-lubricant for tribology [J]. Ceramics International, 2018, 44 (16): 20154-20162.

[34] Rosenkranz A, Grützmacher P G, Espinoza R, et al. Multi-layer $Ti_3C_2T_x$-nanoparticles (MXenes) as solid lubricants-role of surface terminations and intercalated water [J]. Applied Surface Science, 2019, 494: 13-21.

[35] Qu C H, Li S, Zhang Y M, et al. Surface modification of Ti_3C_2-MXene with polydopamine and amino silane for high performance nitrile butadiene rubber composites [J]. Tribology International, 2021, 163: 107150.

[36] Yan H, Zhang L, Li H, et al. Towards high-performance additive of Ti_3C_2/graphene hybrid with a novel wrapping structure in epoxy coating [J]. Carbon, 2020, 157: 217-233.

[37] Hu J, Li S B, Zhang J, et al. Mechanical properties and frictional resistance of Al composites reinforced with Ti_3C_2T MXene [J]. Chinese Chemical Letters, 2020, 31 (4): 996-999.

[38] Guo L H, Zhang Y M, Zhang G, et al. MXene-Al_2O_3 synergize to reduce friction and wear on epoxy-steel contacts lubricated with ultra-low sulfur diesel [J]. Tribology International, 2021, 153: 106588.

[39] Rangappa S M, Parameswaranpillai J, Yorseng K, et al. Toughened bioepoxy blends and composites based on poly (ethylene glycol)-block-poly (propylene glycol)-block-poly (ethylene glycol) triblock copolymer and sisal fiber fabrics: a new approach [J]. Construction and Building Materials, 2021, 271: 1218431-1218432.

[40] Ganß M, Staudinger U, Satapathy B K, et al. Mechanism of strengthening and toughening of a nanostructured styrene-butadiene based block copolymer by oligostyrene-modified montmorillonites [J]. Polymer, 2021, 213: 123328.

[41] Adeel M, Zhao B, Mei H, et al. Nanostructured thermosets involving epoxy and poly (ionic liquid)-containing diblock copolymer [J]. Polymer, 2021, 213: 123293.

[42] Ren Y, Zhang L, Xie G, et al. A review on tribology of polymer composite coatings [J]. Friction, 2020, 9 (3): 429-470.

[43] Qi H M, Li G T, Zhang G, et al. Distinct tribological behaviors of polyimide composites when

rubbing against various metals［J］. Tribology International，2020，146.

［44］ Guo Y X，Zhang L G，Zhao F Y，et al. Tribological behaviors of novel epoxy nanocomposites filled with solvent-free ionic SiO_2 nanofluids［J］. Composites Part B：Engineering，2021，215：108751.

［45］ Chen B B，Li X，Jia Y H，et al. MoS_2 nanosheets-decorated carbon fiber hybrid for improving the friction and wear properties of polyimide composite［J］. Composites Part A：Applied Science and Manufacturing，2018，109：232-238.

［46］ Hu C，Qi H M，Yu J X，et al. Significant improvement on tribological performance of polyimide composites by tuning the tribofilm nanostructures［J］. Journal of Materials Processing Technology，2020，281：116602.

［47］ Qi H M，Li G T，Liu G，et al. Comparative study on tribological mechanisms of polyimide composites when sliding against medium carbon steel and NiCrBSi［J］. Journal of Colloid and Interface Science，2017，506：415-428.

［48］ Feng L Q，Iroh J O. Polyimide-polyurea copolymer coating with outstanding corrosion inhibition properties［J］. Journal of Applied Polymer Science，2017，135（9）：45861.

［49］ Saeed A M，Rewatkar P M，Majedi Far H，et al. Selective CO_2 sequestration with monolithic bimodal micro/macroporous carbon aerogels derived from stepwise pyrolytic decomposition of polyamide-polyimide-polyurea random copolymers［J］. ACS Appl Mater Interfaces，2017，9（15）：13520-13536.

［50］ 周良，雷洋，余家欣，等. 宽温域环境下不同纤维织物/聚酰亚胺复合材料的摩擦学性能研究［J］. 表面技术，2022，51（12）：91-100.

［51］ Cai M，Fan X Q，Yan H，et al. In situ assemble $Ti_3C_2T_x$ MXene@ MgAl-LDH heterostructure towards anticorrosion and antiwear application［J］. Chemical Engineering Journal，2021，419（1）：130050.

［52］ Yan H，Cai M，Li W，et al. Amino-functionalized Ti_3C_2T with anti-corrosive/wear function for waterborne epoxy coating［J］. Journal of Materials Science & Technology，2020，54：144-159.

［53］ Wang C Y，Luo Y L，Cao X Z，et al. Supramolecular polyurea hydrogels with anti-swelling capacity，reversible thermochromic properties，and tunable water content and mechanical performance［J］. Polymer，2021，233：124213.

［54］ Yang Z H，Wang Q H，Wang T M. Dual-triggered and thermally reconfigurable shape memory graphene-vitrimer composites［J］. ACS Appl Mater Interfaces，2016，8（33）：21691-21699.

［55］ Li Z R，Tian C R，Yu S J，et al. Construction of durable polyurea/polyvinylidene chloride composite film with high water vapor barrier property［J］. Thin Solid Films，2022，752：139253.

［56］ Yuan J Y，Zhang Z Z，Yang M M，et al. Combined effects of interface modification and micro-filler reinforcements on the thermal and tribological performances of fabric composites［J］. Friction，2021，9（5）：1110-1126.

［57］ Padenko E，Van Rooyen L J，Karger-Kocsis J. Transfer film formation in PTFE/oxyfluorinated graphene nanocomposites during dry sliding [J]. Tribology Letters, 2017, 65 (2): 36.

[58] Qi H M, Zhang G, Zheng Z Q, et al. Tribological properties of polyimide composites reinforced with fibers rubbing against Al_2O_3 [J]. Friction, 2021, 9 (2): 301-314.

[59] Zhang L, Qi H M, Li G T, et al. Impact of reinforcing fillers' properties on transfer film structure and tribological performance of POM-based materials [J]. Tribology International, 2017, 109: 58-68.

[60] Zhang G, Häusler I, Österle W, et al. Formation and function mechanisms of nanostructured tribofilms of epoxy-based hybrid nanocomposites [J]. Wear, 2015, 342-343: 181-188.

[61] Zhou X L, Guo Y B, Wang D G, et al. Nano friction and adhesion properties on Ti_3C_2 and Nb_2C MXene studied by AFM [J]. Tribology International, 2021, 153: 106646.

[62] Wang B, Wang M Y, Liu F Y, et al. Ti_3C_2: an ideal co-catalyst? [J]. Angewandte Chemie International Edition, 2020, 59 (5): 1914-1918.

[63] Qi H M, Zhang L G, Zhang G, et al. Comparative study of tribochemistry of ultrahigh molecular weight polyethylene, polyphenylene sulfide and polyetherimide in tribo-composites [J]. J. Colloid. Interf. Sci. , 2018, 514: 615-624.

[64] Hou K M, Wang J Q, Yang Z G, et al. One-pot synthesis of reduced graphene oxide/molybdenum disulfide heterostructures with intrinsic incommensurateness for enhanced lubricating properties [J]. Carbon, 2017, 115: 83-94.

[65] Moghadam A, Omrani E, Menezes P L, et al. Mechanical and tribological properties of self-lubricating metal matrix nanocomposites reinforced by carbon nanotubes (CNTs) and graphene-a review [J]. Compos. Part B-Eng, 2015, 77: 402-420.

[66] Srivastava S, Badrinarayanan S, Mukhedkar A. X-ray photoelectron spectra of metal complexes of substituted 2, 4-pentanediones [J]. Polyhedron, 1985, 4 (3): 409-414.

[67] Pitenis A, Harris K, Junk C, et al. Ultralow wear PTFE and alumina composites: It is all about tribochemistry [J]. Tribol. Lett. , 2015, 57 (1): 1-8.

[68] Qi H M, Hu C, Zhang G, et al. Comparative study of tribological properties of carbon fibers and aramid particles reinforced polyimide composites under dry and sea water lubricated conditions [J]. Wear, 2019, 15: 436-437.

[69] Lu Y H, Hao J C, Xiao G Y, et al. In situ polymerization and performance of alicyclic polyimide/graphene oxide nanocomposites derived from 6FAPB and CBDA [J]. Appl. Surf. Sci. , 2017, 394: 78-86.

[70] Hulubei C, Albu R M, Lisa G, et al. Antagonistic effects in structural design of sulfur-based polyimides as shielding layers for solar cells [J] . Sol. Energ. Mat. Sol. C, 2019, 193: 219-230.

[71] Yang Z H, Wang Q H, Wang T M. Engineering a hyperbranched polyimide membrane for shape memory and CO_2 capture [J]. J. Mater. Chem. A, 2017, 5 (26): 13823-13833.

[72] Guo Y Q, Xu G J, Yang X T, et al. Significantly enhanced and precisely modeled thermal conductivity in polyimide nanocomposites with chemically modified graphene via in situ polymerization and electrospinning-hot press technology [J] . J. Mater. Chem. C, 2018,

6（12）：3004-3015.

［73］ Li T S, Tian J S, Huang T, et al. Tribological behaviors of fluorinated polyimides at different temperatures ［J］. J. Macromol. Sci. B, 2011, 50 （5）：860-870.

［74］ Min C Y, Nie P, Tu W J, et al. Preparation and tribological properties of polyimide/carbon sphere microcomposite films under seawater condition ［J］. Tribol. Int. , 2015, 90：175-184.

［75］ Hariharan R, Bhuvana S, Sarojadevi M. Structural characterization and properties of organo-soluble polyimides, bismaleimide and polyaspartimides based on 4, 4′-dichloro-3, 3′-diamino benzophenone ［J］. High Perform. Polym. , 2006, 17 （2）：1-11.

［76］ Chen Y, Li D X, Yang W Y, et al. Effects of different amine-functionalized graphene on the mechanical, thermal, and tribological properties of polyimide nanocomposites synthesized by in situ polymerization ［J］. Polymer, 2018, 140：56-72.

［77］ David D, Dominique V, Patrick K, et al. Synthesis and characterization of novel, soluble sulfur-containing copolyimides with high refractive indices ［J］. J. Mater. Sci. , 2011, 46 （14）：4872-4879.

［78］ Pieter S, Gustaaf S, Francis V, et al. Friction and wear mechanisms of sintered and thermoplastic polyimides under adhesive sliding ［J］. Macromol. Mater. Eng, 2007, 292 （5）：523-556.

［79］ Zhang G, Häusler I, Österle W, et al. Formation and function mechanisms of nanostructured tribofilms of epoxy-based hybrid nanocomposites ［J］. Wear, 2015, 342-343：181-188.

［80］ Urue J, Pitenis A, Harris K, et al. Evolution and wear of fluoropolymer transfer films ［J］. Tribol. Lett. , 2015, 57 （1）：1-8.

［81］ Qi H M, Li G T, Zhang G, et al. Distinct tribological behaviors of polyimide composites when rubbing against various metals ［J］. Tribol. Int. , 2020, 146：106254.

［82］ Onodera T, Nunoshige J, Kawasaki K, et al. Structure and function of transfer film formed from PTFE/PEEK polymer blend ［J］. J. Phys. Chem. C, 2017, 121 （27）：14589-14596.

［83］ Song J F, Zhao G. A molecular dynamics study on water lubrication of PTFE sliding against copper ［J］. Tribol. Int, 2019, 136：234-239.

［84］ Bashandeh K, Lan P, Meyer J, et al. Tribological performance of graphene and PTFE solid lubricants for polymer coatings at elevated temperatures ［J］. Tribol. Lett. , 2019, 67 （3）：2-14.

［85］ Matthew Ellison. Metal/polymer interactions in polyimide adhesives ［D］. Blacksburg （America）：Virginia Tech, 1995.

［86］ Jitendra Panda, Jayashree Bijwe, Raj Pandey. Attaining high tribo-performance of PAEK composites by selecting right combination of solid lubricants in right proportions ［J］. Compos. Sci. Technol. , 2017, 144：139-150.

［87］ Zhang D, Qi H M, Zhao F Y, et al. Tribological performance of PPS composites under diesel lubrication conditions ［J］. Tribol. Int. , 2017, 115：338-347.

［88］ Peng S G, Zhang L, Xie G X, et al. Friction and wear behavior of PTFE coatings modified with poly （methyl methacrylate） ［J］. Compos. Part B-Eng. , 2019, 172：316-322.

［89］ Qi H M, Li G T, Liu G, et al. Comparative study on tribological mechanisms of polyimide composites when sliding against medium carbon steel and NiCrBSi ［J］. J. Colloid. Interf. Sci. , 2017, 506: 415-428.

［90］ Sengupta R, Bhattacharya M, Bandyopadhyay S, et al. A review on the mechanical and electrical properties of graphite and modified graphite reinforced polymer composites ［J］. Progress in Polymer Science, 2011, 36 (5): 638-670.

［91］ Chang B P, Akil H M, Affendy M G, et al. Comparative study of wear performance of particulate and fiber-reinforced nano-ZnO/ultra-high molecular weight polyethylene hybrid composites using response surface methodology ［J］. Materials & Design, 2014, 63: 805-819.

［92］ Sampaio M, Buciumeanu M, Askari E, et al. Effects of poly-ether-ether ketone (PEEK) veneer thickness on the reciprocating friction and wear behavior of PEEK/Ti$_6$Al$_4$V structures in artificial saliva ［J］. Wear, 2016, 368-369: 84-91.

［93］ Wang Y M, Wang T M, Wang Q H. Effect of molecular weight on tribological properties of thermosetting polyimide under high temperature ［J］. Tribology International, 2014, 78 (12): 47-59.

［94］ Yang M M, Zhang Z Z, Yuan J Y, et al. Synergistic effects of AlB$_2$ and fluorinated graphite on the mechanical and tribological properties of hybrid fabric composites ［J］. Composites Science and Technology, 2017, 143: 75-81.

［95］ Rattan R, Bijwe J, Fahim M. Influence of weave of carbon fabric on low amplitude oscillating wear performance of polyetherimide composites ［J］. Wear, 2007, 262 (5/6): 727-735.

［96］ Bijwe J, Rattan R. Influence of weave of carbon fabric in polyetherimide composites in various wear situations ［J］. Wear, 2007, 263 (7/8/9/10/11/12): 984-991.

［97］ Qi X W, Ma J, Jia Z N, et al. Effects of weft density on the friction and wear properties of self-lubricating fabric liners for journal bearings under heavy load conditions ［J］. Wear, 2014, 318 (1/2): 124-129.

［98］ Arshi A, Jeddi A A A, Moghadam M B. Modeling and optimizing the frictional behavior of woven fabrics in climatic conditions using response surface methodology ［J］. Journal of the Textile Institute, 2012, 103 (4): 356-369.

［99］ Suresha B, Shiva Kumar K, Seetharamu S, et al. Friction and dry sliding wear behavior of carbon and glass fabric reinforced vinyl ester composites ［J］. Tribology International, 2010, 43 (3): 602-609.

［100］ Suresha B, Kumar K N S. Investigations on mechanical and two-body abrasive wear behaviour of glass/carbon fabric reinforced vinyl ester composites ［J］. Materials & Design, 2009, 30 (6): 2056-2060.

［101］ Pihtili H, Tosun N. Effect of load and speed on the wear behavior of woven glass fabrics and aramid fiber-reinforced composites ［J］. Wear, 2002, 252 (11/12): 979-984.

［102］ Liu P, Lu R G, Huang T, et al. A study on the mechanical and tribological properties of carbon fabric/PTFE composites ［J］. Journal of Macromolecular Science Part B, 2011, 51 (4): 786-797.

［103］Zhang X R，Pei X Q，Wang Q H. Friction and wear behavior of basalt-fabric-reinforced/solid-lubricant-filled phenolic composites［J］. Journal of Applied Polymer Science，2010，117（6）：3428-3433.

［104］Zhao G，Hussainova I，Antonov M，et al. Effect of temperature on sliding and erosive wear of fiber reinforced polyimide hybrids［J］. Tribology International，2015，82：525-533.

［105］Bijwe J，Rattan R. Carbon fabric reinforced polyetherimide composites：optimization of fabric content for best combination of strength and adhesive wear performance［J］. Wear，2007，262（5/6）：749-758.

［106］Liu N，Wang J Z，Chen B B，et al. Effect of UHMWPE microparticles on the tribological performances of high-strength glass fabric/phenolic laminate composites under water lubrication［J］. Tribology Letters，2014，55（2）：253-260.

［107］Yuan J Y，Zhang Z Z，Yang M M，et al. Coupling hybrid of BN nanosheets and carbon nanotubes to enhance the mechanical and tribological properties of fabric composites［J］. Composites Part A Applied Science and Manufacturing，2019，123：132-140.

［108］Bandaru A K，Kadiyala A K，Weaver P M，et al. Mechanical and abrasive wear response of PTFE coated glass fabric composites［J］. Wear，2020，450-451：203267.

［109］Luong N D，Hippi U，Korhonen J T，et al. Enhanced mechanical and electrical properties of polyimide film by graphene sheets via in situ polymerization［J］. Polymer，2011，52（23）：5237-5242.

［110］Min C，Nie P，Tu W，et al. Preparation and tribological properties of polyimide/carbon sphere microcomposite films under seawater condition［J］. Tribology International，2015，90：175-184.

［111］蔡仁钦，彭涛，王凤德，等. 芳纶Ⅱ与芳纶Ⅲ的热分解行为比较［J］. 合成纤维工业，2010，33（4）：14-17.

［112］邓腾，周国发，宋佳佳. 聚合物热黏弹塑性变形微热压成型机理的数值模拟研究［J］. 中国塑料，2018，32（2）：91-97.

［113］赵立杰，丁文喜，杨康. 碳/芳纶纤维复合材料层合板力学性能分析［J］. 纤维复合材料，2020，37（4）：16-19.

［114］黄森彪，马晓野，郭海泉，等. BPDA/PPD/OTOL 聚酰亚胺纤维的力学性能、形貌和结构［J］. 应用化学，2012（8）：29.

［115］刘生鹏，刘润山，张雪平. 双马来酰亚胺型共聚高性能基体树脂的研究［J］. 绝缘材料，2009（4）：17-23.

［116］Jia Z N，Hao C Z，Yan Y H，et al. Effects of nanoscale expanded graphite on the wear and frictional behaviors of polyimide-based composites［J］. Wear，2015，338：282-287.

［117］张艳，郭芳，张招柱. 自润滑纤维织物复合材料摩擦学性能研究［J］. 表面技术，2017，46（8）：140-144.

［118］李佩隆，郭芳，姜葳，等. 高承载下自润滑纤维织物复合材料摩擦磨损性能［J］. 润滑与密封，2016，41（3）：1-4.

［119］苏峰华，张招柱，姜葳. 纳米 TiO_2 改性玻璃纤维织物复合材料的摩擦磨损性能研究

[J]. 摩擦学学报, 2005, 25 (2): 178-182.

[120] 胡超, 徐静, 余家欣, 等. 氧化石墨烯/聚酰亚胺复合材料摩擦学行为及机理研究 [J]. 摩擦学学报, 2020, 40 (1): 12-20.

[121] Qi H M, Zhang L G, Zhang G, et al. Comparative study of tribochemistry of ultrahigh molecular weight polyethylene, polyphenylene sulfide and polyetherimide in tribo-composites [J]. Journal of Colloid and Interface Science, 2018, 514: 615-624.

[122] 蔡盛宗, 段宏瑜, 王文. 纤维织物型自润滑材料摩擦学性能试验 [J]. 轴承, 2015 (3): 45-49.

[123] 王军祥, 顾明元, 朱真才, 等. 碳纤维和二硫化钼混杂增强尼龙复合材料的摩擦学性能研究 [J]. 复合材料学报, 2003, 20 (2): 13-18.

5 空间辐照对聚酰亚胺摩擦学性能的影响

5.1 质子辐照对聚酰亚胺摩擦学行为及机理的影响

5.1.1 引言

随着航空航天工业的进一步发展，摩擦材料面临着越来越大的挑战。特别是暴露于空间辐照条件下后，材料的力学性能和摩擦学性能发生显著变化[1-2]，降低了其工作寿命和系统组件的可靠性。聚酰亚胺（PI）及其复合材料被用于航天器中的运动部件，与其他聚合物相比，该材料具有良好的热稳定性能、优异的自润滑性能，并且对辐射损伤具有很高的抵抗力[3-5]。然而，当聚酰亚胺暴露在质子辐照环境中时，极大地损害了 PI 的力学性能，从而影响其摩擦学性能[3-4]。例如，Lv 等[3]等报道 PI 样品在暴露于质子照射后会发生碳化，样品的硬度和耐磨性由于碳化层的形成而改变。Miyake 等[5]发现质子照射导致 PI 中正电荷的积累，导致化学反应。Sun 等[6]表明，当质子照射 PI 时形成碳自由基，然而这些自由基将在空气气氛中重组。

碳纳米管（CNT）作为具备超润滑特性的纳米材料，常被摩擦学者用作固体润滑剂加入聚合物基体中。有研究结果表明，CNT 在聚合物基体中在改善材料摩擦学性能的同时也增强了材料的力学性能。如 Nie 等[7]通过往聚酰亚胺基体中添加嫁接了羧酸基的碳纳米管有效地增加了聚酰亚胺的力学性能和热稳定性能，并且在海水润滑条件下表现出了良好的摩擦磨损性能。Chao 等[8]通过原位引入碳纳米管到聚酰亚胺基体中，发现碳纳米管的添加可以有效地改善聚酰亚胺的力学性能和热稳定性能。并且在摩擦实验中发现当碳纳米管的添加量为 1.0%（质量分数）时材料表现出了极低的摩擦系数以及优异的耐磨性能，这是由于碳纳米管在摩擦过程中不断受到外部的挤压，其结构会相应转变为碳纳米球以及片状纳米石墨烯，从而在对偶球的表面形成坚固的摩擦转移膜。

因此，本节采用原位引入的方法制备了含多壁碳纳米管/聚酰亚胺复合材料，系统研究了质子辐照对复合材料结构、力学和摩擦学性能的影响；此外在空气和质子照射条件下比较了 PI 及其复合材料的摩擦磨损；综合表征了摩擦膜的纳米结构和质子辐照引起的相关摩擦化学反应。

5.1.2　质子辐照对碳纳米管/聚酰亚胺结构及性能的影响

通常，材料的力学性能影响其摩擦学性能。因此，采用纳米压痕试验表征了样品的硬度和模量。如图5-1（a）和（b）所示，质子辐照前后纳米压痕试验中测得的载荷-深度曲线有显著差异。结果表明，材料辐照前压痕深度从150 nm恢复到75 nm，辐照后压痕深度从150 nm恢复到15 nm，说明PI材料在辐照前空气环境中的弹性回复率约为50%，辐照后增加到90%。此外，图5-1（c）和（d）显示，由于质子辐照引起了聚合物表面碳化，辐照后纯PI的硬度和模量（约1.2 GPa和6.0 GPa）远高于辐照前空气中的硬度和模量（约0.39 GPa和4.7 GPa）[9-11]。但当复合材料中CNTs含量为1.5%（质量分数）时，与质子辐照后的纯PI相比，PI/1.5CNTs的硬度和模量分别降低约24.3%和11.8%。结果表明，质子辐照使多壁碳纳米管的结构变得松散并降低了其力学性能。因此，当聚酰亚胺中碳纳米管的含量较高时，反而降低了材料的硬度和模量。

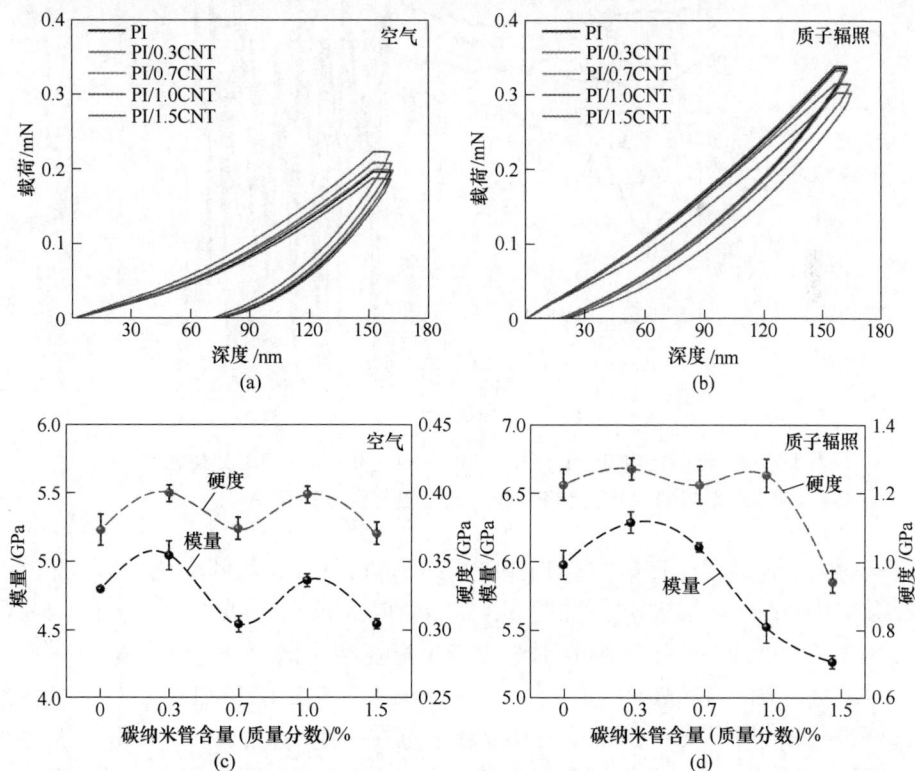

图5-1　辐照前后聚酰亚胺及其复合材料的载荷-深度
曲线（a）（b）、模量和硬度（c）（d）

图5-1彩图

　　为确定质子辐照对 PI 和 PI/1.0CNTs 造成的结构变化，采用 FTIR-ATR 和 XPS 表征了辐照前后样品的化学结构。如图 5-2 所示，可以清楚地看到，质子辐照后 PI 和 PI/CNTs 的 FTIR-ATR 光谱中的峰强度降低，说明 PI 分子链发生断裂[5]。特别是苯环在 1490 cm^{-1} 处的伸缩振动峰强度，二取代苯基在 830 cm^{-1} 处的伸缩振动峰强度由于苯环的降解而明显降低。此外，在 1780 cm^{-1} 和 1720 cm^{-1} 处都出现了聚酰亚胺的特征峰，分别对应于亚胺环中羰基的不对称和对称拉伸振动峰，表明聚酰亚胺没有被辐照完全破坏。对于辐照后的纯聚酰亚胺，在 3300 cm^{-1} 处有一个明显的吸收峰，该峰为 OH$^-$ 的伸缩振动峰，说明质子辐照导致聚酰亚胺的分解，质子和产生的氧自由基之间反应形成结合水[12]。对于 PI/1.0CNTs，OH$^-$ 峰的强度明显降低，因为引入的多壁碳纳米管可降低质子辐照对聚酰亚胺链的破坏。

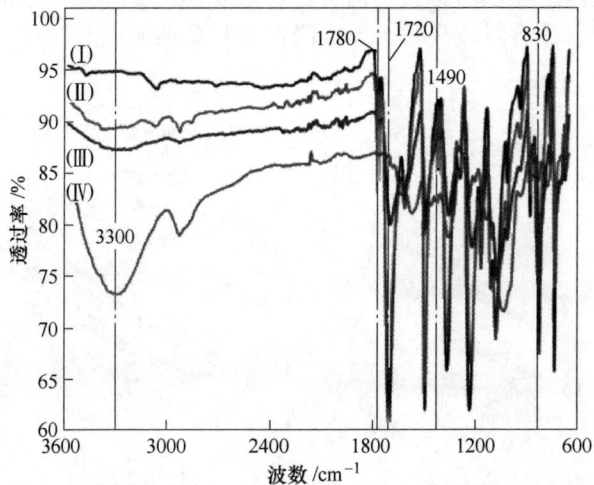

图 5-2　辐照之前 PI（Ⅰ）和 PI/1.0CNTs（Ⅱ）的 FTIR-ATR 光谱，
PI/1.0CNTs（Ⅲ）和 PI（Ⅳ）质子辐照后的 FTIR-ATR 光谱

　　为进一步比较质子照射前后 PI 和 PI/1.0CNTs 样品结构的变化，给出了 XPS 全谱及 C 1s 和 O 1s 精细谱。如图 5-3 所示，C 1s 能谱中 284.7 eV、285.5 eV、286.1 eV 和 288.4 eV 处的峰分别对应于聚酰亚胺中的 C—C、C—N、C—O 和 C＝O 基团（图 5-3（a1）~（a4））。O 1s 能谱中，532.4 eV 和 531.7 eV 处的结合能峰进一步证实了 C—O 和 C＝O 基团的存在（图 5-3（b1）~（b4））。从图中可以看出，质子辐照后聚酰亚胺样品中 C 1s 能谱中峰的强度降低。特别是，PI 和 PI/1.0 CNTs 样品的 C 1s 能谱中对应于 C＝O 基团的峰强显著降低，进一步证实聚酰亚胺发生了开环反应。表 5-1 给出了基于 XPS 测得的原子含量，质子辐照后，PI 和 PI/1.0 CNTs 样品中 C 和 O 含量降低。

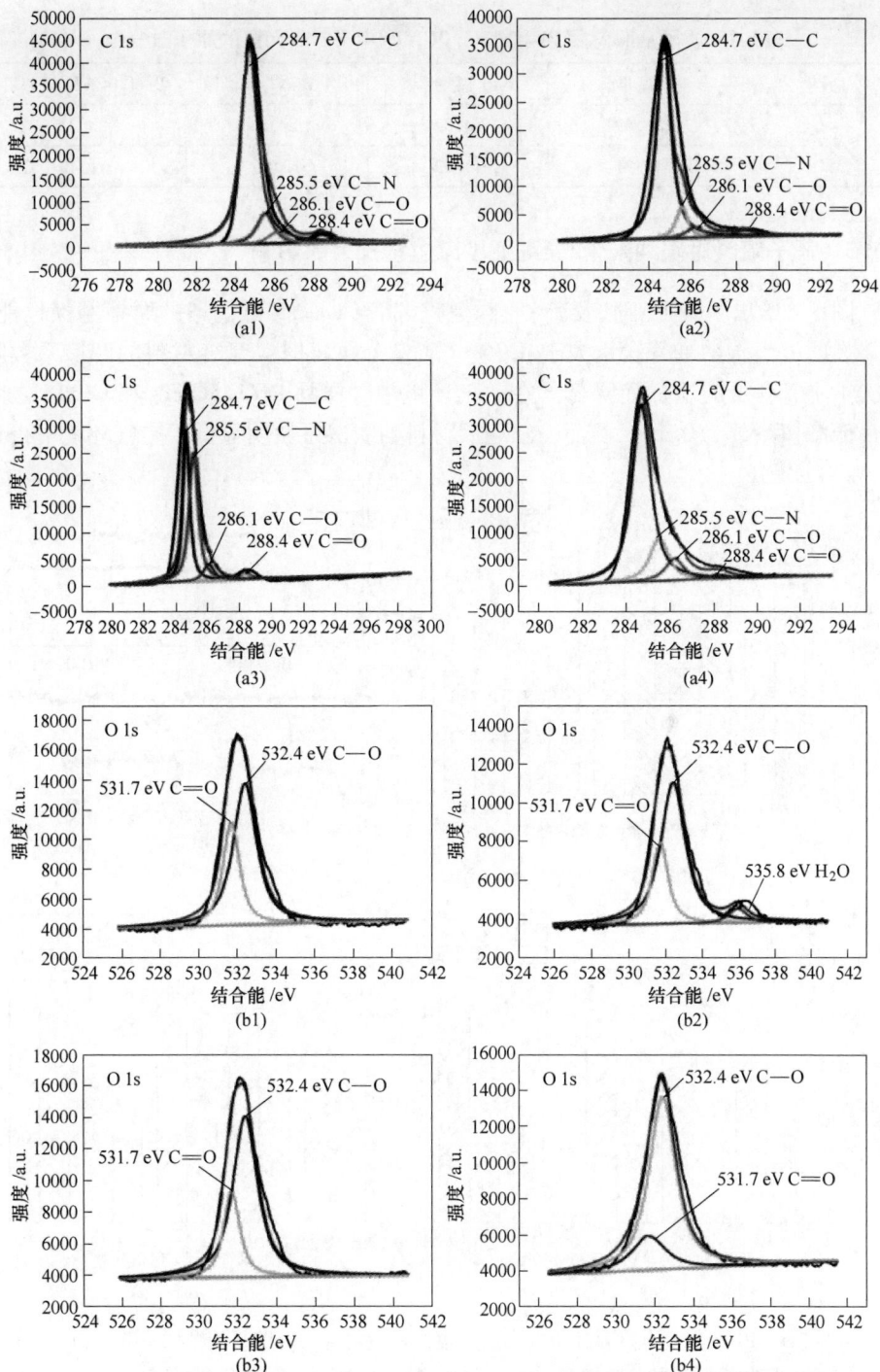

图 5-3 质子辐照前后纯 PI 的 C 1s(a1)(a2) 和 O 1s(b1)(b2) 的 XPS 精细谱，
以及质子辐照前后 PI/1.0CNTs 的 C 1s(a3)(a4) 精细谱和 O 1s (b3)(b4) 精细谱

表 5-1   质子辐照前后 PI 和 PI/1.0CNTs 中 C、O 元素的原子数分数   （%）

元素	PI 辐照前	PI 辐照后	PI/1.0CNTs 辐照前	PI/1.0CNTs 辐照后
C	85.69	84.82	84.5	83.81
O	13.21	11.62	13.56	11.49

5.1.3 质子辐照对碳纳米管/聚酰亚胺摩擦学行为的影响

图 5-4 给出了聚酰亚胺及其复合材料样品与 GCr15 对偶球的摩擦磨损性能。结果表明，当碳纳米管含量大于 0.3%（质量分数）时，复合材料的摩擦系数随着碳纳米管含量的增加而降低。在空气环境中，样品 PI/1.5CNTs 和 GCr15 之间的最低摩擦系数为 0.15。然而，辐照后材料的摩擦系数明显低于空气环境下得到

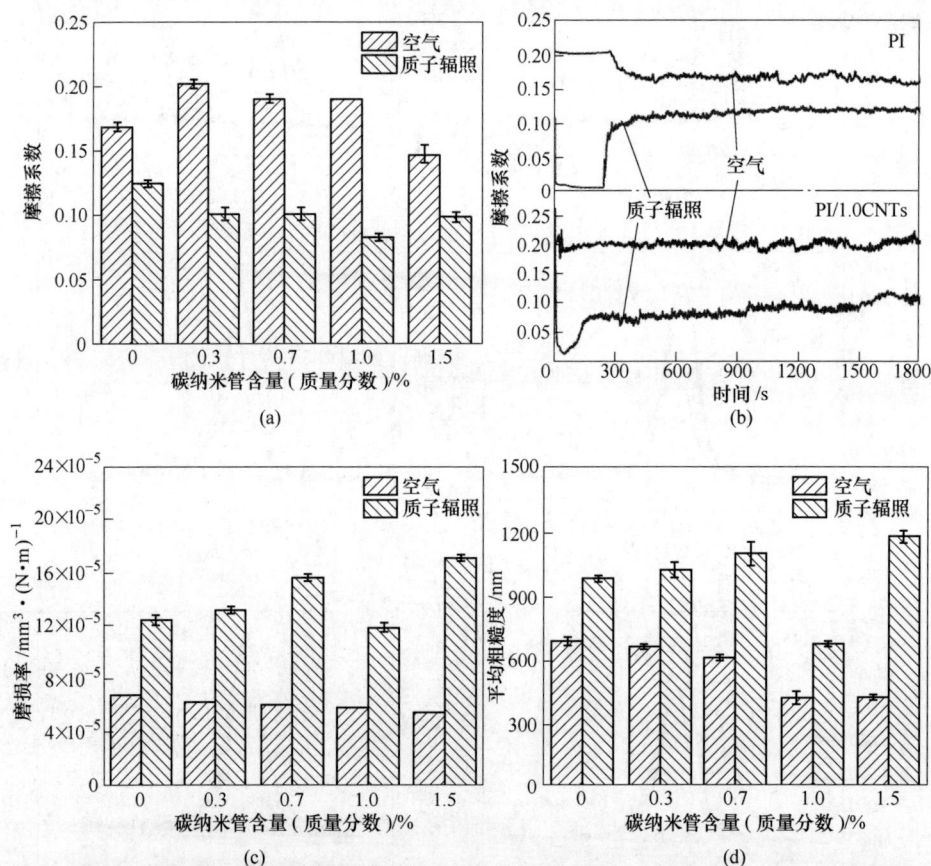

图 5-4   PI 及其复合材料在空气和质子辐照环境中滑动时的平均摩擦系数（a）、
摩擦系数的变化趋势（b）、平均磨损率（c）、平均粗糙度（d）

的摩擦结果。随着 CNTs 含量从 0 增加到 1.0%（质量分数），摩擦系数逐渐降低，说明 CNTs 的存在对辐照后的复合材料具有润滑作用。特别是辐照前后 PI/1.0CNTs 样品的摩擦系数，从 0.17 降至 0.07，下降了 58.8%。图 5-4（b）示出了摩擦系数随滑动时间的变化。从图中可以看出，在摩擦结束时，PI 的摩擦系数比 PI/1.0CNTs 样品的摩擦系数波动更大，表明碳纳米管的加入使滑动过程更加稳定。此外，辐照后的 PI 和 PI/1.0CNTs 样品摩擦系数随滑动时间减少而趋于平稳。然而对于纯 PI，出现了摩擦系数的突变，该行为表明 GCr15 对偶球与辐照试样刚开始在辐照层发生相对滑动，辐照层磨损后，聚酰亚胺基体与对偶球接触。脆性辐照材料在滑动的初期阶段很容易转移到对偶球表面上，抑制了摩擦副之间的直接接触[13-14]。一旦磨屑在钢球表面上达到动态平衡，随后摩擦系数基本不变也达到稳定状态[13-14]。辐照后磨损率的变化与摩擦系数呈现相反的趋势。如图 5-4（c）所示，辐照后 PI 材料的磨损率要高得多。如图 5-4（c）和（d）所示，辐照后 PI/1.5CNTs 样品的磨损率和粗糙度均达到最大值，分别为 1.75×10^{-4} mm³/(N·m) 和 1200 nm。质子辐射改变了材料的硬度和模量，降低了材料的动态承载，进而降低了材料的耐磨性。

5.1.4　质子辐照条件下碳纳米管/聚酰亚胺的磨损机理

图 5-5 和图 5-6 分别给出了聚酰亚胺材料和对偶球摩擦之后聚合物磨损表面的三维形貌和光学显微镜图像。可以清楚地发现，原始样品和辐照样品中的磨损形貌是不同的。如图 5-5（a）~（e）所示，随着 CNTs 含量的增加，磨痕宽度和深度变小。图 5-6（a）~（e）中的光学图像显示碳纳米管的加入改善了 PI 材料的耐磨性。特别是 PI/1.0CNTs 和 PI/1.5CNTs 样品的磨损表面仅出现轻微划痕，如图 5-6（d）和（e）所示。然而，三维形貌图表明辐照材料的磨损形貌变得粗糙（图 5-5（a1）~（e1））。PI/1.5CNTs 的粗糙度从照射前的 411 nm 增加到照射后的 1200 nm（图 5-4（d））。Wang 等[15]报道，辐照之后，聚合物表面形成了毛毯状结构，增加了表面粗糙度。此外，从图 5-6（a1）~（e1）中发现辐照后样品磨损表面上观察到黑色磨损痕迹，可归因于质子辐照引起的表面碳化[3]。

5.1.5　质子辐照条件下碳纳米管/聚酰亚胺的润滑机理

图 5-7（a）~（e）和（a1）~（e1）分别给出了与未辐照和辐照后纯 PI 及其复合材料滑动后对偶球的表面形貌。与辐照后 PI 样品转移膜不同，对偶钢球表面覆盖了不均匀的摩擦膜，如图 5-7（a）~（c）中箭头所示。特别是当钢球与 PI、PI/0.3CNTs 和 PI/0.7CNTs（图 5-7 的（a）~（c））摩擦时，钢球表面上的摩擦

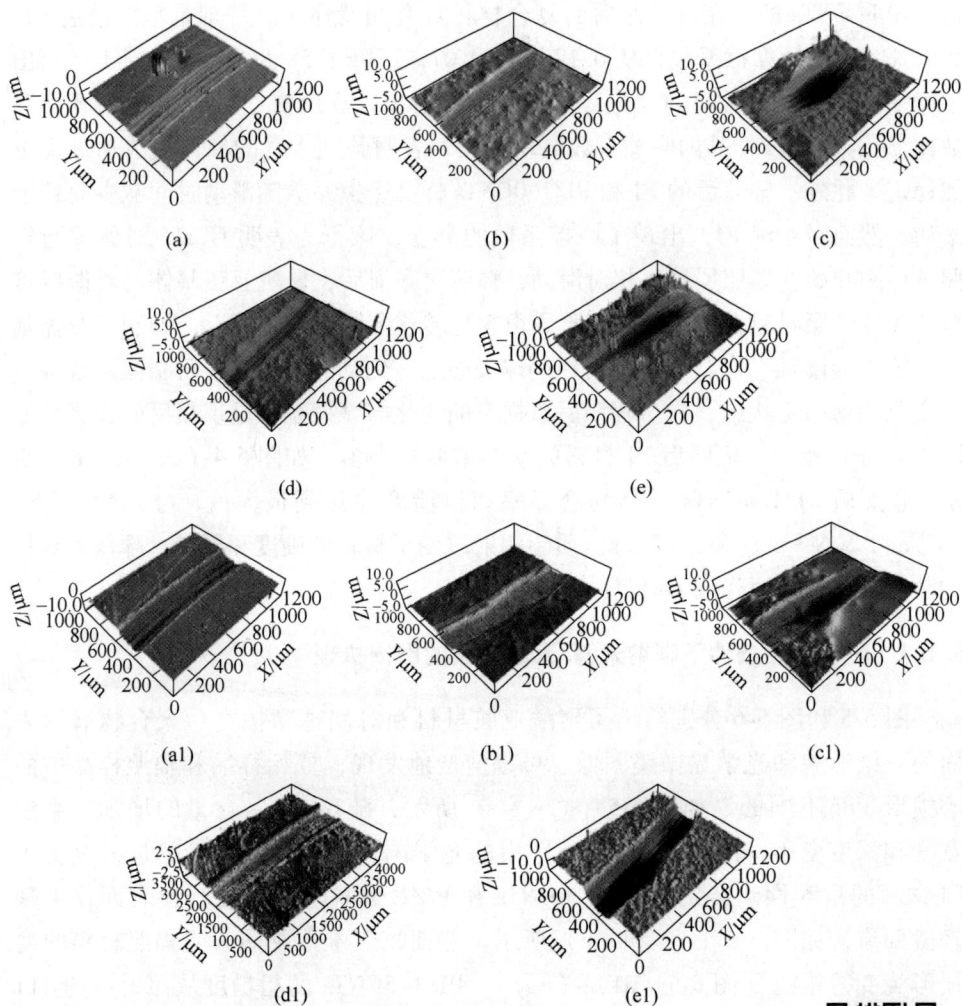

图 5-5   PI 及其复合材料样品在辐照前后磨痕的三维白光形貌图
(a)(a1) PI;（b)(b1) PI/0.3CNTs;（c)(c1) PI/0.7CNTs;
(d)(d1) PI/1.0CNTs;（e)(e1) PI/1.5CNTs

图 5-5 彩图

膜较厚且不均匀，因此导致其较高的摩擦系数。随着碳纳米管含量的增加，摩擦膜变得薄且均匀（图 5-7（d）和（e）），从而使得 PI/1.0CNTs 和 PI/1.5CNTs 样品的摩擦学性能得到改善。因此，滑动过程中 PI 复合材料在摩擦界面释放的碳纳米管促进了摩擦膜的形成和界面摩擦化学反应。相比之下，辐照后对偶球表面覆盖了均匀的转移膜。这是因为辐照引起的聚酰亚胺表面化学结构的变化促使聚酰亚胺转移到对偶球表面。图 5-7（a1）给出了与纯聚酰亚胺样品摩擦后钢球表

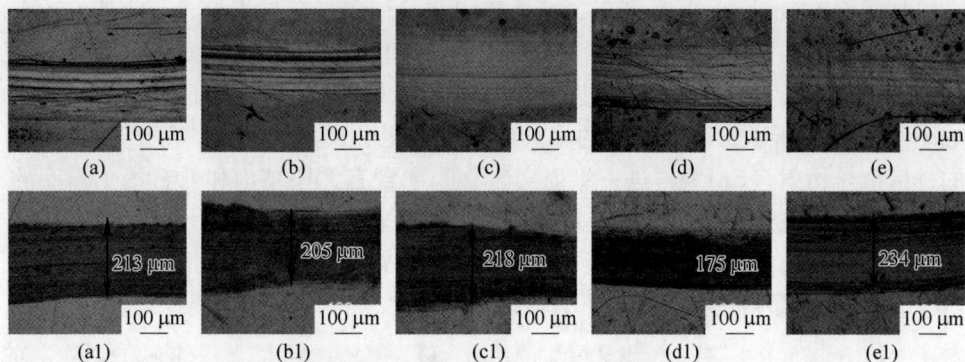

图 5-6 PI 及其复合材料试样在辐照前后磨损表面的光学图像

(a)(a1) PI；(b)(b1) PI/0.3CNTs；(c)(c1) PI/0.7CNTs；

(d)(d1) PI/1.0CNTs；(e)(e1) PI/1.5CNTs

面上形成的不均匀转移膜。碳纳米管的加入使转移膜变得平整且致密（图 5-7 的（b1）~（e1））。因此，辐照后形成的转移膜具有高承载能力和润滑性。其中，PI/1.0CNTs 样品摩擦的钢球表面上形成的摩擦膜是最均匀的，从而表现出最低的摩擦系数。

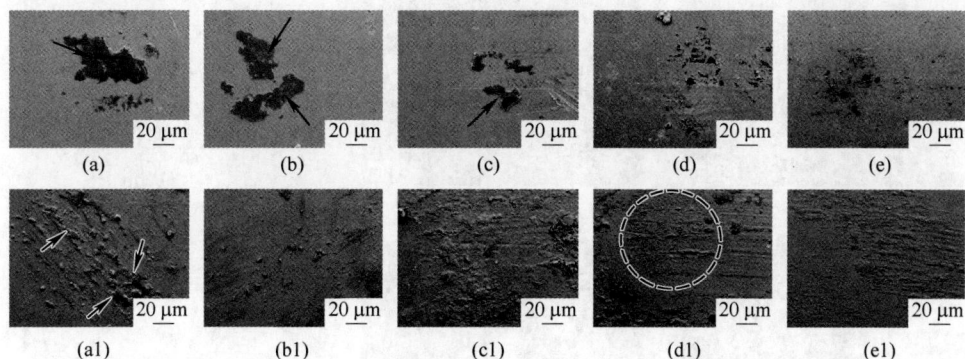

图 5-7 辐照前后与 PI(a)(a1)、PI/0.3CNTs(b)(b1)、PI/0.7CNTs(c)(c1)、PI/1.0CNTs(d)(d1) 和 PI/1.5CNTs(e)(e1) 摩擦后，GCr15 对偶球表面的 SEM 图像

图 5-8 为 PI/1.0CNTs 与 GCr15 对偶球摩擦之后转移膜的 FIB-TEM 图像。从图 5-8（a）可以看出，厚度约 200 nm 的转移膜几乎覆盖了整个 GCr15 钢球表面。区域 I 的放大图像如图 5-8（b）所示，摩擦膜包括白色箭头所示的过渡层。图 5-8（c）所示 HR-TEM 结果显示 5 nm 厚的过渡层附着在钢球表面且大部分是无定形的。该结果与在空气环境中发生滑动时形成的氧化铁层不同，表明在真空环境中没有发生摩擦氧化。EDS 分析还表明，摩擦膜中存在少量的氧化铁（图 5-8（d）和（g）），表明在摩擦试验之前对偶球表面已有部分氧化。

　　如图 5-8（b）和（c）所示，摩擦膜由非晶相和复合晶相组成。此外，还存在短程有序石墨碳（0.335 nm）（图 5-8（c）和图 5-9（d）），该结构来自复合材料中的 CNTs，推测质子辐照使得 CNTs 发生了石墨化。另外，区域Ⅱ的放大图如图 5-8（e）所示，表明转移的聚合物可能是氢化的无定形碳[16-17]。区域Ⅱ中的选区电子衍射（SAED）进一步证实转移膜中含有无序结构和低石墨化程度的无定形碳。研究认为，在滑动过程中聚合物、石墨化碳和氢化无定形碳从 PI 复合材料转移到摩擦界面上，加速了摩擦膜的生长并增强了其润滑性，因此缩短了 PI/1.0CNTs 的磨合过程，摩擦系数最低。

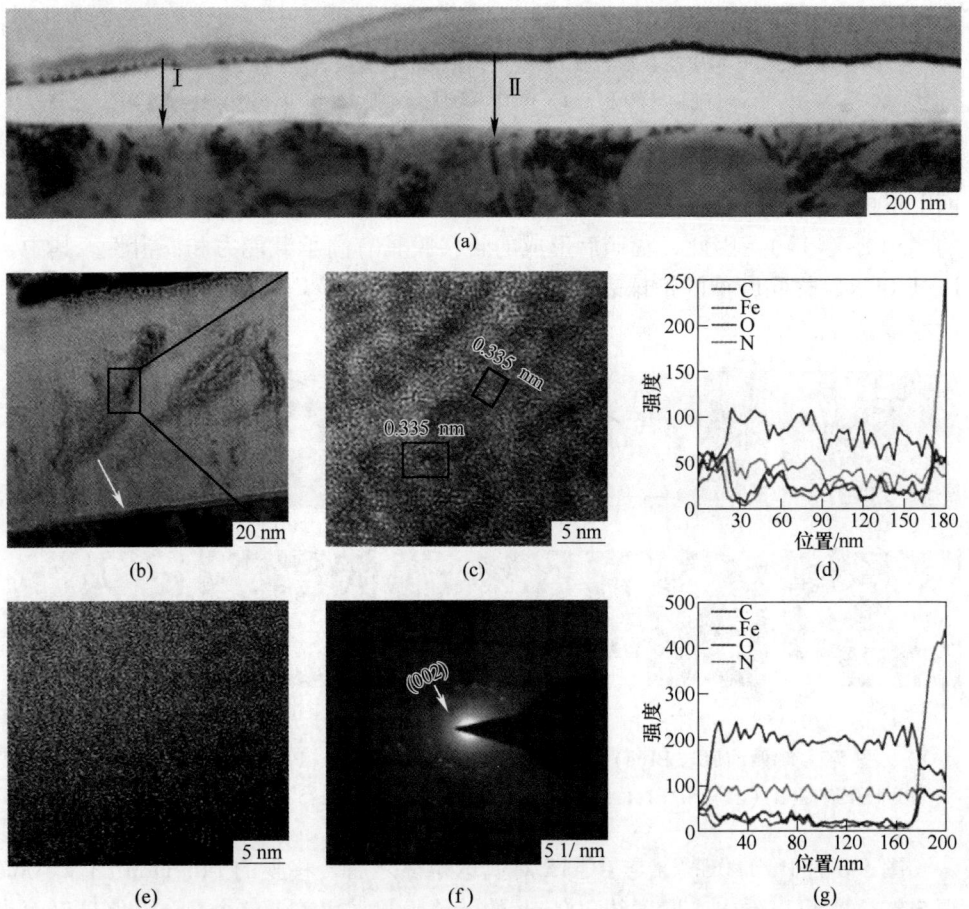

图 5-8　辐照后 PI/1.0CNTs 复合材料在对偶球表面形成的摩擦膜的 FIB-TEM 图（a），
图中区域Ⅰ的 HR-TEM 图（b）（c），（a）图中区域Ⅱ的 HR-TEM 图（e），
（e）图中选定区域电子衍射（f），C、Fe、O、N 元素的 EDS（d）（g）
〔（a）图中左侧和右侧箭头所示〕

图 5-8 彩图

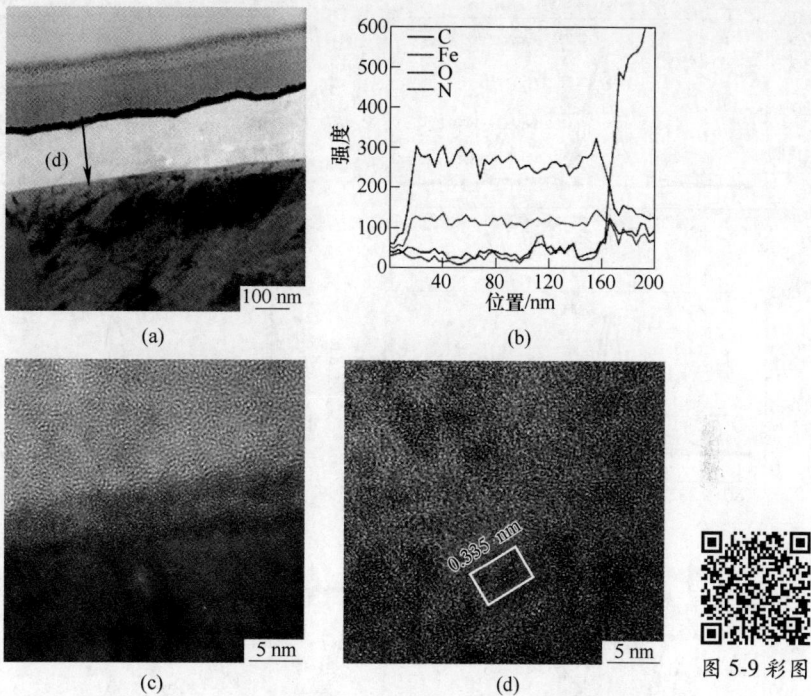

图 5-9 辐照后 PI/1.0CNTs 复合材料在对偶球表面形成的摩擦膜的
FIB-TEM 图（a），（a）图中箭头所示的 C、Fe、O、N 元素
EDS 谱线（b），（a）图中的 HR-TEM 显微照片（c）(d)

图 5-10 给出了质子辐照前后与 PI 和 PI/1.0CNTs 摩擦后对偶表面形成转移膜的化学状态。如图 5-10 所示，C 1s 能谱中 284.7 eV、285.5 eV、286.1 eV、288.4 eV 处的结合能峰分别归属于 C—C、C—N、C—O、C＝O 基团，O 1s 能谱中峰值为 532.4 eV、531.7 eV 分别归属于 C—O 和 C＝O，证实了聚合物材料已转移到对偶球表面[18]。由于自由基的摩擦化学反应，C 1s 光谱中的 C—O 峰清晰可见。此外，O 1s 光谱中 529.8 eV、531.2 eV 和 530.2 eV 处的峰以及 Fe 2p 能谱中 711.2 eV 和 725.1 eV 处的结合能峰归属于 Fe_2O_3 和 Fe_3O_4，表明对偶球表面发生了摩擦氧化[19-20]。显然，基于 Fe 2p 能谱中的峰强度发现，暴露于空气中的对偶球的氧化程度比暴露于质子辐照环境中的对偶球更严重，由于辐照是在真空环境中进行的，因此钢球氧化不严重（图 5-10（c2）和（c4））。此外，在 712.6 eV 处的 Fe 2p 峰归因于 $Fe(CO)_x$ 的金属有机化合物，并且证实聚合物和对偶球之间的滑动促进了聚合物分解，分解的聚合物与对偶球发生了摩擦化学反应。

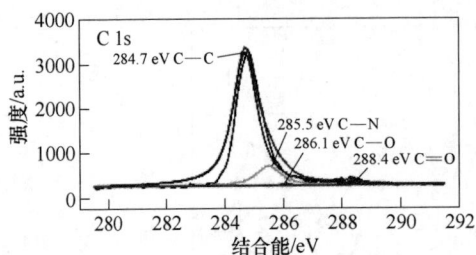

(a1)

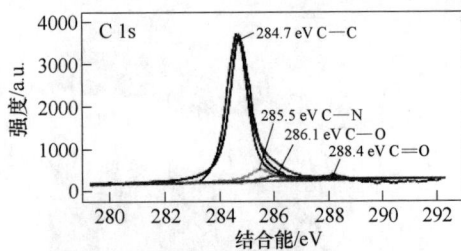

(a2)

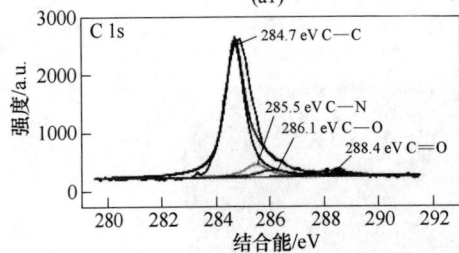

(a3)

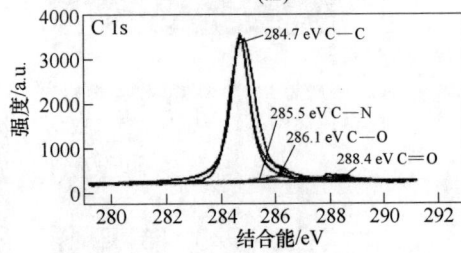

(a4)

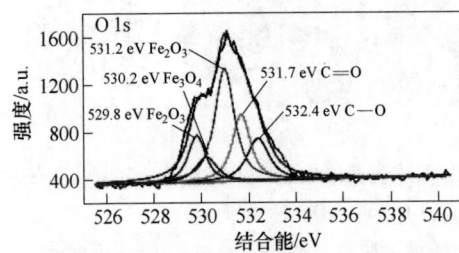

(b1)

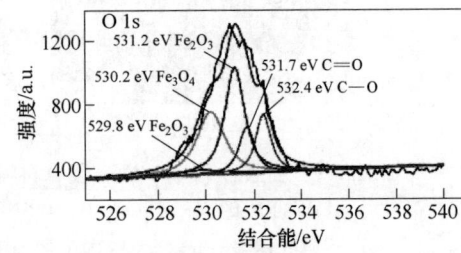

(b2)

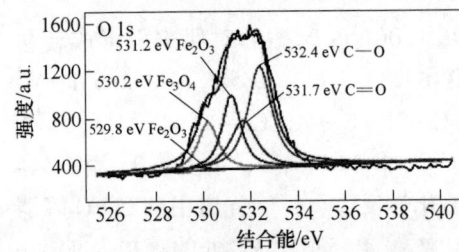

(b3)

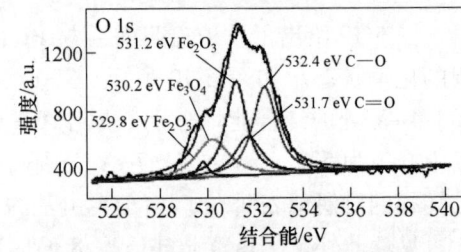

(b4)

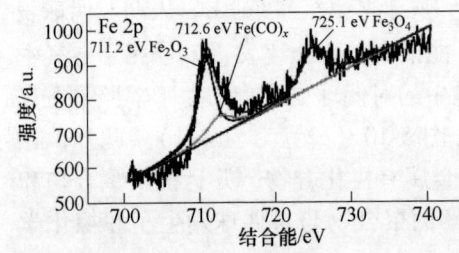

(c1)

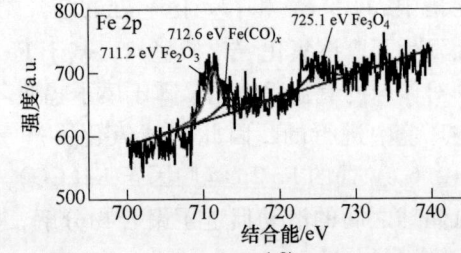

(c2)

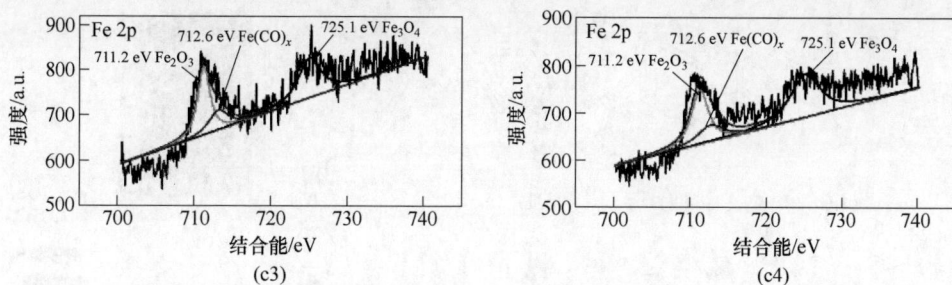

图 5-10　摩擦膜中 C 1s(a1)~(a4)、O 1s(b1)~(b4) 和 Fe 2p(c1)~(c4) 的 XPS 精细谱
（数字 1 和 2 分别是在空气和质子辐照条件下与 PI 对摩后的转移膜，数字 3 和 4 分别
表示 PI/1.0CNTs 在空气和质子辐照条件下滑动后得到的摩擦膜）

　　基于 FIB-TEM 和 XPS 结果给出的 PI/1.0CNTs 复合材料在 GCr15 钢球表面上形成的摩擦膜的结构和化学组成，提出了摩擦膜的形成机理，如图 5-11 所示。摩擦剪切和质子辐照促进了聚酰亚胺分子链中的 C—O、C—N 和 C—C 键的断裂，并形成一系列自由基，例如碳自由基、氮自由基和氧自由基。自由基与质子氢结合产生有机分子碎片或小分子。摩擦过程中，分子链断裂产生的自由基和对偶中的铁发生螯合反应形成金属有机化合物（图 5-11（Ⅰ）和（Ⅱ））。因此，摩擦膜与对偶球之间的结合增强，得到了具有坚固结构的摩擦膜。此外，质子辐照也形成了一些小分子，如二氧化碳和氮气等（图 5-11（Ⅲ））。另外，摩擦膜中也发现了具有 sp3 杂化的氢化无定形碳材料，该结构归因于六元碳自由基的组合，如图 5-11（Ⅳ）所示。此外，在转移膜中也发现了碳纳米管结构演变的石墨，该结构由碳纳米管在摩擦过程中的撕裂和平铺所致（图 5-11（Ⅴ））。综上结果表明，在质子辐照条件下，对偶表面形成的保护性摩擦膜是 PI/1.0CNTs 复合材料具有优异的摩擦学性能的主要原因。

5.1.6　小结

　　在该研究中，通过原位聚合制备了一系列碳纳米管/聚酰亚胺复合材料；比较了质子辐照前后复合材料结构和力学性能变化；特别是对质子辐照下的摩擦膜物理和化学性能进行了深入分析，探讨了摩擦表面摩擦膜的形成和作用机制。可以得出以下结论。

　　（1）质子辐照促进了聚酰亚胺的开环反应和分子链中二取代苯结构的破坏，材料表面生成了碳化层，样品的硬度和模量增加。

　　（2）聚酰亚胺复合材料辐照前后的摩擦学行为差异显著。由于形成均匀的摩擦膜，质子辐照显著降低了含有 CNTs/聚酰亚胺复合材料与对偶球之间的摩擦磨损，摩擦系数最低为 0.07，降低了 58.8%。

(I)　　　　　(II)　　　　　(III)　　　　　(IV)　　　　　(V)

金属有机化合物　　　　　　小分子　　　　　无定形碳　　　　　石墨化

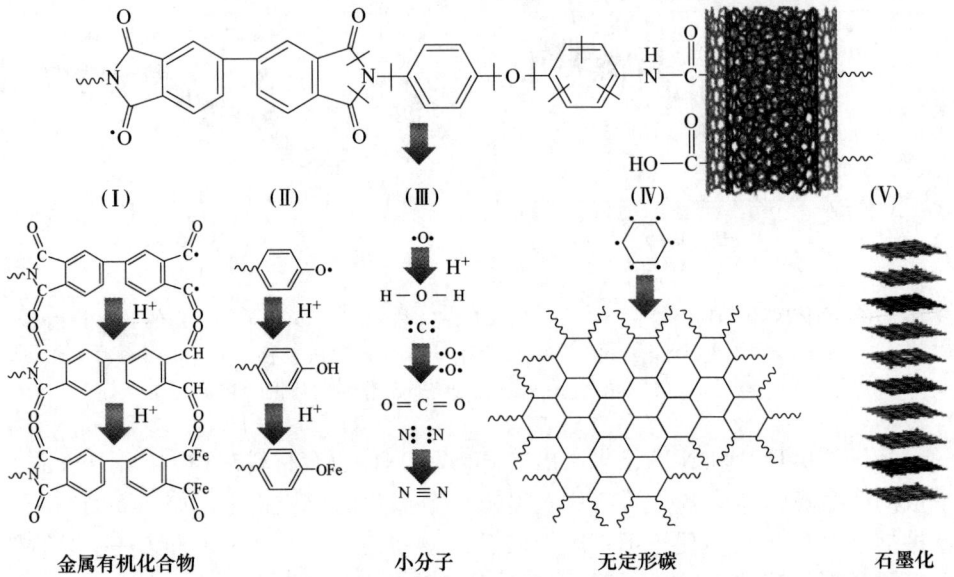

图 5-11　PI/1.0CNTs 在质子辐照条件下形成转移膜的示意图

（3）XPS 和 FIB-TEM 分析表明，质子辐照破坏了碳纳米管结构，促进了石墨化反应。此外，聚酰亚胺分子链在摩擦过程中发生了降解，形成了金属-有机螯合物和无定形碳结构，赋予转移膜较好的承载性和润滑性。

图 5-11 彩图

5.2　原子氧辐照对聚酰亚胺摩擦学行为及机理的影响

5.2.1　引言

真空、原子氧辐照和高、低温等引起的航天器运动部件润滑失效是空间环境中迫切需要注意的问题[21-25]。当大多数材料暴露在真空环境中时，会发生质量损失和性能退化[26-27]。例如，直接接触的滑动金属表面容易黏附甚至冷焊，因此需要对滑动表面进行润滑。一般情况下，常规液体润滑剂会发生挥发和升华，导致润滑能力减弱[28]。此外，挥发性组分还可能对航天器内的精密仪器造成污染。一些润滑油和油脂会发生蠕变，即润滑剂会从表面迁移出去，导致工作表面润滑剂不足[29]。在这种情况下，聚四氟乙烯、聚酰亚胺、二硫化钼和二氧化硅等固体润滑材料受到广泛关注，它们在真空环境中表现出优异的摩擦学性能[30-32]。另外，近地轨道空间环境中原子氧（AO）含量可达 80%。原子氧表现出较强的氧化性，会显著影响固体润滑剂的性能，进一步降低航天器的可靠性和使用寿命[33-34]。

　　聚合物自润滑材料具有良好的力学性能、高耐磨性、耐辐照性和化学惰性等特点，在航天系统中被用于关键运动部件[33-35]。聚酰亚胺（PI）作为高性能工程聚合物之一已被应用于太空环境。为了使聚酰亚胺更好地适用于空间环境中，对聚酰亚胺的结构和组成进行改性是近年来研究的热点[21, 36-39]。Song 等[36] 在聚酰亚胺薄膜表面涂敷聚二甲基硅氧烷/多面体低聚倍半硅氧烷杂化材料。结果表明，聚二甲基硅氧烷/多面体低聚倍半硅氧烷阻止了聚酰亚胺膜在原子氧环境下的降解。Vernigorov 等[37] 发现使用超支化聚有机硅氧烷修饰聚酰亚胺提高了材料的抗原子氧性能。Minton 等[21] 报道，在聚酰亚胺基体中加入多面体低聚倍半硅氧烷（POSS）可以通过形成硅钝化层来提高其抗原子氧攻击的能力。综上所述，使用含硅官能团材料对 PI 改性之后表现出优异的抗 AO 辐照性能。

　　此外，纳米颗粒作为聚合物基体填料，不仅能提高复合材料的抗 AO 辐照性能，而且还能增强复合材料的力学性能和摩擦学性能[33-34, 36, 38]。据研究人员报道，二氧化硅、二硫化钼和二氧化锆等纳米颗粒可以通过形成保护层来增强复合材料的抗氧化能力[39-41]。与此同时，滑动过程中纳米基转移膜的形成，改善了聚合物复合材料的摩擦学性能。Lv 等[42] 发现纳米 ZrO_2 增强聚酰亚胺复合材料与纯聚酰亚胺相比，明显降低了原子氧辐照引起的质量损失。Liu 等[40] 报道 SiO_2 的引入可以提高聚酰亚胺膜的抗 AO 性能。

　　因此，本节工作将二氧化硅纳米颗粒原位添加到 3-氨基多面体低聚半硅氧烷改性的聚酰亚胺基体中，研究了原子氧辐照对复合材料结构、力学性能和摩擦学性能的影响；在空气、真空和真空原子氧辐照条件下，比较了聚酰亚胺及其复合材料的摩擦磨损性能；系统表征了原子氧辐照下聚酰亚胺复合材料和转移膜的磨损表面形貌及相关的摩擦化学反应。

5.2.2　NH₂-POSS 改性聚酰亚胺的设计及辐照对其结构性能的影响

　　为了探讨原子氧辐照对聚酰亚胺复合材料力学性能的影响，采用纳米压痕测试了样品的硬度和模量。如图 5-12（a）和（b）所示，AO 辐照前后纳米压痕试验测得的载荷-深度曲线有所不同。相同的压痕深度下，AO 辐照前后聚酰亚胺的载荷分别为 0.58 mN 和 0.50 mN。纯聚酰亚胺对应的硬度和模量分别为 0.230 GPa 和 3.42 GPa，AO 辐照后分别降低为 0.221 GPa 和 3.28 GPa（图5-12（c））。聚酰亚胺的硬度和模量降低是由于 AO 侵蚀所致，破坏了聚酰亚胺结构的完整性。对于聚酰亚胺/氨基改性-多面体低聚倍半硅氧烷（PI/NH₂-POSS）和聚酰亚胺/二氧化硅（PI/SiO₂），AO 作用后其弹性恢复较低。同时，PI/NH₂-POSS 和 PI/SiO₂的硬度和模量也有所降低，但与纯 PI 相比下降幅度不大，这是由于 SiO₂ 和 NH₂-POSS 的加入增强了它们抗原子氧的能力。对于聚酰亚胺/氨基改性-多面体低聚倍半硅氧烷/二氧化硅（PI/NH₂-POSS/SiO₂），AO 辐照后的载荷和弹性回复率有所增加，硬度从 0.241 GPa 提高到 0.250 GPa，模量从 3.49 GPa 提高到3.50 GPa（图 5-12（c））。因此，证实 SiO$_2$ 和 NH$_2$-POSS 形成的保护层可以阻止复合材料受到原子氧的侵蚀。

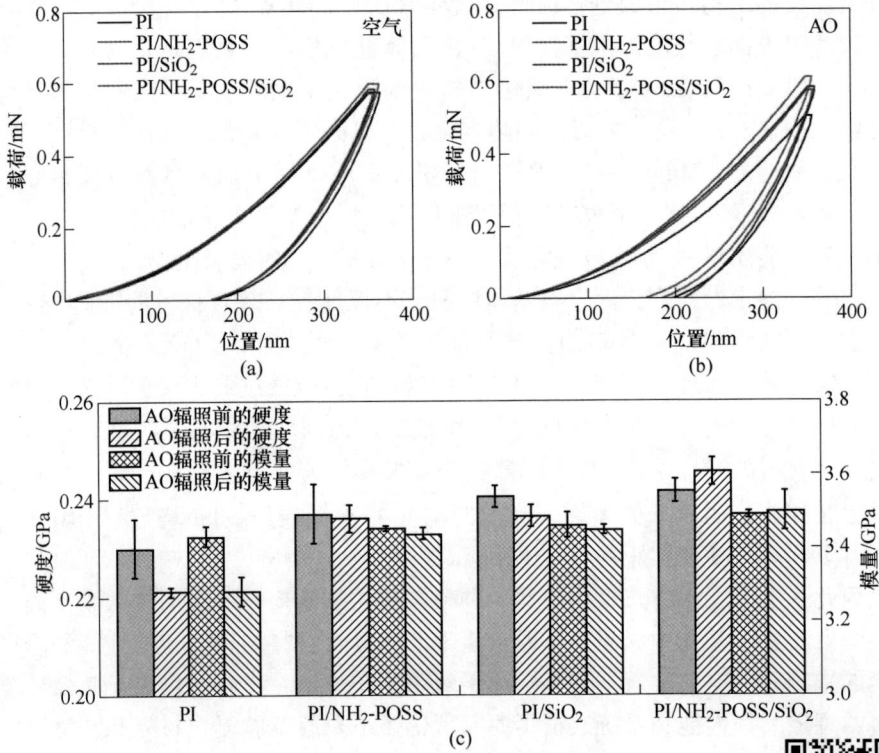

图 5-12　AO 辐照前的载荷-深度曲线（a），AO 辐照后的载荷-深度曲线（b），AO 辐照前后 PI 材料的模量和硬度曲线（c）

图 5-12 彩图

图 5-13（a）和（b）分别为 AO 辐照前后的热稳定性曲线。可以看出，原子氧辐照前 PI、PI/NH$_2$-POSS、PI/SiO$_2$ 和 PI/NH$_2$-POSS/SiO$_2$ 分别在 550 ℃、373 ℃、385 ℃和 461 ℃开始分解（失重（质量分数）约 5%）。AO 辐照后，PI、PI/NH$_2$-POSS、PI/SiO$_2$ 和 PI/NH$_2$-POSS/SiO$_2$ 的分解温度分别降至 489 ℃、350 ℃、380 ℃和 453 ℃，说明 AO 作用破坏了样品的结构。600 ℃时，所有样品快速分解。图 5-13（c）给出了 NH$_2$-POSS、PI、PI/NH$_2$-POSS、PI/SiO$_2$ 和 PI/NH$_2$-POSS/SiO$_2$ 的 FTIR 光谱。确定了 N—H 在 3444 cm^{-1} 和 1650 cm^{-1} 处的吸收峰，1150 cm^{-1} 和 1056 cm^{-1} 处的峰分别为 Si—C 伸缩振动峰和 Si—O—Si 键在 NH$_2$-POSS 中的对称伸缩峰。结果表明，成功制备了 NH$_2$-POSS。此外，通过红外光谱研究了 PI、PI/NH$_2$-POSS、PI/SiO$_2$ 和 PI/NH$_2$-POSS/SiO$_2$ 的化学结构变化。如图

5-13（c）所示，PI 中 1712 cm^{-1}、1373 cm^{-1} 和 728 cm^{-1} 处的特征峰分别对应 C＝O 不对称伸缩振动、C—N—C 伸缩振动和 C＝O 弯曲振动[43]。PI/NH$_2$-POSS、PI/SiO$_2$ 和 PI/NH$_2$-POSS/SiO$_2$ 的特征吸收峰与 PI 基本一致。AO 辐照后，PI 和 PI/NH$_2$-POSS 的吸收峰强度明显降低，如图 5-13（d）所示，而 PI/SiO$_2$ 和 PI/NH$_2$-POSS/SiO$_2$ 的强度与 AO 辐照前相比差异不大，这是由于 SiO$_2$ 具有良好的抗原子氧性。

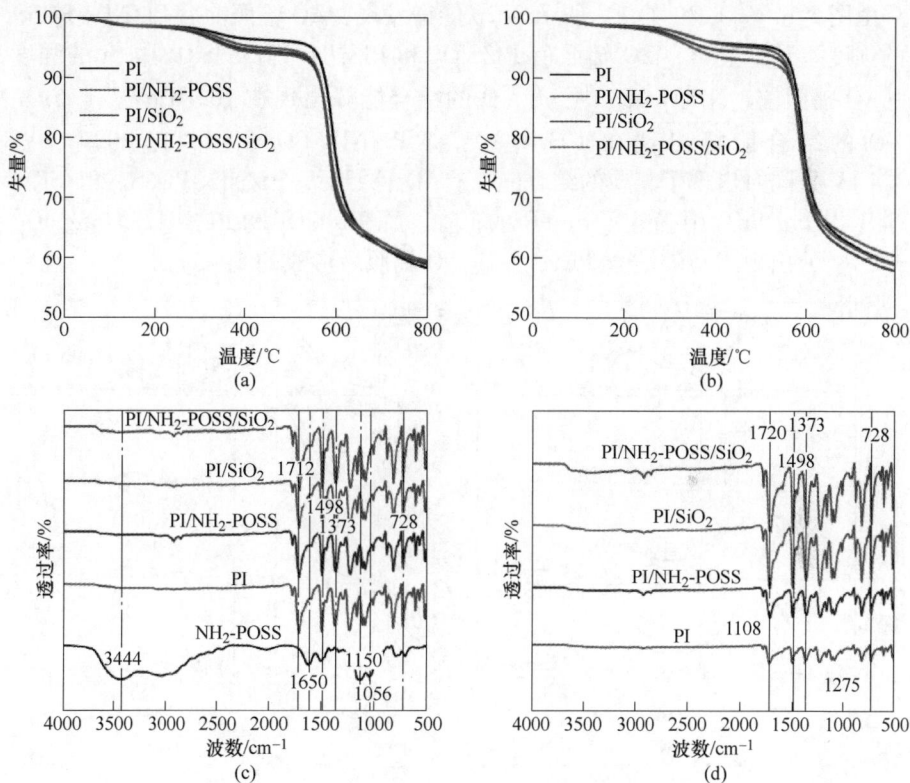

图 5-13　AO 辐照前后 PI、PI/NH$_2$-POSS、PI/SiO$_2$ 和 PI/NH$_2$-POSS/SiO$_2$ 的热重曲线
（a）（b），AO 辐照前后 NH$_2$-POSS、PI、PI/NH$_2$-POSS、PI/SiO$_2$ 和
PI/NH$_2$-POSS/SiO$_2$ 的 FTIR-ATR 光谱（c）（d）

图 5-13 彩图

为了确认 AO 辐照引起聚酰亚胺改性前后化学结构变化，测定了对偶球表面的 XPS。图 5-14 给出了 PI、PI/NH$_2$-POSS、PI/SiO$_2$ 和 PI/NH$_2$-POSS/SiO$_2$ 中 C、O 和 Si 的化学状态。聚酰亚胺中 C—C、C—N、C—O 和 C＝O 基团在 C 1s（图 5-14（a）和（a1））能谱中的特征峰分别为 284.4 eV、285.5 eV、286.1 eV 和 288.4 eV[44]。在 O 1s（图 5-14（b）和（b1））能谱中的特征吸收峰在 532.4 eV 和 531.7 eV 分别为 C—O 和 C＝O 基团。AO 辐

照后，C 1s 和 O 1s 的强度发生了明显变化。AO 辐照后 C＝O 和 C—O 的强度增强，如图 5-14（a）~（b1）所示，而 C—C 的强度降低。Zhao 等[45] 发现当聚酰亚胺暴露于 AO 环境时，聚酰亚胺中的部分碳以 CO_2 和 CO 的形式释放，另外聚酰亚胺在原子氧的强氧化作用下氧化生成 C＝O，从而导致 O 含量增加。从 O 1s 来看，PI/NH_2-POSS、PI/SiO_2 和 PI/NH_2-POSS/SiO_2 中的 O 1s 强度与 PI 和 PI/NH_2-POSS 相比没有明显增加，说明填充 SiO_2 的 PI 复合材料具有优异的抗原子氧辐照性能。

由图 5-14（c）和（c1）所示 Si 2p 能谱发现，AO 辐照前后 PI/NH_2-POSS 中 Si 的强度差异不显著，AO 辐照后 PI/SiO_2 和 PI/NH_2-POSS/SiO_2 中 Si 的强度下降。AO 辐照前，NH_2-POSS 中 Si＝O 的结合能峰出现在 102.8 eV[36]，SiO_2 中 Si—O 的结合能峰出现在 103.4 eV[19]。PI/NH_2-POSS/SiO_2 在 102.8 eV 和 103.4 eV 处同时出现了相应的结合能峰。AO 辐照后，PI/NH_2-POSS、PI/SiO_2 和 PI/NH_2-POSS/SiO_2 中确认了 Si—O 的存在。而 PI/SiO_2 和 PI/NH_2-POSS/SiO_2 在 103.2 eV 处出现了新的结合能峰，对应 AO 辐照后形成的 $Si(O)_x$。

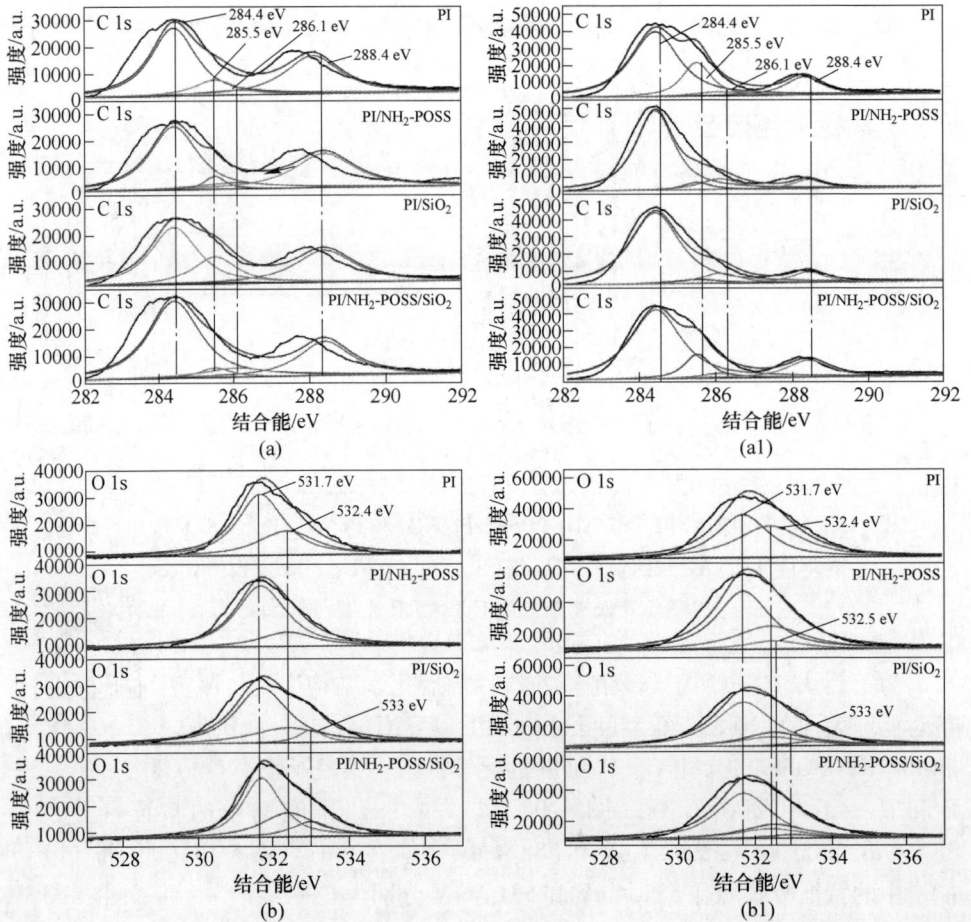

(a)
(a1)
(b)
(b1)

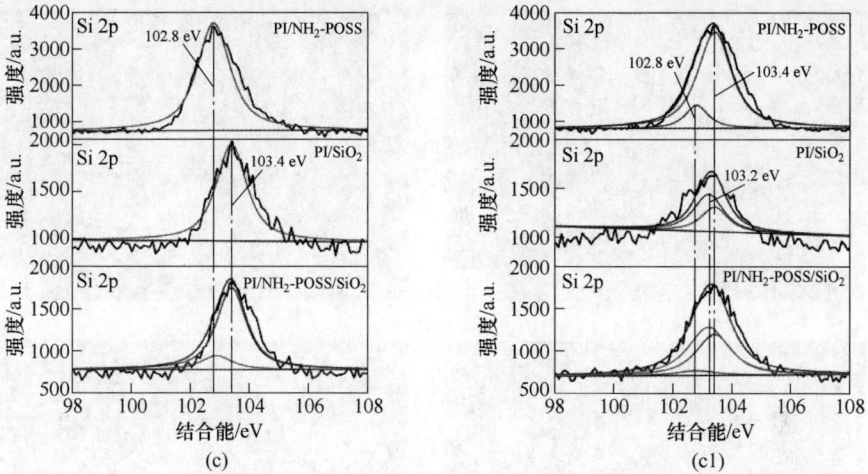

图 5-14 原子氧辐照前后 PI、PI/NH$_2$-POSS、PI/SiO$_2$ 和 PI/NH$_2$-POSS/SiO$_2$ 的
C 1s (a)(a1)、O 1s (b)(b1)、Si 2p (c)(c1) 的 XPS 精细谱

利用扫描电子显微镜观察了原子氧辐照对 PI、PI/NH$_2$-POSS、PI/SiO$_2$ 和 PI/NH$_2$-POSS/SiO$_2$ 表面形貌的影响。如图 5-15 所示，AO 辐照前，所有样品的表面都相对均匀光滑（图 5-15 的 (a)~(d)）。AO 辐照后 PI、PI/NH$_2$-POSS、PI/SiO$_2$ 和 PI/NH$_2$-POSS/SiO$_2$ 的形貌变得相对粗糙，表面呈绒布毯状（图 5-15 (a1)~(d1)）。特别是纯 PI 被原子氧严重侵蚀，如图 5-15 (a1) 所示，材料表面出现大量腐蚀坑。用 NH$_2$-POSS 和 SiO$_2$ 改性聚酰亚胺在原子氧环境下可诱导形成惰性保护层。因此，PI/NH$_2$-POSS 和 PI/SiO$_2$ 的表面变得相对均匀，腐蚀坑的深度变小（图 5-15 (b1) 和 (c1)）。此外，发现 PI/NH$_2$-POSS/SiO$_2$ 的抗原子氧性能最佳（图 5-15 (d1)），这是由于 NH$_2$-POSS 和 SiO$_2$ 的协同抑制原子氧侵蚀的效果。

(a)

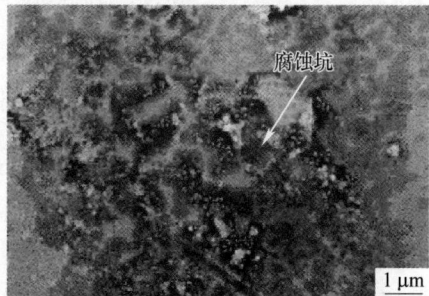

(a1)

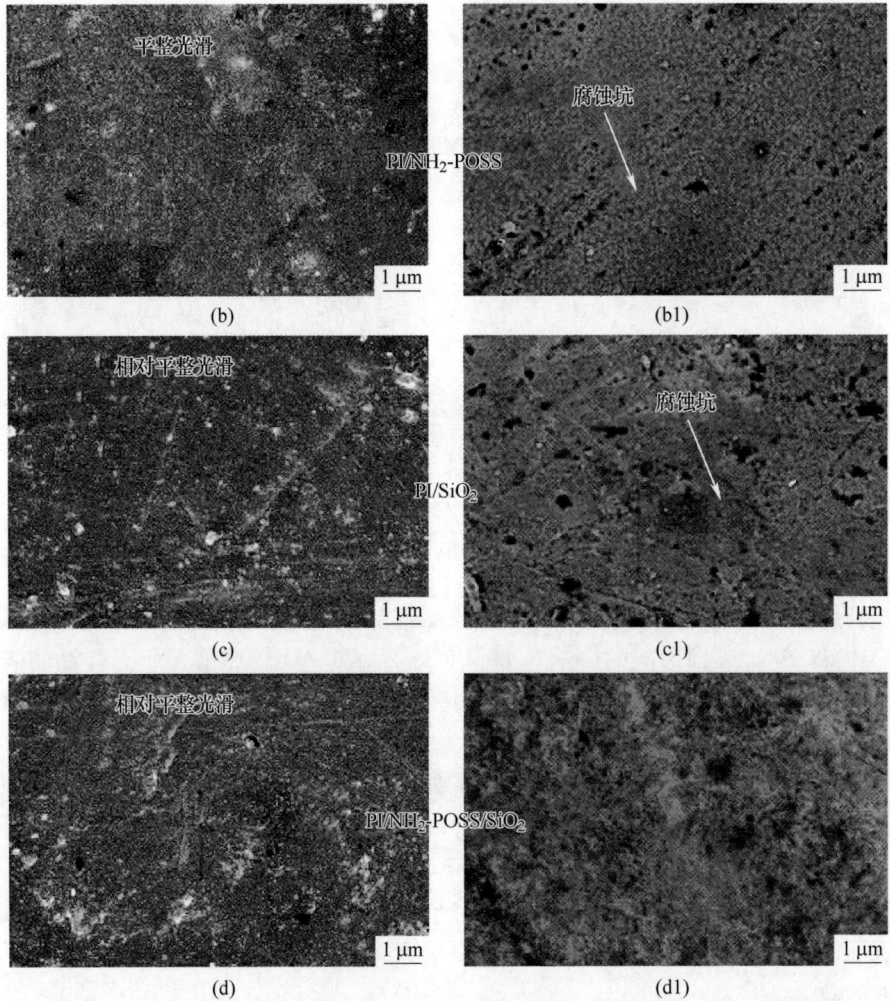

图 5-15　AO 辐照前后 PI(a)(a1)、PI/NH$_2$-POSS(b)(b1)、PI/SiO$_2$(c)(c1)、
PI/NH$_2$-POSS/SiO$_2$(d)(d1) 的 SEM 图

5.2.3　原子氧辐照对 NH$_2$-POSS 改性聚酰亚胺摩擦学行为的影响

图 5-16 给出了 PI、PI/NH$_2$-POSS、PI/SiO$_2$ 和 PI/NH$_2$-POSS/SiO$_2$ 在不同条件下与 GCr15 对偶球对摩时的摩擦学性能。空气环境中，摩擦系数波动较大，改性对其性能影响不大，所有试样在空气中的摩擦系数均在 0.2~0.4 范围内（图 5-16（a）和（a1））。真空环境下，PI/NH$_2$-POSS 和 PI/NH$_2$-POSS/SiO$_2$ 的摩擦系数也不稳定（图 5-16（b）和（b1））。其中，PI/NH$_2$-POSS 的摩擦系数在整个滑动过程中不断增大，磨合过程持续约 600 s。而纯 PI 的滑动过程相对稳定，摩

擦系数稳定在 0.32 左右。这是由于聚酰亚胺的改性增强了滑动表面之间的界面相互作用，释放了大量摩擦热。真空环境下，摩擦热难以传递，因此在摩擦界面之间容易发生黏附。当在真空原子氧环境中发生滑动时，所有样品的摩擦系数均高于空气中得到的摩擦系数，且比真空环境中得到的摩擦系数更稳定（图5-16（c）和（c1））。在AO环境下聚酰亚胺结构被破坏，导致摩擦系数高[15, 33]。此外，真空原子氧环境下的摩擦热难以散失，使得摩擦工况更加恶劣。

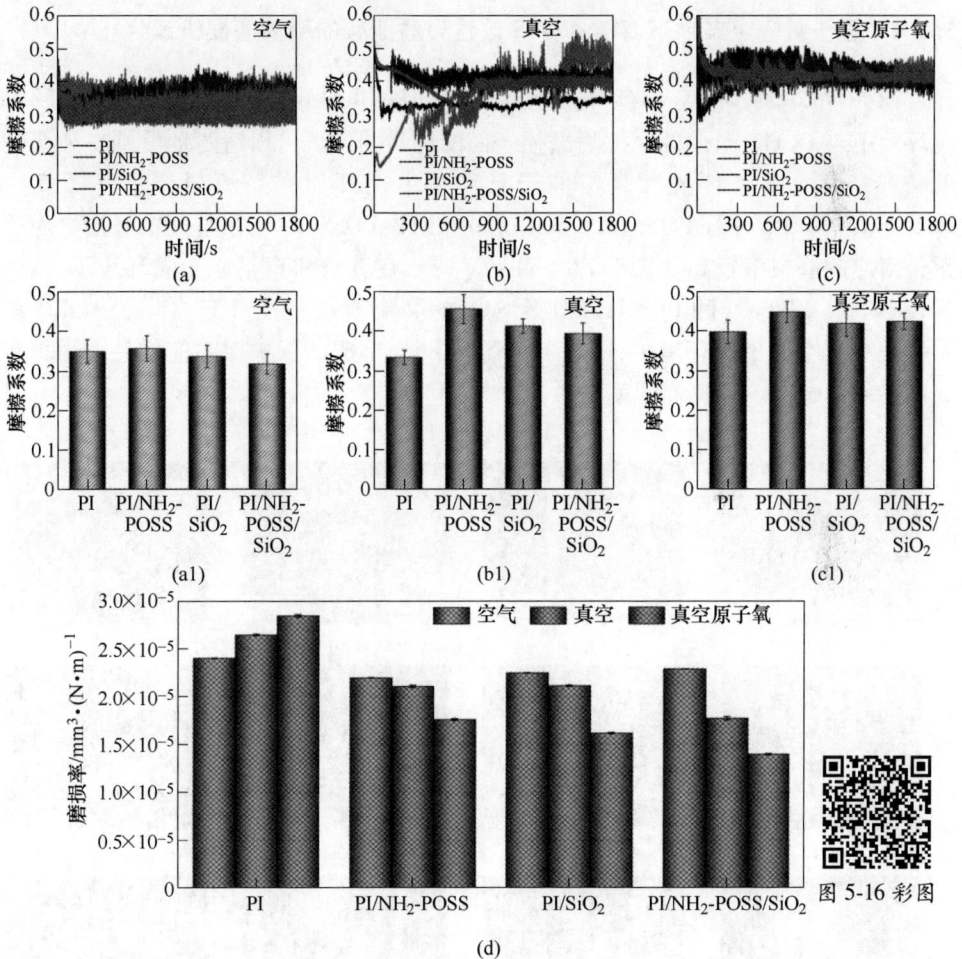

图 5-16 PI、PI/NH₂-POSS、PI/SiO₂ 和 PI/NH₂-POSS/SiO₂ 在空气（a）(a1)、
真空环境（b）(b1)、真空原子氧环境（c）(c1) 中的摩擦
系数演变及其平均值，以及相应的平均磨损率（d）

在磨损率方面，聚酰亚胺的改性对其在不同条件下的耐磨性起着重要作用。发现纯聚酰亚胺的磨损率非常糟糕（图 5-16（d））。在真空原子氧环境下，聚酰

亚胺的最高磨损率为 $2.84×10^{-5}\ mm^3/(N·m)$。对聚酰亚胺进行改性可以提高其耐磨性。PI、PI/NH$_2$-POSS、PI/SiO$_2$ 和 PI/NH$_2$-POSS/SiO$_2$ 在空气中的磨损率高于真空和真空原子氧环境。在真空原子氧环境中，PI/NH$_2$-POSS、PI/SiO$_2$ 和 PI/NH$_2$-POSS/SiO$_2$ 表现出优异的耐磨性。其中 PI/NH$_2$-POSS/SiO$_2$ 磨损率最低，为 $1.32×10^{-5}\ mm^3/(N·m)$。由此可以证实 PI/NH$_2$-POSS/SiO$_2$ 表面形成的保护层提高了滑动界面的承载能力。

5.2.4　原子氧辐照条件下 NH$_2$-POSS 改性聚酰亚胺的摩擦磨损机理

图 5-17 分别为 PI、PI/NH$_2$-POSS、PI/SiO$_2$ 和 PI/NH$_2$-POSS/SiO$_2$ 在不同工况环境下与 GCr15 对偶球摩擦后磨损表面的光学图像。可以清楚地看到，纯聚酰亚胺在空气、真空环境和真空原子氧环境中比其他样品磨损严重（图 5-17（a）~（a2））。PI/NH$_2$-POSS、PI/SiO$_2$ 和 PI/NH$_2$-POSS/SiO$_2$ 在空气中磨损更为严重，对应的磨损率较高（图 5-17（b）~（d））。在真空和真空原子氧环境下，PI/NH$_2$-POSS、PI/SiO$_2$ 和 PI/NH$_2$-POSS/SiO$_2$ 的磨痕较浅（图 5-17（b1）~（d2））。特别是在真空原子氧环境中，NH$_2$-POSS 和 SiO$_2$ 形成了保护层，使样品表面具有较高的硬度，进一步提高了耐磨性。

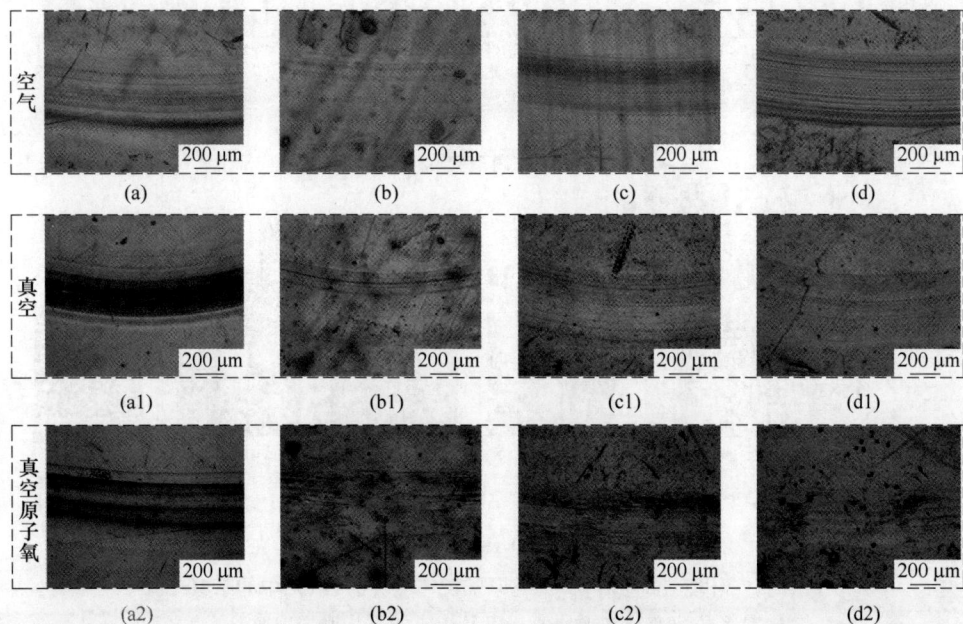

图 5-17　PI(a)~(a2)、PI/NH$_2$-POSS(b)~(b2)、PI/SiO$_2$(c)~(c2) 和 PI/NH$_2$-POSS/SiO$_2$
(d)~(d2) 在空气、真空和真空原子氧环境中磨损表面的光学图像

图 5-18 分别为空气、真空和真空原子氧环境中 PI、PI/NH$_2$-POSS、PI/SiO$_2$ 和 PI/NH$_2$-POSS/SiO$_2$ 摩擦后钢球表面的 SEM 图。在空气中摩擦时，对偶球表面累积了大量磨屑，导致摩擦系数曲线不稳定。在真空和真空原子氧环境下，钢球表面相对光滑，磨屑进入摩擦界面，加速了转移膜的生长。如图 5-18（a1）和（a2）所示，与聚酰亚胺摩擦后产生的转移膜结构不明显，导致滑动界面的直接接触，进一步加剧了磨损。在真空和真空原子氧环境下，PI/NH$_2$-POSS、PI/SiO$_2$ 和 PI/NH$_2$-POSS/SiO$_2$ 与 GCr15 对偶球摩擦后，在钢球的表面生成了片状转移膜（图 5-18（b1）~（d1）和（b2）~（d2））。在真空环境下，摩擦热不易散失，产生了黏着磨损，摩擦系数增大。然而，释放的纳米颗粒提高了摩擦界面承载性，进而改善了材料的耐磨性。在原子氧环境下，形成了硅基保护层，显著提高了转移膜的承载性和润滑性。因此，当摩擦副暴露在原子氧环境下时，PI/NH$_2$-POSS、PI/SiO$_2$ 和 PI/NH$_2$-POSS/SiO$_2$ 的磨损率较低。

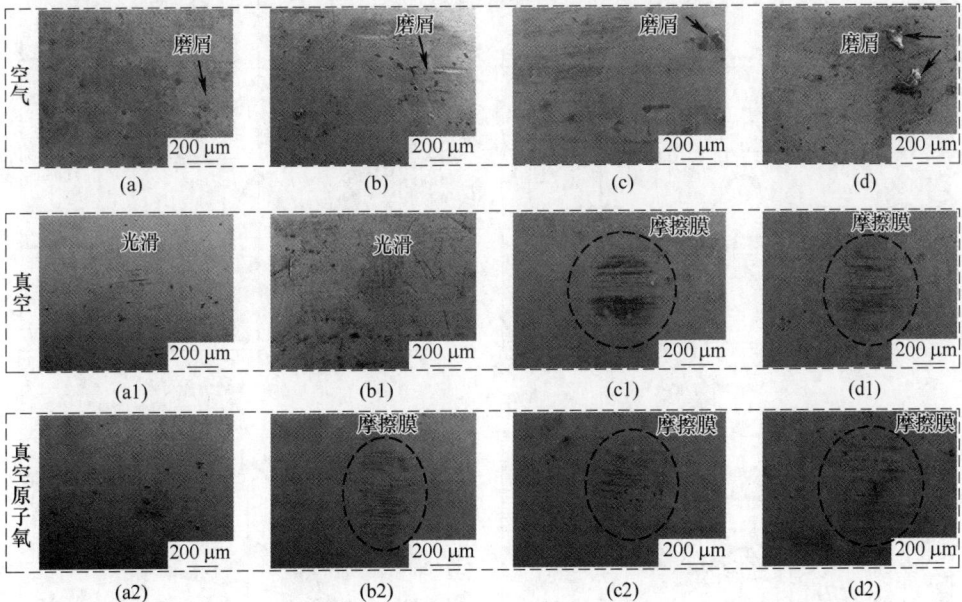

图 5-18 空气、真空环境和真空原子氧环境中，与 PI(a)~(a2)、PI/NH$_2$-POSS(b)~(b2)、PI/SiO$_2$(c)~(c2) 和 PI/NH$_2$-POSS/SiO$_2$(d)~(d2) 摩擦后对偶球表面的 SEM 图

通过 XPS 分析，确定了 AO 辐照前后 PI、PI/NH$_2$-POSS、PI/SiO$_2$ 和 PI/NH$_2$-POSS/SiO$_2$ 摩擦后钢球表面的化学状态。从 C 1s 能谱判断，AO 辐照前后对偶球表面附着的 C 元素强度基本不变（图 5-19（a）），说明摩擦膜中聚合物材料含量差异不大。从 Fe 2p 来看（图 5-19（b）），当聚酰亚胺在空气中与 GCr15 对偶球摩擦时，711.2 eV 处的 Fe$_2$O$_3$ 是 Fe 主要化学态，在 725.1 eV 处的结合能峰说明

有少量的 Fe_3O_4[46]。此外，712.6 eV 处的结合能证实摩擦化学反应产生了金属有机化合物 $Fe(CO)_x$，表明转移聚合物与钢球之间发生了螯合反应[18]。但在真空原子氧环境下，PI 与 GCr15 摩擦时，707.1 eV 处 Fe 对应的结合能峰几乎消失，说明对应的 Fe 被 AO 侵蚀。PI/NH_2-POSS、PI/SiO_2 和 PI/NH_2-POSS/SiO_2 摩擦膜中 Fe 元素的化学状态在空气和真空原子氧环境中差异不明显。在 Si 2p 中（图 5-19（c）），NH_2-POSS 中的 Si—O 出现在 102.8 eV 处，SiO_2 中的 Si—O 出现在 103.4 eV 处，进一步说明了聚合物材料转移到钢球表面。AO 辐照后，NH_2—POSS 中的 Si—O 部分转化为 SiO_2 中的 Si—O，在 103.4 eV 处结合能增加。PI/SiO_2 和 PI/NH_2-POSS/SiO_2 摩擦膜中 $Si(O)_x$ 出现在 103.2 eV 处，表明 AO 辐照后形成了保护层。

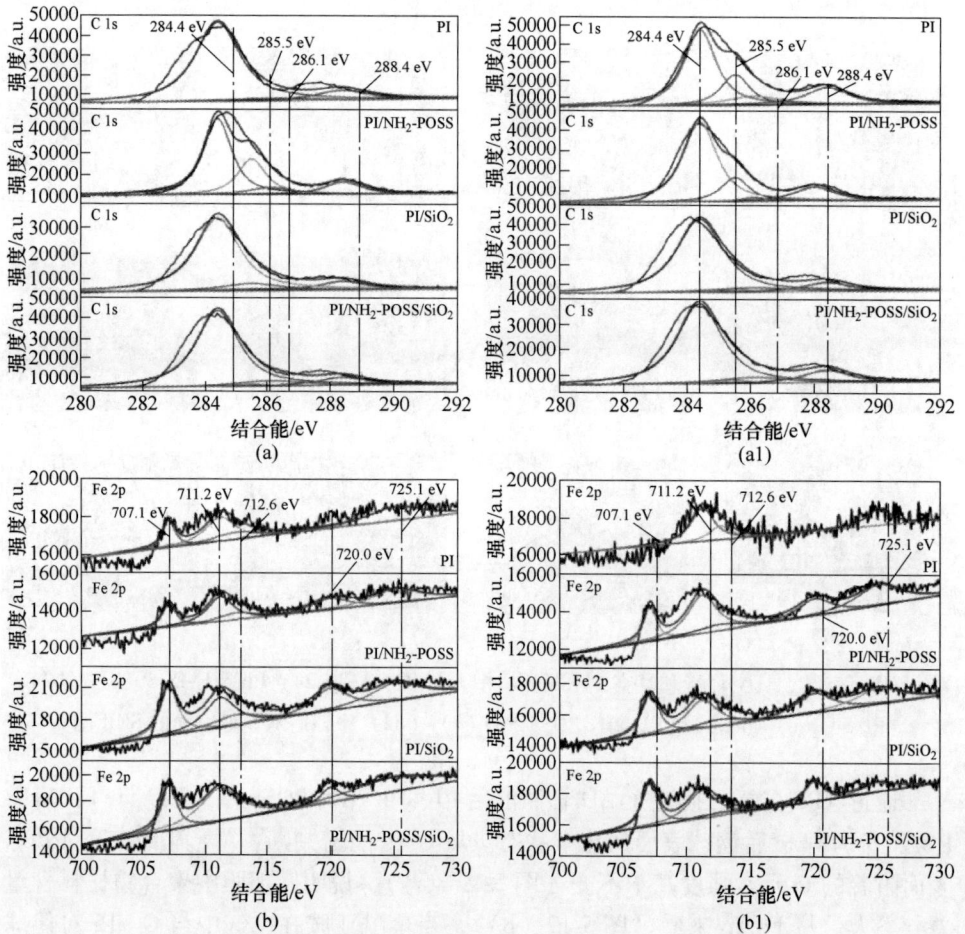

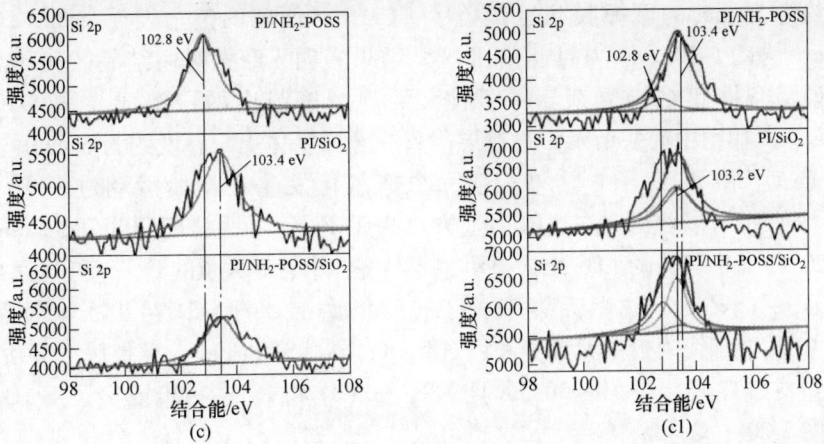

图 5-19 C 1s(a)(a1)、Fe 2p(b)(b1) 和 Si 2p(c)(c1) 在空气和真空原子氧环境中与 PI、
PI/NH$_2$-POSS、PI/SiO$_2$ 和 PI/NH$_2$-POSS/SiO$_2$ 摩擦后对偶球表面的 XPS 精细谱

为了深入研究对偶球表面形成摩擦膜的纳米结构，进行了 FIB-TEM 分析。
如图 5-20（a）所示，在原子氧辐照条件下，当与 PI/NH$_2$-POSS/SiO$_2$ 摩擦后，

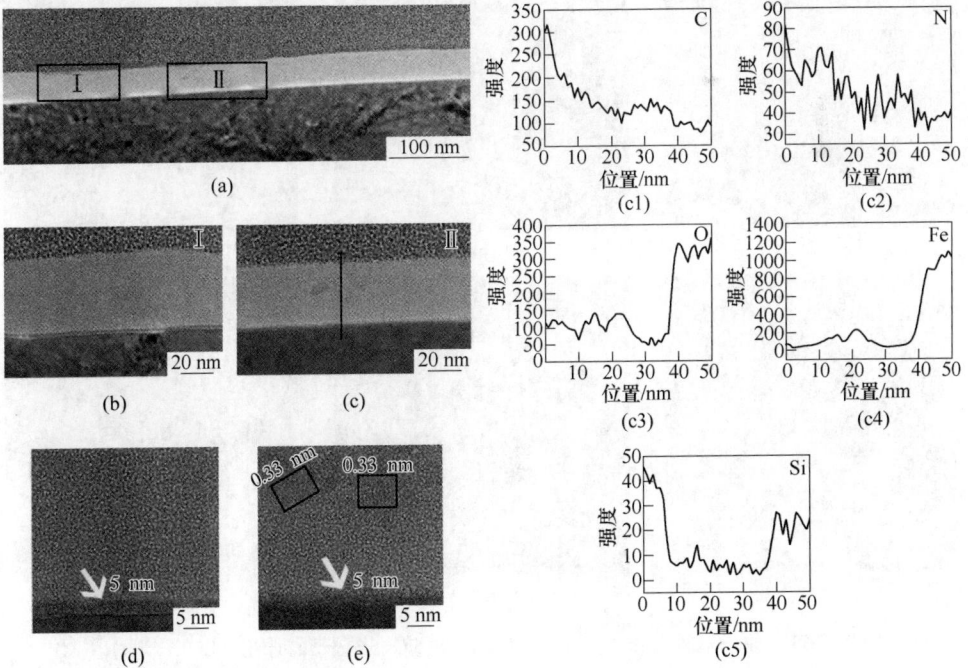

图 5-20 原子氧辐照条件下 PI/NH$_2$-POSS/SiO$_2$ 生产转移膜的 FIB-TEM 总图（a），
（a）图所示 I 区的 TEM（b），（a）图所示 II 区的 TEM（c），（b）图的 HR-TEM 图（d），
（c）图的 HR-TEM 图（e），（c）图中竖线段的 EDS 结果（c1）~（c5）

厚度约为 50 nm 的摩擦膜几乎覆盖了 GCr15 对偶球的整个表面。图 5-20（b）和（c）为图 5-20（a）中Ⅰ区和Ⅱ区。结果表明，摩擦膜由结晶区和非晶区组成，说明摩擦膜结构复杂。局部放大发现摩擦膜由两层组成（图 5-20（d）和（e）），如图中箭头所示，过渡层附着在金属基体上，厚度约为 5 nm，主要成分为 Fe_3O_4 和 Fe_2O_3[8]。结果表明，摩擦氧化发生在初始滑动过程中。从图 5-20（e）中可以看出，在过渡层上方出现了 Fe_3O_4（晶格间距为 0.33 nm）。沿图 5-20（c）中竖线的 EDS 结果显示，非晶基体中含有大量的 C、N 和 O 元素（图 5-20（c1）～（c3）），这些元素来源于转移的磨屑。图 5-21 给出了摩擦膜在图 5-20（c）中竖线附近的元素分布图（C、O、N、Si 和 Fe）。摩擦膜主要由 C、N 和 O 组成。此外，在 10～30 nm 处的高含量 O 和 Fe 进一步证实了 Fe_3O_4 的存在（图 5-20（c3）和（c4）），这也可以从图 5-21（c）和（f）的 O 和 Fe 的元素分布图中得到证实。同时，图 5-20（c5）和图 5-21（e）的 EDS 线也证实了摩擦膜表层较高的 Si 含量。结果表明，AO 辐照条件下在滑动过程中形成了惰性 Si 保护层，抑制了摩擦膜内部结构的侵蚀。

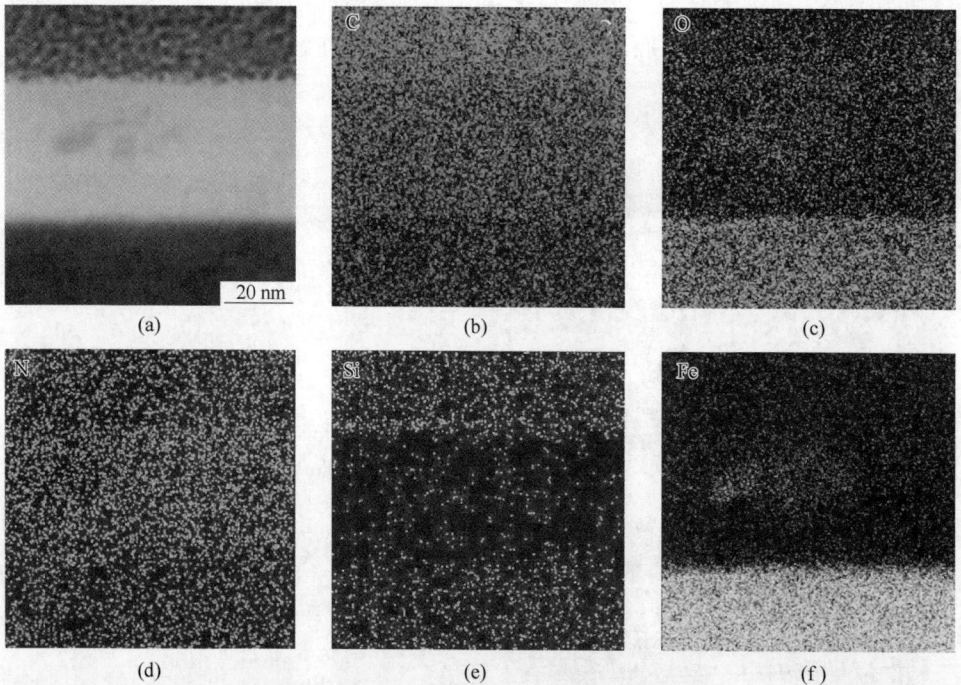

图 5-21　原子氧辐照条件下 PI/NH$_2$-POSS/SiO$_2$ 形成转移膜的 TEM 图（a）
及对应的 C(b)、O(c)、N(d)、Si(e)、Fe(f) 元素分布图

基于对 PI/NH$_2$-POSS/SiO$_2$ 摩擦膜的结构和化学状态的 FIB-TEM 和 XPS 结果

分析，提出了摩擦膜形成机理，总结如图 5-22 所示。摩擦剪切和原子氧诱导 PI/NH$_2$-POSS 分子链上 C—O、C—N、Si—O 键断裂，形成碳自由基、氧自由基、Si(O)$_x$、Si 等一系列小分子[47-48]。摩擦过程中，形成的自由基可以在界面应力和高温的作用下与金属对偶反应，形成金属-有机化合物（图 5-22（Ⅰ））。在 AO 辐照下，对偶球表面被氧化为 Fe$_2$O$_3$ 和 Fe$_3$O$_4$。由于 NH$_2$-POSS 和 SiO$_2$ 的断裂形成 Si(O)$_x$ 和 Si，有助于 Si 基保护层的形成（图 5-22（Ⅱ））。综上所述，在对偶球表面形成的摩擦膜使 PI/NH$_2$-POSS/SiO$_2$ 复合材料在原子氧辐照条件下具有优异的润滑性和耐磨性。

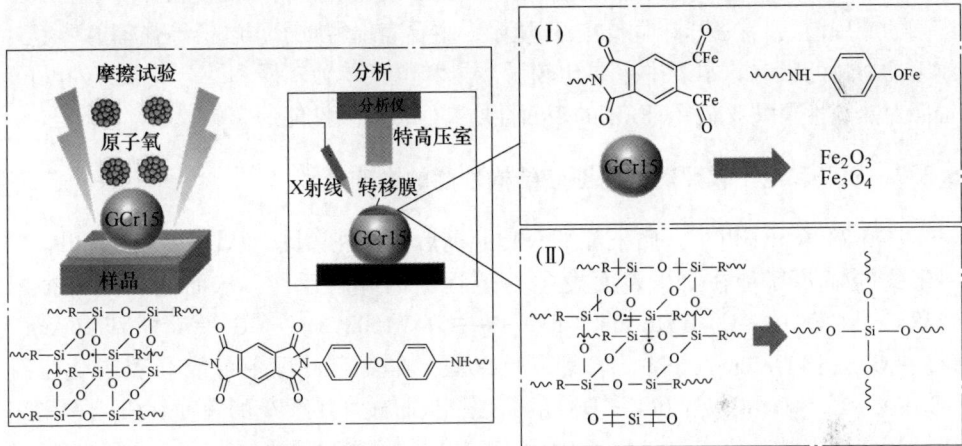

图 5-22　原子氧辐照条件下 PI/NH$_2$-POSS/SiO$_2$ 与 GCr15 对摩后的摩擦机理示意图

5.2.5　小结

本节将纳米二氧化硅原位加入 3-氨基多面体低聚倍半硅氧烷改性聚酰亚胺分子中，系统地研究了复合材料在空气、真空、真空原子氧环境下的摩擦学性能。结果表明：

（1）在聚酰亚胺基体中加入 SiO$_2$ 颗粒并经 NH$_2$-POSS 改性可以有效改善聚酰亚胺复合材料的纳米力学性能。

（2）SEM 表征和 XPS 分析表明，AO 作用导致聚酰亚胺的结构和化学状态的改变，但 SiO$_2$ 的引入和聚酰亚胺的结构改性可提高材料的抗原子氧性能。

（3）真空和真空原子氧环境中的摩擦系数高于空气中的摩擦系数，这是由于摩擦热在真空环境中难以扩散，导致黏着摩擦。但 AO 环境下磨损率明显降低，研究认为，惰性保护层的形成提高了摩擦膜界面承载能力，从而提高了聚酰亚胺复合材料在原子氧环境中的耐磨性。

5.3　质子、电子综合辐照对聚酰亚胺摩擦学行为及机理的影响

5.3.1　引言

聚酰亚胺品种繁多，总体来说主要分为热塑性和热固性两类。热塑性聚酰亚胺是线性或缩聚型聚酰亚胺，热固性聚酰亚胺主要是采用加入封端剂的方法合成。热固性聚酰亚胺因其优异的高温耐老化性能和良好的加工性能，在空间环境中显示了广阔的应用前景。在地球同步轨道环境中，主要表现为质子、电子等强辐射环境对航天器材料的影响。本节中主要比较了质子和电子单独辐照和综合（质子/电子）辐照对热固性聚酰亚胺（TPI）的表面性质和摩擦磨损性能的影响。

5.3.2　质子和电子辐照对聚酰亚胺结构性能的影响

图 5-23 给出了电子、质子和综合辐照前后的红外谱图。从图中可以看出，三种形式的辐照都是在 TPI 表面发生一定程度的降解反应，从而使得其特征峰 1238 cm^{-1}（C—O—C）、1376 cm^{-1}（C—N—C）、1500 cm^{-1}（C＝C）、1716 cm^{-1}（C＝O）和 1778 cm^{-1}（C＝O）都有所减弱。在辐照过程中可能会引起化学键（C＝C、C＝O、C—N 和 C—H）的断裂，从而破坏了 TPI 的表面化学结构和组成。从红外光谱变化来看，质子/电子辐照引起的变化最大，质子辐照引起的变化次之，电子辐照引起的变化最小。质子产生的影响大于电子的主要是因为质子具有更高的电离效率，换句话说，质子具有较高的线性能量转移值[49-50]。在红外

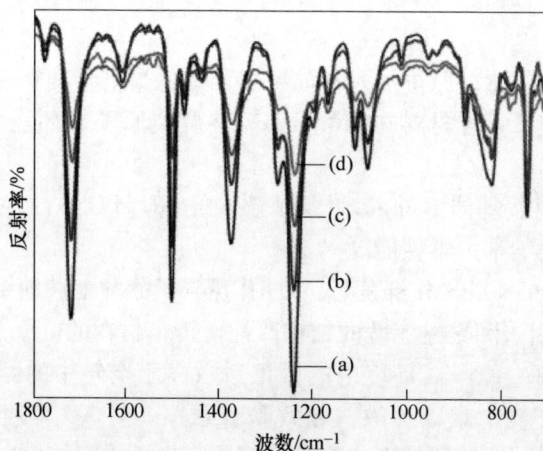

图 5-23 彩图

图 5-23　TPI 的 FTIR-ATR 谱图

（a）未辐照；（b）电子辐照；（c）质子辐照；（d）质子/电子辐照

谱图上没有看到新的峰出现，这说明可带电粒子辐照只造成了材料的断键，没有发生交联反应[44]。图 5-24 和表 5-2 分别给出了 TPI 辐照前后的 XPS 谱图和相应的组分，从中可以看出，材料经过三种辐照后，表面的碳含量都相对增大，氧含量相对降低，文献中认为氧含量的降低是由于材料表面沉积了一层碳引起的[51]。而且发现，质子辐照引起的碳含量的增量大于电子辐照引起的而小于两者的综合辐照引起的增量。

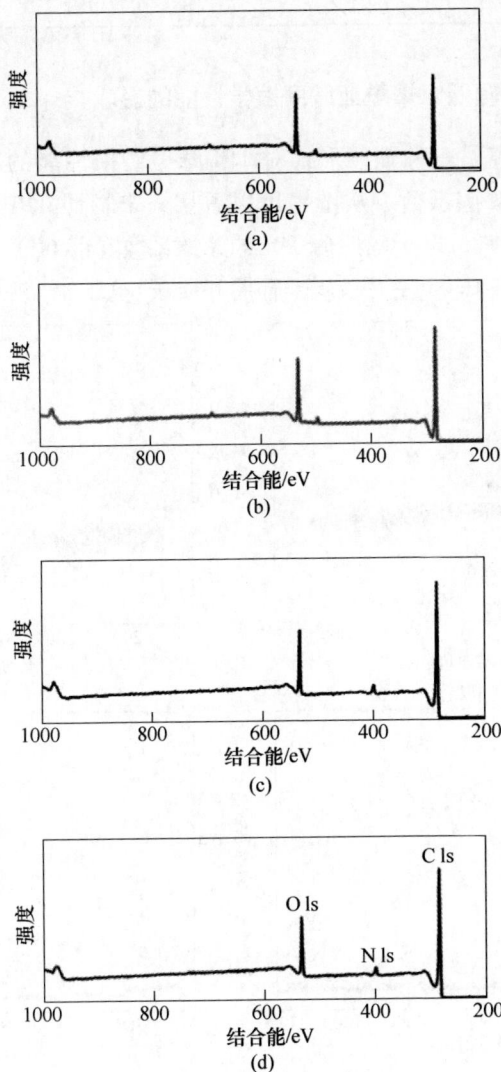

图 5-24　TPI 的 XPS 谱图

（a）未辐照；（b）电子辐照；（c）质子辐照；（d）质子/电子辐照

表 5-2　TPI 辐照前后的表面组分

样品	表面组分（原子数分数）/%		
	C	N	O
未辐照	77.63	1.16	21.21
电子辐照	79.17	1.08	19.75
质子辐照	79.36	4.34	16.29
综合辐照	80.27	4.10	15.63

5.3.3　质子和电子辐照对聚酰亚胺摩擦学性能的影响

本节进一步研究了三种辐照形式对 TPI 摩擦磨损性能的影响。图 5-25 给出了 TPI 辐照前后的摩擦系数。从图中可以看出，未辐照 TPI 的摩擦系数比较稳定，保持在 0.26 左右；电子辐照后 TPI 的摩擦系数在前 600 s 内出现了明显的波动，然后逐渐稳定在 0.05 左右；质子辐照和质子/电子辐照后 TPI 的摩擦系数在

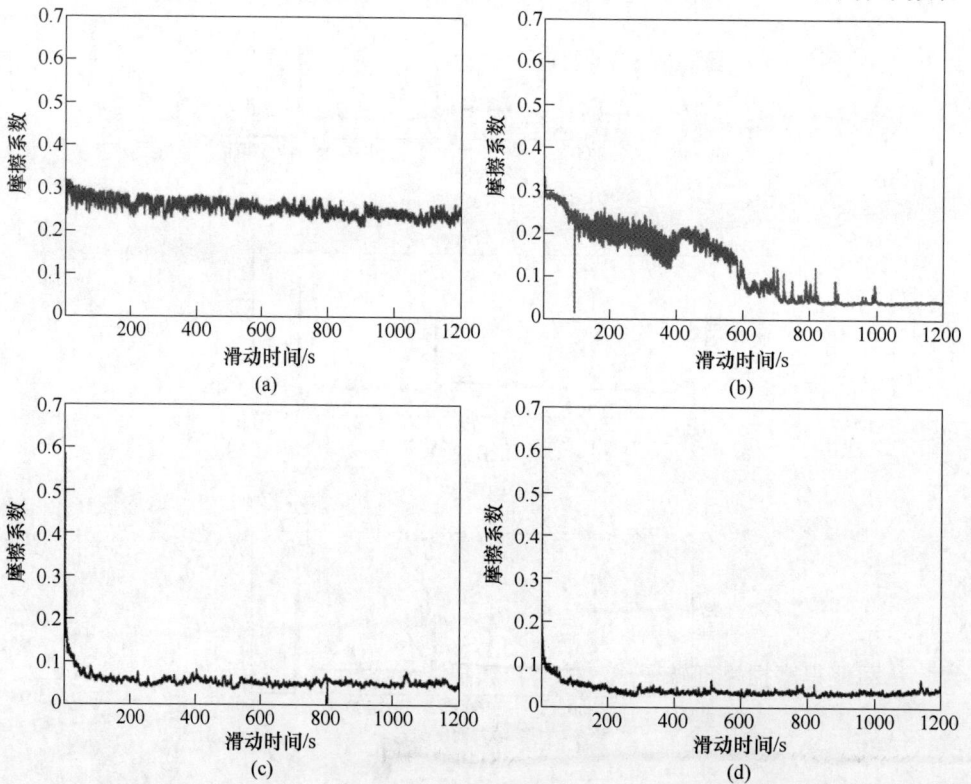

图 5-25　TPI 的摩擦系数
（a）未辐照；（b）电子辐照；（c）质子辐照；（d）质子/电子辐照

最初的几秒内增大到 0.6 左右，然后急剧降低并稳定在 0.04 左右。由此可见三种形式的辐照都使得摩擦系数出现起始阶段的高摩擦和稳定阶段的低摩擦。表5-3 给出了起始阶段的摩擦系数和稳定阶段的摩擦系数及磨损率。质子辐照后起始阶段的摩擦系数大于电子辐照后，小于综合辐照的，但是综合辐照后起始阶段的摩擦系数小于电子和质子辐照后的摩擦系数之和。在稳定阶段，三种形式的辐照都引起了较低的摩擦系数和磨损率，质子/电子辐照后的样品表现出最低的摩擦系数和磨损率。

表 5-3 TPI 辐照前后起始阶段的摩擦系数和稳定阶段的摩擦系数及磨损率

样品	初始摩擦系数	稳定摩擦系数	磨损率/mm³·(N·m)⁻¹
未辐照	0.25	0.24	7.36×10^{-5}
电子辐照	0.33	0.05	4.46×10^{-5}
质子辐照	0.58	0.05	3.29×10^{-5}
综合辐照	0.60	0.04	2.34×10^{-5}

5.3.4 质子和电子辐照条件下聚酰亚胺的摩擦磨损机理

本工作进一步详细讨论了磨损机理。首先是起始阶段的磨损机理，起始阶段的摩擦主要是辐照引起的碳化层和对偶球之间的摩擦过程，主要的磨损机理是快速黏着过程。对偶球与聚合物材料表面的滑动摩擦过程中，界面黏着力和变形力是摩擦力的主要组成部分[52-53]。前面的表征结果表明，辐照后 TPI 材料的表面变硬，从而表面的变形力增大。因此辐照后的 TPI 样品在起始阶段具有高的摩擦系数。质子辐照引起的起始的高摩擦系数大于电子辐照引起的，而小于质子/电子综合辐照引起的。这一变化趋势与不同辐照形式引起的样品表面硬度和黏附力的变化保持一致。对于稳定阶段的磨损机理的讨论，从辐照前后材料磨痕的 SEM图（图 5-26）中可以看出，辐照前 TPI 样品的磨痕表面很光滑，而且没有磨屑存在。相比之下，三种形式的辐照后 TPI 样品的磨痕两侧出现了大量磨屑，而且磨痕表面呈现明显的犁沟现象，并且质子/电子综合辐照后材料表面的磨屑最多、犁沟现象最明显。磨痕形貌的变化说明了不同磨损机理，在摩擦过程中碳化层被磨穿后形成了大量磨屑，由于这些碳化磨屑硬度高，在磨痕轨道上起到第三体的作用，从而使得磨损机理转变成三体磨粒磨损[54-55]。由于三体磨粒的滚动和润滑作用，所以会使得摩擦系数和磨损率降低。

5.3.5 小结

本节选用热固性聚酰亚胺为研究对象，比较了质子和电子单独辐照及综合辐照对其表面性质和摩擦磨损性能的影响，得出的主要结论如下：

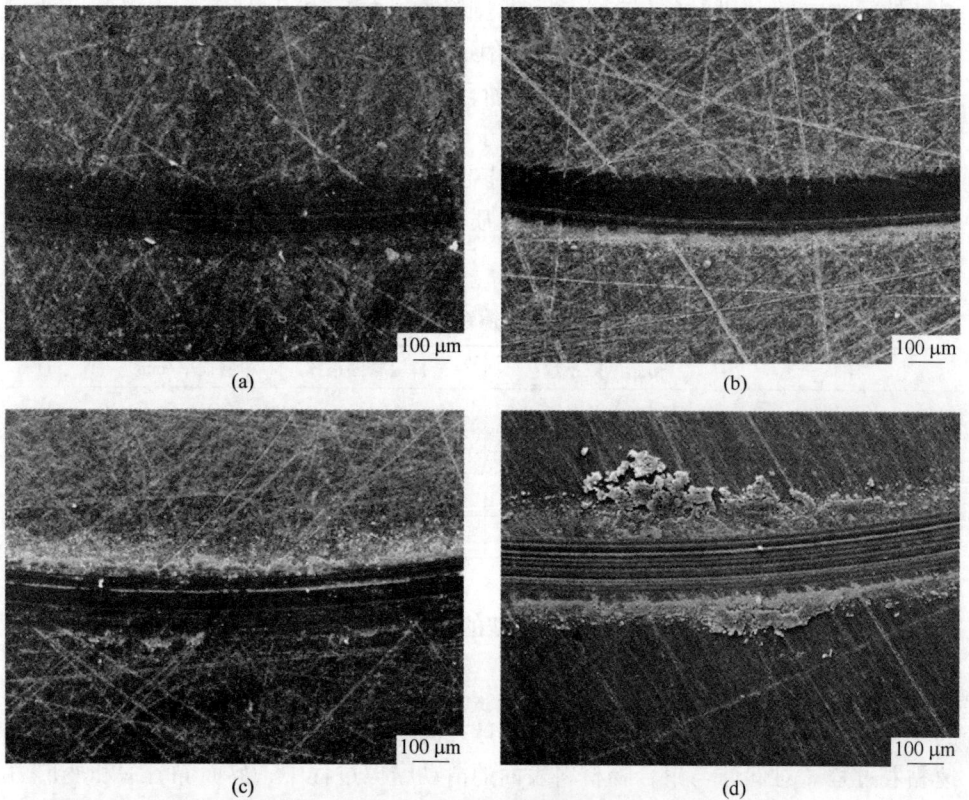

图 5-26　TPI 磨痕的 SEM 图
（a）未辐照；（b）电子辐照；（c）质子辐照；（d）质子/电子辐照

（1）质子和电子单独辐照及综合辐照都会导致 TPI 材料表面分子链结构发生降解，表面形成富碳结构，从而影响了 TPI 的微观硬度、黏附力及摩擦学性能。

（2）质子对材料造成的影响大于电子的，综合辐照的影响最大，但是小于两者之和，说明质子和电子之间不存在协同效应。这主要是由于质子辐照形成碳化层起到一定的保护作用，减弱了电子辐照对材料的进一步损伤。

参 考 文 献

［1］ Lv M, Wang L, Liu J, et al. Surface energy, hardness, and tribological properties of carbon-fiber/polytetrafluoroethylene composites modified by proton irradiation ［J］. Tribology International, 2018, 132: 237-243.

［2］ Zhang H, Song J, Tang Z, et al. The surface topography and microstructure change of densified nanopore nuclear graphite impregnated with polyimide and irradiated by xenon ions ［J］. Applied Surface Science, 2020, 531: 147408.

［3］ Lv M, Zheng F, Wang Q, et al. Effect of proton irradiation on the friction and wear properties of polyimide [J]. Wear, 2014, 316 (1/2): 30-36.

[4] Lv M, Wang Y, Wang Q, et al. Structural changes and tribological performance of thermosetting polyimide induced by proton and electron irradiation [J]. Radiation Physics and Chemistry, 2015, 107: 171-177.

[5] Miyake H, Honjoh M, Maruta S, et al. Space charge accumulation in polymeric materials for spacecraft irradiated electron and proton [C]. 2007 IEEE, 2007.

[6] Sun C, Wu Y, Xiao J, et al. Proton flux effects and prediction on the free radicals behavior of polyimide in vacuum using EPR measurements in ambient [J]. Nuclear Inst. and Methods in Physics Research, B, 2017, 397: 39-44.

[7] Nie P, Min C, Song H, et al. Preparation and tribological properties of polyimide/carboxyl-functionalized multi-walled carbon nanotube nanocomposite films under seawater lubrication [J]. Tribology Letters, 2015, 58 (1): 7.

[8] Chao H, Huimin Q, Jiaxin Y, et al. Significant improvement on tribological performance of polyimide composites by tuning the tribofilm nanostructures [J]. Journal of Materials Processing Tech. , 2019, 281: 116602.

[9] Lee H S, Baek G Y, Hwang I, et al. Preparation of porous carbon films from polyacrylonitrile by proton irradiation and carbonization [J]. Radiation Physics and Chemistry, 2017, 141: 369-374.

[10] Yue L, Wu Y, Sun C, et al. Effects of proton pre-irradiation on radiation induced conductivity of polyimide [J]. Radiation Physics and Chemistry, 2016, 119: 130-135.

[11] Abbe E, Schüler T, Klosz S, et al. Electrical behaviour of carbon nanotubes under low-energy proton irradiation [J]. Journal of Nuclear Materials, 2017, 495: 299-305.

[12] Li S, Fan Y, Chen H, et al. Manipulating the triboelectric surface charge density of polymers by low-energy helium ion irradiation/implantation [J]. Energy & Environmental Science, 2019, 13 (3): 896-907.

[13] Qi H, Li G, Zhang G, et al. Impact of counterpart materials and nanoparticles on the transfer film structures of polyimide composites [J]. Materials & Design, 2016, 109: 367-377.

[14] Qi H, Zhang G, Chang L, et al. Ultralow friction and wear of polymer composites under extreme unlubricated sliding conditions [J]. Advanced Materials Interfaces, 2017, 4 (13): 1601171.

[15] Lv M, Wang Y, Wang Q, et al. Effects of individual and sequential irradiation with atomic oxygen and protons on the surface structure and tribological performance of polyetheretherketone in a simulated space environment [J]. RSC Advances, 2015, 5 (101): 83065-83073.

[16] Gong Z, Shi J, Zhang B, et al. Graphene nano scrolls responding to superlow friction of amorphous carbon [J]. Carbon, 2017, 116: 310-317.

[17] Wang Y, Gao K, Zhang B, et al. Structure effects of sp 2-rich carbon films under super-low friction contact [J]. Carbon, 2018, 137: 49-56.

[18] Hu C, Qi H, Song J, et al. Exploration on the tribological mechanisms of polyimide with different molecular structures in different temperatures [J]. Applied Surface Science, 2021, 560: 150051.

［19］ Guo Y, Liu G, Li G, et al. Solvent-free ionic silica nanofluids: Smart lubrication materials exhibiting remarkable responsiveness to weak electrical stimuli ［J］. Chemical Engineering Journal, 2020, 383: 123202.

［20］ Zhang L, Guo Y, Xu H, et al. A novel eco-friendly water lubricant based on in situ synthesized water-soluble graphitic carbon nitride ［J］. Chemical Engineering Journal, 2021, 420: 129891.

［21］ Minton T, Wright M, Tomczak S, et al. Atomic oxygen effects on POSS polyimides in low earth orbit ［J］. ACS Applied Materials & Interfaces, 2012, 4 (2): 492-502.

［22］ Liu X, Zhang H, Liu C, et al. Influence of bias patterns on the tribological properties of highly hydrogenated PVD a-C: H films ［J］. Surface & Coatings Technology, 2022, 442: 128234.

［23］ Hu H, Liu X, Zhang K, et al. Research on the damage mechanism of low current 50 keV electron beam on the micro structure, composition and vacuum tribological performance of MoS_2-Ti films deposited by unbalanced magnetron sputtering ［J］. Surface & Coatings Technology, 2021, 406: 126708.

［24］ Zhang J, Jing D, Wang D, et al. MoS_2 lubricating film meets supramolecular gel: A novel composite lubricating system for space applications ［J］. ACS Applied Materials & Interfaces, 2021, 13 (48): 58036-58047.

［25］ Liu X, Gong P, Hu H, et al. Study on the tribological properties of PVD polymer-like carbon films in air/vacuum/N_2 and cycling environments ［J］. Surface and Coatings Technology, 2021, 406: 127906.

［26］ Feng X, Wang R, Wei G, et al. Effect of a micro-textured surface with deposited MoS_2-Ti film on long-term wear performance in vacuum ［J］. Surface & Coatings Technology, 2022, 445: 128722.

［27］ Meng Y, Xu J, Jin Z, et al. A review of recent advances in tribology ［J］. Friction, 2020, 8 (2): 221-300.

［28］ Bai Y, Zhang C, Yu Q, et al. Supramolecular PFPE gel lubricant with anti-creep capability under irradiation conditions at high vacuum ［J］. Chemical Engineering Journal, 2020, 409: 128120.

［29］ Bai Y, Yu Q, Zhang J, et al. Soft-nanocomposite lubricants of supramolecular gel with carbon nanotubes ［J］. Journal of Materials Chemistry A, 2019, 7 (13): 7654-7663.

［30］ Roy A, Mu L, Shi Y. Tribological properties of polyimide-graphene composite coatings at elevated temperatures ［J］. Progress in Organic Coatings, 2020, 142 (1): 105602.

［31］ Diana B, Ali E, V S A. Approaches for achieving superlubricity in two-dimensional materials. ［J］. ACS Nano, 2018, 12 (3): 2122-2137.

［32］ Samyn P, Schoukens G, Baets P D. Micro- to nanoscale surface morphology and friction response of tribological polyimide surfaces ［J］. Applied Surface Science, 2010, 256 (11): 3394-3408.

［33］ Yu C, Ju P, Wan H, et al. Enhanced atomic oxygen resistance and tribological properties of PAI/PTFE composites reinforced by POSS ［J］. Progress in Organic Coatings, 2020, 139: 105427.

[34] Yu C, Ju P, Wan H, et al. POSS-grafted PAI/MoS$_2$ coatings for simultaneously improved tribological properties and atomic oxygen resistance [J]. Industrial & Engineering Chemistry Research, 2019, 58 (36): 17027-17037.

[35] Qi H, Zhang G, Zheng Z, et al. Tribological properties of polyimide composites reinforced with fibers rubbing against Al$_2$O$_3$ [J]. Friction, 2021, 9 (2): 301-314.

[36] Song M, Duo S, Liu T. Effects of atomic oxygen irradiation on PDMS/POSS hybrid films in low earth orbit environment [J]. Advanced Materials Research, 2011, 1268 (239/240/241/242): 1368-1371.

[37] Vernigorov K B, Chugunova A A, Ev A Y A, et al. Investigation of the structure of a polyimide modified by hyperbranched polyorganosiloxanes [J]. Journal of Surface Investigation. X-ray, Synchrotron and Neutron Techniques, 2012, 6 (5): 760-763.

[38] Zhao Y, Li G, Dai X, et al. AO-resistant properties of polyimide fibers containing phosphorous groups in main chains [J]. Chinese Journal of Polymer Science, 2016, 34 (12): 1469-1478.

[39] Xiao F, Wang K, Zhan M. Atomic oxygen erosion resistance of polyimide/ZrO$_2$ hybrid films [J]. Applied Surface Science, 2010, 256 (24): 7384-7388.

[40] Liu K, Mu H, Shu M, et al. Improved adhesion between SnO$_2$/SiO$_2$ coating and polyimide film and its applications to atomic oxygen protection [J]. Colloids and Surfaces A: Physicochemical and Engineering Aspects, 2017, 529: 356-362.

[41] Shimamura H, Nakamura T. Mechanical properties degradation of polyimide films irradiated by atomic oxygen [J]. Polymer Degradation & Stability, 2009, 94 (9): 1389-1396.

[42] Lv M, Wang Q, Wang T, et al. Effects of atomic oxygen exposure on the tribological performance of ZrO$_2$-reinforced polyimide nanocomposites for low earth orbit space applications [J]. Composites Part B, 2015, 77: 215-222.

[43] Zhou L, Qi H, Lei Y, et al. Ti$_3$C$_2$ MXene induced high tribological performance of polyimide/polyurea copolymer at a wide temperature range [J]. Applied Surface Science, 2023, 608.

[44] Szilasi S Z, Huszank R, Szikra D, et al. Chemical changes in PMMA as a function of depth due to proton beam irradiation [J]. Materials Chemistry and Physics, 2011, 130 (1): 702-707.

[45] Zhao W, Li W, Liu H, et al. Erosion of a polyimide material exposed to simulated atomic oxygen environment [J]. Chinese Journal of Aeronautics, 2010, 23 (2): 268-273.

[46] Graat P C J, Somers M A J. Simultaneous determination of composition and thickness of thin iron-oxide films from XPS Fe 2p spectra [J]. Applied Surface Science, 1996, 100-101 (none): 36-40.

[47] Wang Z, Kong L, Guo Z, et al. Bamboo-like SiO$_x$/C nanotubes with carbon coating as a durable and high-performance anode for lithium-ion battery [J]. Chemical Engineering Journal, 2022, 428.

[48] Xu Y, Qi H, Li G, et al. Significance of an in-situ generated boundary film on tribocorrosion behavior of polymer-metal sliding pair [J]. Journal of Colloid And Interface Science, 2018, 518: 263-276.

[49] Nakagawa S, Taguchi M, Kimura A. Solvent effect on copolymerization of maleimide with styrene induced by irradiation of ion and electron beams [J]. Radiation Physics and Chemistry, 2013, 91: 143-147.

[50] Nakagawa S, Taguchi M, Kimura A. LET and dose rate effect on radiation-induced copolymerization of maleimide with styrene in 2-propanol solution [J]. Radiation Physics and Chemistry, 2011, 80 (11): 1199-1202.

[51] Lippert T, Ortelli E, Panitz J C, et al. Imaging-XPS/Raman investigation on the carbonization of polyimide after irradiation at 308nm [J]. Applied Physics A, 1999, 69 (7): S651-S654.

[52] Ge S, Wang Q, Zhang D, et al. Friction and wear behavior of nitrogen ion implanted UHMWPE against ZrO_2 ceramic [J]. Wear, 2003, 255 (7): 1069-1075.

[53] Pei X, Wang Q, Chen J. Tribological responses of phenolphthalein Poly (ether sulfone) on proton irradiation [J]. Wear, 2005, 258 (5): 719-724.

[54] Bastwros M M H, Esawi A M K, Wifi A. Friction and wear behavior of Al-CNT composites [J]. Wear, 2013, 307 (1/2): 164-173.

[55] Sun J, Fang L, Han J, et al. Abrasive wear of nanoscale single crystal silicon [J]. Wear, 2013, 307 (1/2): 119-126.